HIGH-VOLTAGE TESTING INSTRUMENT CALIBRATION TECHNIQUE AND STANDARD DEVICE

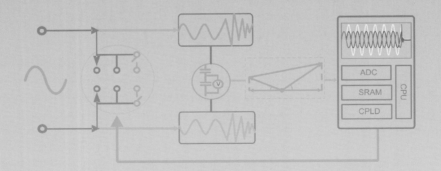

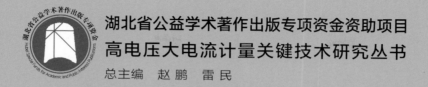

湖北省公益学术著作出版专项资金资助项目

高电压大电流计量关键技术研究丛书

总主编 赵鹏 雷民

高压试验仪器校准技术与标准装置

张 军 金 淼 郭贤珊 项 琼
王斯琪 陈习文 王 欢 著

华中科技大学出版社
http://press.hust.edu.cn
中国·武汉

内 容 简 介

　　高压试验仪器校准技术主要研究并解决高压试验仪器的量值溯源问题,提供高压试验仪器校准方案及相关标准装置的设计方案,规范高压设备测量结果的准确性、可靠性,有力保障电力网络安全运行。

　　本书重点阐述了局部放电、介质损耗的测量仪器与传感装置的校准技术;专门选取线路工频参数测试仪、变压器油介电强度测试仪、变压器空负载损耗参数测试仪等7种典型电力试验测试仪器,讨论了关键参数的校准方法以及标准装置的设计方案;最后详细分析了高压试验仪器的远程校准的实现方案。

图书在版编目(CIP)数据

高压试验仪器校准技术与标准装置 / 张军等著. -- 武汉 : 华中科技大学出版社,2024.12.
(高电压大电流计量关键技术研究丛书). -- ISBN 978-7-5772-1095-7

Ⅰ. TM8

中国国家版本馆 CIP 数据核字第 2024UW3983 号

高压试验仪器校准技术与标准装置　　　　　　　张　军　金　淼　郭贤珊
Gaoya Shiyan Yiqi Jiaozhun Jishu yu Biaozhun Zhuangzhi　　项　琼　王斯琪　陈习文　著
　　　　　　　　　　　　　　　　　　　　　　　王　欢

策划编辑:徐晓琦　范　莹
责任编辑:余　涛
装帧设计:原色设计
责任监印:周治超
出版发行:华中科技大学出版社(中国·武汉)　　电话:(027)81321913
　　　　　武汉市东湖新技术开发区华工科技园　　邮编:430223
录　　排:武汉市洪山区佳年华文印部
印　　刷:湖北新华印务有限公司
开　　本:710mm×1000mm　1/16
印　　张:16.25
字　　数:328千字
版　　次:2024 年 12 月第 1 版第 1 次印刷
定　　价:89.00 元

华中出版

总　序

　　一个国家的计量水平在一定程度上反映了国家科学技术和经济发展水平，计量属于基础学科领域和国家公益事业范畴。在电力系统中，高电压大电流计量技术广泛用于电力继电保护、贸易结算、测量测控、节能降耗、试验检测等方面，是电网安全、稳定、经济运行的重要保障，其重要性不言而喻。

　　经历几代计量人的持续潜心研究，我国攻克了一批高电压大电流计量领域关键核心技术，电压/电流的测量范围和准确度均达到了国际领先水平，并建立了具有完全自主知识产权的新一代计量标准体系。这些技术和成果在青藏联网、张北柔直、巴西美丽山等国内外特高压输电工程中大量应用，为特高压电网建设和稳定运行提供了技术保障。近年来，德国、澳大利亚和土耳其等国家的最高计量技术机构引进了我国研发的高电压计量标准装置。

　　丛书作者总结多年研究经验与成果，并邀请中国科学院陈维江院士、中国科学院程时杰院士等专家作为顾问，历经三年完成丛书的编写。丛书分五册，对工频、直流、冲击电压和电流计量中经典的、先进的和最新的技术和方法进行了系统的介绍，所涉及的量值自校准溯源方法、标准装置设计技术、测量不确定度分析理论等内容均是我国高电压大电流计量标准装置不断升级换代中产生的创新性成果。丛书在介绍理论、方法的同时，给出了大量具有实际应用意义的设计方案与具体参数，能够对本领域的研究、设计和测试起到很好的指导作用，从而更好地促进行业的技术发展及人才培养，以形成具有我国特色的技术创新路线。

随着国家实施绿色、低碳、环保的能源转型战略，高电压大电流计量技术将在电力、交通、军工、航天等行业得到更为广泛的应用。丛书的出版对促进我国高电压大电流计量技术的进一步研究和发展，充分发挥计量技术在经济社会发展中的基础支撑作用，具有重要的学术价值和实践价值，对促进我国实现碳达峰和碳中和目标、实施能源绿色低碳转型战略具有重要的社会意义和经济意义。

2022年12月

前　言

　　高压试验仪器是保障电力安全生产不可缺少的测量设备，国内高压试验仪器种类繁多，包括预防性试验仪器、电气设备带电检测仪器、相关计量及检验设备等，但部分高压试验仪器的校准技术及标准器存在不规范、不统一问题。随着人工智能、物联网、大数据等技术的日趋成熟，高压试验仪器的测量能力及量值种类进一步提升，相应的国际、国内标准内容及参数不断变革，这对其校准与检测的方法及计量标准装置性能提出了新的更高的要求。

　　本书围绕高压试验仪器的计量问题，选取若干典型高压试验设备，探讨其标准装置的实现方式及校准方法，全书共分为5章。

　　第1章综述了高压试验仪器校准技术的基本概况、基本研究方法以及发展趋势。第2章、第3章聚焦局部放电、介质损耗2个表征高压试验设备绝缘性能的对象，其中，第2章介绍了局部放电测量产生机理，重点分析了脉冲电流法、特高频法、超声波法这三种应用范围较广的局部放电测量方法，对应给出了测量仪器及传感装置的校准装置的设计方案及校准方法；第3章以高压介质损耗测试仪的校准实现为引子，阐述了介质损耗因数的测量原理及方法，全面分析了介质损耗因数量值溯源方法，进而探讨高压介质损耗测试仪校准方案。第4章主要介绍典型高压试验仪器设备校准方法，涉及输电线路工频参数测试仪、变压器油介电强度测试仪、变压器空负载损耗参数测试仪、变压器有载分接开关测试仪、高压开关动作测试仪、氧化锌避雷器测试仪、红外成像仪等7种设备，在探讨这7种设备标准装置设计与校准实现的基础上，还对基于"虚拟复阻抗法"的工频线路参数测试仪校准方法、基于"主动击穿方法"与"矢量合成原理"的变压器油介电强度测试装置校准技术、基于"数字标准源法"的变压器空载损耗参数测试装置校准技术以及基于"动态虚拟阻抗技术"的变压器有载分接开关过渡电阻、过渡时间同步校验方法等新技术进行了介绍。第5章主要阐述了高压试验仪器的远程校准平台的系统架构、实物传递标准及管理要求、网络安全技术及可信性评价技术，设计了高压试验仪器设备关键参数高效、智能的量值溯源体系；针对高压测试仪器校准与检测领域的计量校准业务的远程化、计量标准装置的便携化、计量数据处理的智能化、测量审核及计量比对自动化等方面相关新技术做了分析。

　　本书是作者对典型高压试验仪器装备的校准技术、标准装置等内容多年系统性研究的总结，为保障电力高压试验结果准确可靠提供理论及技术方面的指导，适合从事高压试验仪器测试、校准、检定等计量工作的工程人员使用，也可供测控与仪器技术、电磁测量技术等专业的高校研究生参考使用。

著者

2024年1月

目　　录

第1章 绪 论

高压试验仪器广泛应用于电力、军工、航天、石化、铁路等行业,在多个行业具有重要地位,是保证安全生产必不可少测量设备。随着高电压、大电流等测量技术的快速发展,各行各业对高压试验仪器设备的应用更加广泛,对设备的测量范围、参数性能、可靠性的要求也不断提高。国内大规模建设特高压工程、智能电网,升级电器装备制造等产业,高压测试仪器测量数据的准确性和可靠性问题也日益受到关注。然而,就目前国内技术水平和运行情况来看,电气设备预防性试验仪器、电气设备带电检测仪器等高压试验仪器在测量数据的准确性、可靠性等方面,一直存在性能参数参差不齐、标准化程度低等诸多问题,在很大程度上影响了高压试验仪器的标准化、规范化、实用化发展[1-4]。

高压试验仪器校准工作采用的设备和方法大多由各检测机构的现有条件决定,校验过程中采用的设备多为常规的测试仪表。这类测试仪表虽然具有计量的功能,但并非专门针对测试仪的工作特点进行设计的,所以实际校验过程操作复杂,校验数据的准确性和可靠性难以保证。专用计量标准设备的缺乏,极大限制了预防性试验检测能力的提升和工作效率的提高,因此,针对高压测试仪器的工作原理,开展高压测试仪各参量高效准确校验的专用测试仪器及校准装置研制意义重大[5-8]。

1.1 高压试验仪器校准目的及意义

高压计量在电力系统中占据重要地位,科学、准确、可靠的计量是电力生产部门生产组织、经营管理和领导决策的重要依据。准确计量数据也是电网进行统计核算运行经济指标的基础。在电力行业中,通过检测和校准可以了解各种电力测试设备性能的可靠性以及设备装置是否满足使用要求。为了保证测试装置在使用寿命范围内工作性能可靠准确,并具有可溯源性,有效的计量工作必不可少。

电力系统高压试验设备及仪器用于对电力设备进行检测与校准,其准确性和精确度直接关系到检测结果的可靠性。因此,高压试验设备及仪器需定期送至法定计量机构进行测量准确性校准,以确保其量值准确,支撑电力系统设备稳定运行。随着电力系统与相关技术的持续进步,电力测试设备在各领域应用日益广泛。在此过程中,需要校准的电力测试装备也经历了更新升级,呈现出数字化、可程控化和智能化的发展趋势。这种趋势使得检测和校准工作面临更高的技术要求和更广泛的范围。例如,对于数字化的电力测试设备,其数据采集和处理方式与传统设备截然不同,需要检测人员熟悉新的数据格式、传输协议以及可能存在的数字信号干扰等问题。同时,计量本身的技术范围和要求也在不断提高。在技术范围方面,不仅要涵盖传统的电学量计量,如电压、电流、电阻等,还需要拓展到与数字化、智能化相关的新领域,如通信协议的准确性、软件算法的可靠性计量等。在要求上,对计量的精度、可重复性、稳定性等方面都提出了更为严格的标准,以适应新型电力测试设备在复杂电力系统中精确测量的需求,保障电力系统的安全、稳定和高效运行。总之,仪器设备的现代化飞速发展,功能复杂多样,智能化程度也向更高层次发展,确保这些仪器设备长期工作在稳定状态,对其进行有计划、高效率的计量校准工作,保证其溯源的可靠性,是高压计量校准人员所面临的一项紧迫而艰巨的任务[9][10]。

1.2　高压试验仪器校准相关技术现状

社会在持续向前发展,科技也在不断取得新的进步,人们对产品质量的期望愈发提高。科研生产活动中一直以来作为必备工具的仪器设备,其所能提供的支持已越来越难以契合日益增长的要求了。与此同时,传统的测试方法同样面临困境,随着测试需求从小规模、少量、简单逐步向大规模、大量、繁杂转变,传统测试方法已愈发难以达到预期的测试要求了。在测控领域,伴随着上述种种变化,其自身也在不断发展演进,新的测试方法和技术如潮水般不断涌现。与之相比,长期以来一直沿用的传统操作方式,显然已经无法满足当下这种日新月异的实际需要了。鉴于此,功能多样且测试高效的自动测试系统的出现就显得尤为迫切了。

随着高压试验仪器设备在各个领域得到越来越广泛的应用,这些仪器设备也越来越依赖于自动测试系统。如果失去了自动测试系统的相关支持,一些复杂的测试难以实现,也很难得到较为准确的测试数据。每个计量器具都要进行周期性的计量校准来保证其测量的稳定性和可靠性,所以测试仪器自动化校准的研制具有重要的理论意义与应用价值。随着电力公司省级计量中心的建设落实推进,自动化检定技术在计量检定行业已经开始试点应用,如浙江、河南等部分省电力公司已经建成了计量器具自动化检定流水线。同时,测试也被赋予新的概念,全新的结构、全新的方法及全新的仪器设备,一切都从根本上发生了质的变化。计算机技术和网络技术的不断发展,使得自动测试和通过网络的远程测试成为未来新的发展方向。先进的测试系统能够更好地控制系统中的软件和硬件,让测试环境更加稳定、测试结果更加准确,并且随着各类科学技术的不断发展,测试软件和控制软件的不断开发,仪器设备的自动化校准系统会越来越可靠,应用范围也越来越广泛。自动化校准系统能够自动、精确、高效地测量每一参数,并可实现自动制作校准证书,最后直接显示、传送或打印,在有效保障校准质量的前提下提高工作效率;具有较高的起点和较好的前景,对其他仪器的自动校准也起到推动作用。

　　自动化测试系统是计算机技术和仪器技术相结合的产物,由计算机、测试仪器、配件和测试软件组成,可有效地完成传统的测试。通过一些简单的图形界面,自动化测试系统的用户就可以很方便地控制计算机,执行对被测参量的条件设定、性能测试、数据分析及处理、显示或打印等任务。20 世纪 80 年代初,根据各种武器装备的特点,美国军方制订了自动测试系统的研制计划,通过该计划,美军逐渐实现了自动测试系统的标准性与通用性,并建立了与电子测试诊断方向有关的一系列标准,这样在武器装备的研究设计、制造验收、维护支持和维修保障能力等方面,都得到了较快提高。不久,该标准就正式成为 IEEE 标准,它是一套软件接口标准,可为整个测控领域检测信息的转换与自动测试的广泛应用提供方便。该系统有五层结构,分别为产品描述层、测试策略/需求层、测试程序层、测试资源管理层、仪器控制层。根据自动测试技术的发展历程,可把自动测试系统分为三个发展阶段,在不同的阶段其结构组成有比较明显的区别。第一阶段的自动测试系统是专用型系统,主要是针对某项具体测试要求而设计的,用在一些特殊的、测量人员无法适应的恶劣环境或者是用在某些操作过程的重复测量中,从而保证测量的可靠性。第二阶段的自动测试系统开始有了统一的标准,采用通用性较强的可程控仪器接口总线(IEEE 488),并使用相关测试仪器用于控制整个系统的计算机,这是第二阶段的主要特征。此阶段,测试系统在开始设计时就较为简单,也易于使用和组合,自动测试系统有了较大的进步,但在自动测试系统中,使用的仍然是传统的检测仪器,计算机并未充分发挥其作用,只是有了一些标准化的接口,整个系统也只是模拟传统测试方法的工作过程。第三个阶段还处于发展期,总体的设计思路是将计算机的潜力充分发挥出来,使其本身就成为仪器的一部分,实现传统仪器功能的同时,与自动测试系统完全融合为一个整体。在这个阶段,自动测试系统已经可以简单到只有微型计算机、通用性硬件及应用软件部分,其中计算机是系统的核心部分,是整个系统能够工作的关键。硬件部分也基本上是通用的,与不同的软件配合在一起就产生不同的信号,实现不同的功能。这个阶段的自动测试系统具有模块化、集成化等优点。虽然这种自动测试系统还在逐步发展阶段,但已经在仪器的测量原理、设计理念等方面产生了深远的影响,给传统的测试技术带来颠覆性的变革[11-14]。

　　仪器校准领域也随着自动化测试的不断发展而改变,应用自动测试系统将被检仪器与标准器相连接,并通过相应的软件进行控制,能够有效地提高测试速度和准确性。自动校准系统中的被检仪器可更换,测试程序也可重复使用,这些都为仪器的计量校准带来了极大的方便[15-17]。20 世纪 70 年代 GPIB(general-purpose interface bus)技术的诞生,自动化校准系统的概念开始得到发展,随后一系列控制总线开始进入自动化校准系统,推动了自动化校准技术的发展。目前,自动化校准系统主要是基于 GPIB 接口总线、RS-232/485 系统总线、PXI 系统总线及 USB 串行总线等进行整体设计,由智能仪器、模块化仪器和相关设备组成;泰克公司于 20 世纪 90 年代初就已开发出 SCAL101 和 SCAL102 等半自动校准系统,实现模拟示波器的校准,它的校准带宽达到 500 MHz,但是该系统缺乏通用性,自动化程度也不高,因此很难被仪器仪表用户所接受,也没有得到较好的推广;90 年代中期,WAVETEK 公司根据在信号源、电压表及其校准仪器上的开发经验,研发了 9500 型示波器校准装置,它的功能较多、集成度高、结构紧凑、操作容易,得到了较为广泛的应用[18-20]。

　　受国际自动校准发展的影响,为提高国内计量校准工作的效率和准确性,国内已有不少学者在进行自动化校准系统的研究。随着校准需求的不断增加,各种智能仪器不断涌现,不断推动着自动校准技术的发展。目前自动校准技术由专业型向通用型转变。在通用型技术方面,基于 GPIB 接口总线、RS-232/485 系统总线、PXI 系统总线及 USB 串行总线设计组建的各类通用自动测试系统陆续推出。基于接口总线的自动化测试系统通过接口卡与配备了标准接口的仪器相连接,并通过计算机组建大型自动测试系统,可快速方便地完成各种不同类型和不同难度的测试任务[21-26]。

　　在自动校准系统的研制上,中国电子科技集团有限公司设计了一种脉冲信号发生器自动检定系统软件,通过使用 VISA I/O 接口函数库实现了软件兼容常见仪器接口的设计目标,可以模拟人工检定、校准、测试过程[23]。北京航空航天大学利用现有的 GPIB 接口的计量标准装置作为 VXI 仪器校准的标准,构建了一套针对 VXI 总线仪器的自动校准系统,可以对信号源和万用表两类 VXI 仪器执行校准操作[24];2014 年,又提出了一种开放式多参数校准平台架构,该校准系统是基于混合总线的多参数计量校准系统,根据所需要校准的仪器设备进行通用标准模块和专用校准模块的配置,从而实现不同电力测试设备的校准[27]。海军航空工程学院研制了一套基于 VXI 总线的自动校准系统,这个系统是将 LabWindows/CVI 作为软件开发工具,以 VXI 仪器模块作为计量标准对通用台式仪器进行自动校准,可以实现电子电压表、频率计、高频、低频、脉冲和函数信号源共六大类仪器、53 项指标的自动检定[28]。中国直升机设计研究所设计了一种通用自动化校准与信息管理系统,通过建立数据库,收集校准流程中的各项数据信息,实现了直升机地面试验电子设备的自动化校准,保证了校准数据的可靠性,规范校准工作流程,便于被测试设备校准信息的查询[16]。2015 年,浙江省计量科学研究院开发了光纤多参数自动校准测试平台,采用 LabVIEW 编程平台,将多台光纤参数测量设备互联并集中控制,该平台可以从数据库中自动调出测量参数,自动生成校准证书,实现对光器件多个参数的测试[29]。中国航发湖南动力机械研究所设计了一种数字示波器校准系统,该系统是基于福禄克(FLUKE)9500B / 1100 示波器校准仪和 MET / CAL 校准软件组成的,对 9500B 和数字示波器的控制是由计算机通过 GPIB 接口卡和 RS-232 接口来实现的,数据的接收和可编程仪器标准命令的发送都是通过 VISA 实现,数字示波器和示波器校准仪通过自身的 CPU 执行计算机发送的 SCPI 指令对用户进行响应[30]。

1.3 高压试验仪器校准技术发展趋势

为满足电力生产一线各式各样的试验测试需求,电力设备专用测试装置种类繁多、产品质量参差不齐。实际电力现场作业,为保证各类测试仪器质量受控,电力公司常态开展电力设备专用测试装置的周期校验。在校准工作中,电力设备专用测试装置的计量校准主要由各电力公司的计量部门来完成,计量标准器具主要存放在固定实验室中,采取自下而上的周期送检或者自上而下的上门校准方式,对新进校准人员的培训主要采用一对多的授课方式。

从目前校准工作的实际效果来看,还存在较多的问题:

(1)电力设备专用测试装置的方法及原理涉及面广、学科专业跨度大、校准项目多、被校准装置的型式规格繁杂,日常校准对技术人员的工作经验和综合素质要求高,并且受校准人员数量的限制,导致各省电力公司相关校准工作不能高效开展。

(2)在进行校准时,试验人员往往要同时操作多台设备,且需频繁搭建和拆除校准平台,不仅增加了工作量,还提高了出错的可能性,不利于统一、规范地开展校准工作。

(3)电力设备专用测试装置的计量学参数跨较多学科领域,已开发的计量标准装置大部分参数单一、专用性强,导致需要根据不同的项目配置大量的计量标准装置,智能化和复用性差,设备操作和数据处理方式各异,增加了计量标准装置的配备和维护成本。

(4)电力应用覆盖地域辽阔,对专用测试装置的使用频率高,用户自下而上的周期送检不能满足校准工作的及时性需求。被校准装置在送检过程中运输成本高、损坏风险大,不同使用单位送检的时间常常发生冲突。而自上而下的上门校准方式则需要较多的校准人员,耗费了大量的路途时间成本,有效校准的时间有限,校准效率亟须提高。

(5)现有校准培训中的实际操作环节采用实物进行,虽然能带来真实的培训体验,但极易造成标准装置及试品的损坏,带来较大的安全隐患。

上述问题制约了电力设备专用测试装置校准工作水平的提高,影响了电力设备专用测试装置的可靠性,给电力安全生产带来了隐患。随着互联网技术和总线技术的快速发展,大部分数字式仪器和虚拟仪器都提供通信接口,使得远程校准成为可能。校准工作可借助计算机网络传输技术进行实时、异地、远程操作。此外,随着人工智能、大数据在各行各业的大力发展,高压试验仪器也朝着智能化的方向发展,相应的智能化仪器设备的校准装备及技术研究,将是未来的一大趋势。

《计量发展规划(2021—2035年)》明确了到2035年推动计量事业发展的指导思想、基本原则、发展目标、重点任务和保障措施,规划中明确了四个方面的重点任务:

一是加强计量基础研究,推动创新驱动发展。加强计量基础和前沿技术研究,开展计量数字化转型研究,开展新型量值传递溯源技术研究,加强关键共性计量技术研究,构建良好计量科技创新生态。二是强化计量应用,服务重点领域发展。支撑先进制造与质量提升,服务高端仪器发展和精密制造,提升航空、航天和海洋领域计量保障能力,服务人工智能与智能制造发展,服务数字中国建设,支撑碳达峰碳中和目标实现,服务大众健康与安全,提升交通运输计量保障能力。三是加强计量能力建设,赋能高质量发展。构建新型量值传递溯源体系,提升计量基准能力水平,推进计量标准建设,加大标准物质研制应用,加快计量技术机构建设,加强计量人才队伍建设,完善企业计量体系,推动区域计量协调发展,支撑质量基础设施一体化发展,加强计量国际交流合作。四是加强计量监督管理,提升计量监管效能。完善计量法律法规体系,推动计量监管制度改革,强化民生计量监督管理,创新智慧计量监管模式,推进诚信计量分类监管,加强计量执法体系建设,推动计量服务市场健康发展。《计量发展规划(2021—2035 年)》中明确提出"针对复杂环境、实时工况环境和极端环境的计量需求,研究新型量值传递溯源方法,解决综合参量的准确测量难题。建立扁平化场景高适应性的量值溯源体系。研究数字化模拟测量、工业物联、跨尺度测量、复杂系统综合计量等关键技术",发展综合校准系统等技术势在必行[31]。

第 2 章 局部放电测试仪校准技术

2.1 局部放电测量原理及方法

2.1.1 局部放电产生机理及表征参数

运行电压下,电气设备绝缘内的潜伏性缺陷引起设备内局部电场畸变,电场畸变到一定程度发生局部放电(partial discharge,PD)现象,通常这种放电表现为持续时间小于 1 μs 的脉冲[32][33]。PD 最直接的现象即引起电极间的电荷移动,每一次 PD 都伴随有一定数量的电荷通过电介质,引起试样外部电极上的电压变化,且放电过程持续时间很短。每次放电,高能量电子或加速电子的冲击,特别是长期 PD 作用都会引起多种形式的物理效应和化学反应,如带电质点撞击气泡外壁时,就可能打断绝缘的化学键而发生裂解,破坏绝缘的分子结构,造成绝缘劣化,加速绝缘损坏过程,不利于电气设备的安全运行。

1. 气体绝缘设备局部放电机理

气体绝缘组合电器(gas insulated switchgear,GIS)以高压力的 SF$_6$ 气体为绝缘介质,SF$_6$ 气体是 PD 发生的环境。气体中的放电现象与 SF$_6$ 气体中的带电质点有关。电极空间及电极表面的气体分子在碰撞、光辐射或热辐射的情况下会发生电离,产生带电质点。当电场强度一直增加并达到一定场强时,带电质点获得了很大的能量,需要以放电的形式来进行释放,导致放电现象的发生。由于 GIS 内外两电极的曲率半径的数量级一致,两电极间一般仅相距几十毫米,所以在没有出现绝缘缺陷的情况下,GIS 内部的电场应为稍不均匀电场。一旦有绝缘缺陷出现时,局部电场过于集中致使电场发生畸变,形成极不均匀电场。所以,气体放电机理研究一般是基于极不均匀电场进行的。对于 GIS,有可能出现的主要绝缘缺陷如图 2-1 所示,可以总结为以下几个方面。

(1) 自由金属微粒:GIS 腔体中的金属微粒在外电场作用下会释放电子,成为带有正电荷的金属粒子,反过来又影响了 GIS 腔体内局部电场的分布,引起电场畸变。当电场畸变到一定程度时,电子就会从金属电极表面逸出,使 SF$_6$ 气体发生碰撞电离、热电离以及光致电离,在两电极间(相间或相对地)形成间歇或连续的 PD 通道。这种 PD 主要发生在工频电压正负半波峰值前的电压上升时刻,在正负极性电压下

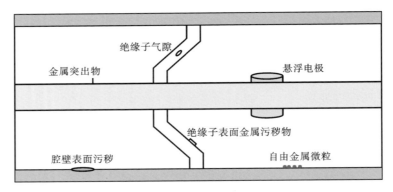

图 2-1 GIS 主要绝缘缺陷示意图

都可能发生,应该以流注与前驱先导放电为主要形式。

(2)金属突出物:金属突出物缺陷主要是指在 GIS 制造、装配或检修过程中在高压导体上的金属突起。在稳态交流电压下,在高压导体突出物附近形成高场强区,当电场强度达到 SF$_6$ 气体的击穿场强时,发生近似尖板电极的电晕放电。金属突起在 GIS 内导体和外壳内壁均有可能出现,但由于 GIS 外壳的曲率半径比高压导体的大,高压导体上的突起物更容易引发 PD。突出物在高压导体上时,PD 主要发生在工频电压的负半周峰值附近;突出物在接地外壳上时,PD 则主要发生在工频电压的正半周峰值附近。因此,相对于突出物电极来说,这种 PD 主要发生在负极性电压下,以流注电晕与先导放电为主要形式。

(3)绝缘子气隙:绝缘子气隙缺陷主要包括绝缘子内部气隙缺陷和绝缘子与高压导体交界面的间隙缺陷。绝缘子内部气隙缺陷通常很小,常常是一些在制造过程中形成但又很难检测到的缺陷,如环氧树脂在固化过程中的收缩而出现的内部空隙。关于这种 PD 机理的解释较多,其主要表现形式为流注放电与沿气隙表面的沿面放电。

(4)绝缘子表面金属污秽物:绝缘子的表面污秽物缺陷可能是由于 PD 产生的分解物、金属微粒或者绝缘气体中过多的水汽引起破坏导致的。在现场耐压实验时,闪络产生的树状放电痕迹在某种情况下也可以被视为绝缘子表面缺陷。其中危害最大的金属微粒,在电场作用下运动并附着于绝缘子表面,导致大量表面电荷的形成,改变了表面电场分布,可能会导致 PD。这种 PD 的主要表现形式是以流注电晕以及前驱先导机理为主的沿面放电,在正负极性电压下均可能发生。

(5)悬浮电极:为了改善危险部位电场分布,GIS 内部安装有若干屏蔽电极,其作用相当于空气绝缘中的均压环、均压罩。正常状态下,这些屏蔽电极与高压导体或接地外壳间的接触良好,但随着开关电器的操作产生机械振动,以及随时间推移带来的热应力及老化,可能使一些在最初安装时接触良好的屏蔽体接触不良,从而形成悬浮电极。这种 PD 以流注放电或流注直接击穿为主要表现形式。由于悬浮电极一般接近高压导体,故多发生在负极性电压下。

2. 油纸绝缘设备局部放电机理

油纸绝缘设备的绝缘系统复杂,以变压器为例,涉及的材料繁多,且电场分布不均匀,因此变压器内部存在较多类型的 PD。由于设计制造或运行维护上不尽完善使绝缘系统中含有气隙或绝缘受潮,在电应力下裂解出气体。由于空气的介电常数小于绝缘材料的介电常数,因此,即使在低电场下,介质内的气隙也会有很高的场强,并经过一段时间的累积发生 PD;油隔板绝缘结构中的油隙,尤其是"楔形"油隙也会引起 PD;介质内的缺陷或掺入的杂质,以及一些电气结构的接触不良,存在电场局部增强的区域,在这些地方就会产生沿面放电和悬浮放电。根据设备内 PD 出现的位置、现象和机理的不同,变压器中出现的 PD 大致可分为三种基本类型:① 绝缘介质内部的 PD;② 绝缘介质表面的 PD;③ 高压电极尖端的电晕放电。

(1)内部放电:内部 PD 包括在固体绝缘材料或液体绝缘介质内部或介质与电极之间的气隙放电,图 2-2 为绝缘中气穴放电前后电场示意图。这种放电的特性影响因素较多,如电场的分布、介质的特性、气隙的形状、大小、位置以及气隙中气体的性质等。

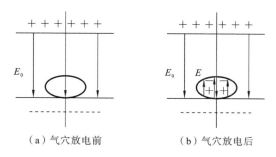

（a）气穴放电前　　　　（b）气穴放电后

图 2-2　绝缘中气穴放电前后电场示意图

(2)表面放电:沿介质表面的电场强度达到其击穿场强时产生的 PD 称为表面放电。在变压器的高电位点,由于电场集中,沿面闪络电压又比单一介质做绝缘材料时的击穿电压要低,因此表面放电较为常见。

(3)电晕放电:在绝缘介质中,高压导体周围所产生的 PD 称为电晕放电,在变压器中,通常称之为油中电晕,放电极不稳定,难以通过肉眼被观察到。交变电场下,交变波形零坐标的电压更容易产生电晕。在导体的曲率半径小的位置,特别是尖端位置,场强集中并且更高,非常容易产生电晕现象。

3. 固体绝缘设备局部放电机理

环氧树脂是常用的固体绝缘材料,多用于干式电抗器、干式变压器及绝缘子等。

固体绝缘产生 PD 的原因很多,但其最本质的原因就是当绝缘材料耐受的电压超过了其承受范围时就会发生放电现象,局部电磁场的强度过大,就导致了 PD 情况的出现,而对于绝缘体的其余部分,其绝缘性能不受影响。固体绝缘内外部放电的类型通常有:气隙放电、沿面放电、悬浮电极放电。

（1）气隙放电:由于绝缘介质内部存在的杂质或气隙等导致的缺陷形成的 PD 称为内部放电。内部放电的影响因素很多,主要有气隙的尺寸或形状、位置以及施加的电压等。内部放电的初期无法通过肉眼发现,而且会缓慢发展成绝缘故障,导致绝缘击穿等后果。当电压经过绝缘介质施加在气隙两端时,会在介质或极板与气隙的交界处累积壁电荷形成图 2-3 所示的气隙内部电场分布,ΔU 为此处施加的电压降落,q 表示在介质壁处电荷的积累量,$2a$ 表示长轴、$2b$ 表示短轴。当气隙中没有金属颗粒或壁表面不粗糙无突起时,放电的通道一般与中心线相重叠。汤逊放电理论适用于短气隙、低气压,这种放电强度小,且速度慢,信号较弱,设备不易检测到。而工程实际中的气隙放电多适用信号较强的流注放电理论。流注放电若不被发现,随着其发展形成放电通道,往往会导致绝缘劣化,发生事故。图 2-4 简单概括了气隙的放电过程。

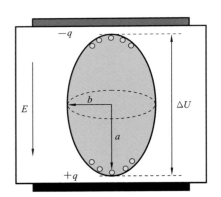

图 2-3　绝缘介质中的气隙模型

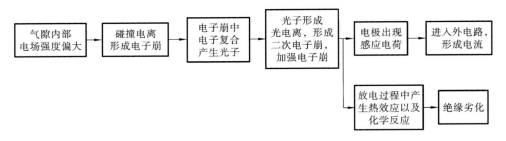

图 2-4　气隙放电过程

（2）沿面放电：在固体绝缘系统中，气体沿面放电发展过程中自由电子的传播可能分为 3 种方式：① 二次发射电子崩（SEEA）过程；② 电子撞击阴极表面引起电子发射，形成局部电子小瀑布；③ 电子与固体绝缘表面完全弹性碰撞。基于 SEEA，初始电子产生以后，在电场的作用下加速对固体绝缘材料表面进行撞击，释放出多个电子并沿着绝缘表面移动。然后部分二次撞击产生的电子再次撞击固体绝缘材料表面，再次释放电子。在强电场作用下，循环往复，最终导致固体绝缘劣化击穿。基于该机理，沿面放电的发展过程不是瞬时完成的，一般来说适用于解释微秒级而不是纳秒级的沿面放电。

（3）悬浮电极放电：悬浮电位可以理解成，设备中的某一导体由于电位没有固定，在电场中因静电感应原因积累了大量电荷，这些电荷与大地间形成一个电位差。当悬浮电位较大时会产生 PD，可导致固体绝缘介质烧坏或碳化。

4. 局部放电表征参数

局部放电的状态强度可以通过 PD 起始电压（PDIV）、熄灭电压（PDEV）、放电相位 φ、放电重复率 n、视在放电电荷 q_a 等表征参数具体描述。

（1）视在放电电荷：在电力设备 PD 的试品两端注入一定荷量，使试品端电压的变化量和 PD 时端电压变化量相同，此时注入的电荷量即称为 PD 的视在放电量（q_a），为一次放电在试样两端出现的瞬变电荷，以皮库（pC）表示，可以通过脉冲电流法测得。

（2）放电重复率：放电重复率 n 是指单位时间内 PD 的平均脉冲个数。通常以每秒放电次数来表示。增加电压幅值或频率可增加 n。

（3）放电相位：当 PD 发生时，施加在绝缘体两侧的外部电压相位称为 PD 相位 φ。当系统工作于稳态时放电相位保持恒定，在放电瞬间由于电压值的脉冲变化，放电相位就会发生改变。

（4）PD 起始电压：PD 起始电压 PDIV 是指试样产生 PD 时，在试样两端施加的电压值。在交流电压下用有效值表示。在实际测量中，施加电压必须从低于 PDIV 开始，按一定速度上升。同时，为了能将灵敏度不同的测试装置上所测的 PDIV 进行比较，一般是以 q_a 超过某一规定值时的最小电压值为起始放电电压，对于变压器而言，国标将 100 pC 作为 PD 起始电压的界限；对于气体绝缘组合设备，150 pC 则为很严重的故障，因此当检测到 PD 信号的电压就定义为起始电压。PDIV 还分为 PDIV$^+$ 和 PDIV$^-$，分别发生在正极性和负极性电压下，对于不同类型的缺陷或实验条件，PDIV$^+$ 和 PDIV$^-$ 也有高低之分，针对气体绝缘下的针-板缺陷，在工频周期下，一般 PDIV$^-$ 低于 PDIV$^+$；对于球板、柱板、针板等典型油纸绝缘缺陷，一般负极性直流电压下起始放电电压高于正极性直流电压。

（5）放电的熄灭电压：放电熄灭电压 PDEV 是指试样中 PD 消失时试样两端的电压值，在交流电压下用有效值表示。在实际测量中电压应从稍高于 PDIV 开始下降。为了能在不同灵敏度的测试装置上测得的 PDEV 进行比较,一般是以 q_a 低于某一规定值时的最高电压为 PDEV。理论上,由于绝缘缺陷在 PDIV 的作用下相当于一个充电电容,所以需要更低的电压,才能使电子的活动性受限,无法再击穿缺陷,因此一般情况下 PDEV 要低于 PDIV。另外,PDEV 与 PDIV 的大小均受诸多因素的影响,如温度、压力、绝缘材料的介电性能、电源种类等。

2.1.2 局部放电测量方法

国内外学者针对 PD 发生过程的声、光、电等现象,提出了一系列有针对性的 PD 检测方法。到目前为止,主要的 PD 检测方法有脉冲电流法、化学检测法、气体检测法、光检测法、超声波检测法和特高频检测法等[33][34]。

1. 单一特征局部放电检测方法

1)脉冲电流法

当电气设备内部发生局部放电时,会产生短暂的脉冲电流这一物理现象,这些脉冲电流可以通过合适的传感器(如耦合电容)进行检测。这种定量检测 PD 方法依据 IEC 60270 脉冲电流法原理,该原理以视在放电量描述 PD 的严重程度,虽然视在放电量并非真正的放电量,但这一概念长期被接受,并广泛应用于生产实践,还成为高压电气设备预防性试验内容之一。所以,在实际运行中,普遍通过视在放电量来评判电气设备的绝缘状态。

脉冲电流法使用标准方波进行放电量的标定,然后通过标定值得出视在放电量,视在放电量用 pC 表征放电水平。脉冲电流法的基本原理可用图 2-5 所示的电路阐述:当试品 C_x 产生一次 PD 时,脉冲电流经过耦合电容 C_k 在检测阻抗两端产生一个瞬时的电压变化,即脉冲电压 ΔU,脉冲电压经传输、放大和显示等处理,可以测量 PD 的基本参量。脉冲电流法是对 PD 频谱中的较低频段(一般为数千赫兹至数百千赫兹或至多数兆赫兹,PD 信号能量主要集中在该段频带内)成分进行测量,以避免无线电干扰。传统的测量仪器一般配有脉冲峰值表指示脉冲峰值,并有示波管显示脉冲大小、个数和相位。放大器增益很大,其测试灵敏度相当高,而且可用已知电荷

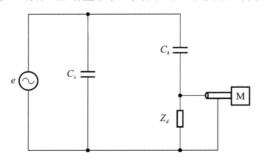

图 2-5 脉冲电流法基本原理示意图

量的脉冲注入校正定量,从而测出视在放电量 q_a。

脉冲电流法的基本试验测量线路有 3 种,如图 2-6 所示,其中图 2-6(a)、(b)所示的电路称为直接法测量回路,图 2-6(c)所示的电路称为平衡法测量回路。每种测量回路应包括以下基本部分:

(1) 检测阻抗 Z_d,将 PD 产生的脉冲电流转化为脉冲电压。

(2) 耦合电容 C_k,与试品 C_x 构成脉冲电流信号回路,兼具隔离作用,防止工频高电压直接加在检测阻抗 Z_d 上。

(3) 高压滤波器 Z_m,一方面阻塞放电电流进入试验变压器,另一方面抑制从高压电源进入的谐波干扰。

(4) 测量及显示检测阻抗输出电压的装置 M。

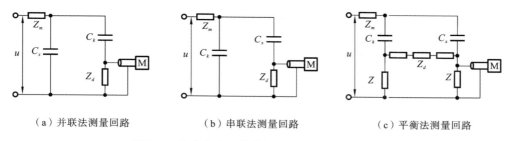

　　(a) 并联法测量回路　　　　　(b) 串联法测量回路　　　　　(c) 平衡法测量回路

图 2-6　脉冲电流法的基本试验测量线路示意图

并联法多用于试品电容较大或试品有可能被击穿的情况,过大的工频电流不会流入检测阻抗 Z_d,而将 Z_d 烧损并在测试仪器上出现过电压的危险。另外,某些试品在正常测量中无法与地分开,只能采用并联法测量线路。串联法多用于试品电容较小的情况,耦合电容具有滤波作用,能够抑制外部干扰,而且测量灵敏度随 C_k/C_x 的增大而提高。在相同的条件下,串联法比并联法具有更高的灵敏度,这是因为高压引线的杂散电容及试验变压器入口电容(无电源滤波器时)也被利用充当耦合电容。另外,C_k 可利用高压引线的杂散电容来充当,线路更简单,可以避免过多的高压引线以降低电晕干扰,在 220 kV 及更高电压等级的产品试验中多被采用。

平衡法需要两个相似的试品,其中一个充当耦合电容。它是利用电桥平衡的原理将外来的干扰消除掉,因而抗干扰能力强。电桥平衡的条件与频率有关,只有当两个试品的电容量和介质损耗角 $\tan\delta$ 完全相等,才有可能完全平衡消除掉各种频率的外来干扰;否则,只能消除掉某一固定频率的干扰。在实际测量中,试品电容的变化范围很大,若要找到与每个试品有相同条件的电容是很困难的。因而,往往采用两个同类试品作为电桥的两个高压臂以满足平衡条件。

由检测阻抗构成的输入单元,主要作用是将 PD 所产生的高频脉冲电流信号转变为脉冲电压信号,并具有抑制试验电源的工频及其低频谐波信号的能力。检测阻抗是连接试品与测试仪器主体部分的关键部件,对整个测试系统的频率特性与灵敏度有直接关系。检测阻抗可分为 RC 型及 RLC 型两大类,如图 2-7 所示,电容 C_d 主要由测试仪器主体连接电缆的固有电容和放大器杂散输入电容等组成。

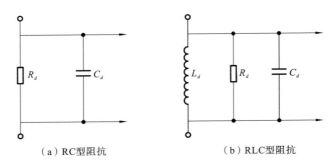

（a）RC型阻抗　　　　　　　（b）RLC型阻抗

图 2-7　检测阻抗示意图

视在放电量的校准是通过所确定的整个测试系统分度系数 K 来完成的。校准方式一般可分为直接校准和间接校准两种。如图 2-8 所示,如果把标准放电量 q_0 从试品 C_x 两端注入,称为直接校准;如果把标准放电量 q_0 从检测 Z_m 两端注入,称为间接校准。

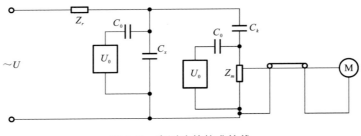

图 2-8　直测法的校准接线

直接校准是国家标准《高电压试验技术 局部放电测量》(GB/T 7354—2018)推荐的,它是在不施加试验电压的情况下,将标准放电量接在 C_x 两端,在示波器测得相应型号的高度 l_0(mm),分度系数 $K=q_0/l_0$(pC/mm),然后取下校准器,对试品施加试验电压。当 C_x 内部发生 PD 时,可以在示波器上得到最大放电脉冲幅值 l(mm),则 C_x 视在放电量 q 为

$$q=Kl=q_0\frac{l}{l_0} \tag{2-1}$$

用间接校准法时,放电量校准器接在 Z_m 两端,试验时,它与 C_x 均承受试验电压,并能与 C_x 内部的放电量进行直观地比较。所以,国内外许多 PD 测量仪器均具有间接校准的功能。但采用间接校准方法,必须采用式(2-2)进行换算才能获得正确的

结果。当 C_x 在试验电压作用下发生 PD 时,设放电脉冲信号 U_z 在示波器上的高度为 l,采用间接校准法,试品 C_x 的视在放电量 q 应按下式计算:

$$q = Kl = q_0 \frac{l}{l_0} \left(1 + \frac{C_x}{C_k}\right) \tag{2-2}$$

2) 特高频检测法

当 PD 致使正、负电荷发生中和现象时,PD 发生点在形成陡电流脉冲的同时,还会向外部辐射处于 GHz 频段的电磁波。特高频(ultra-high frequency,UHF)法即采用天线、定向耦合器和场分级电极等传感器,耦合由 PD 引起的电磁波信号,其测量带宽范围通常为 300 MHz～3 GHz。在进行实际的 PD 测量时,通过内、外置的 UHF 传感器接收到的由电力设备泄漏出来的局放电磁波信号进行检测,环境的干扰频段一般小于 300 MHz。通过特高频进行局部放电电磁波检测能有效防止电晕的干扰,具有高灵敏度和高信噪比的优点,而且通过传感器接收到电磁波信号的时间差就能实现对 PD 的定位。内置传感器在设备出厂时封装在腔体内部,位置固定、不灵活。局放产生的电磁波能在盆式绝缘子边沿处泄漏,因此可以采用放置在绝缘子浇注孔或外表面处的外置传感器来检测。

3) 超声波检测法

在高压电力设备中,放电、振动时常伴随超声波的形成,而 PD 关联的超声信号来源主要包含 2 类:① 放电区域中分子剧烈的撞击将产生相应的压力,当压力随 PD 呈现脉冲型变化时,便会形成超声波,并从 PD 点以球面波的方式向四周传播;② 在 GIS 等设备中,自由金属微粒会在电场力、重力以及摩擦力等作用下做类谐振运动,当微粒与金属壳体发生碰撞时,同样会产生超声信号并沿壳体传播。超声波会在高压设备的内部结构中进行传播,直至抵达设备的外表面。在此过程中,不同种类的超声波具有各异的传播速度,而且在遇到边界时,其反射与折射情况会致使超声波出现衰减、吸收以及散射等现象。当下,一般是依靠压电传感器、结构声学共振传感器、加速度计、电容式传感器或者声光传感器来对超声波进行检测,并将其转化为电信号,如此便形成用于 PD 检测的超声波法。具体而言,就是运用超声波检测仪去测量电力设备发生 PD 时所伴随产生的频率处于 20～200 kHz 的超声信号(不同标准对此频率范围的规定略有差异),随后通过对超声信号的幅值、时间以及相位之间的关系加以分析,以此来识别出相应的缺陷类型。

此外,超声波法在 PD 定位方面也开展了大量的应用实践。当在电力设备上布置多个超声波传感器,同时测得 PD 形成的超声波信号后,可以计算得到不同信号间的相对时延或与脉冲电流间的绝对时延(需借助脉冲电流法等电学参量测量技术)。通过将这些时延代入一系列满足放电点和传感器几何位置的方程,就能求解得到放电点的位置。

目前,超声波 PD 检测技术已广泛应用于不同电力设备的离线、在线或带电检测,操作简单、应用便捷,且对外界低频干扰信号有较好的免疫性。现阶段超声波法重点应用在 PD 的定位与缺陷识别上,不过,就通过超声波幅值来评估其危害性而言,目前还缺乏完善的相关理论。此外,在具有复杂绝缘结构的电力设备中,超声波的衰减行为决定了部分绝缘深处的 PD 无法被检测到。当存在多处缺陷时,超声信号的分离也存在一定难度。

4)光检测法

光检测法利用的是在 PD 发生期间,带电粒子运动将会辐射光子的这一特性,随后通过光传感器展开检测工作。这种检测方式对于确定了位置的放电情形,能够进行有效的检测判定。荧光光纤检测技术由于其独特的优越性而成为光检测法主要的检测技术,国外最早于 1989 年采用荧光光纤检测技术,日本三菱电气公司在模拟 GIS 装置中运用荧光光纤传感器成功地检测到局部放电信号。当 PD 发生在设备外部时,PD 将引起设备局部温度的改变,此时通过红外热成像仪可判断放电发生的部位;紫外检测设备已经投入使用,但多用于电晕放电检测且设备较昂贵,检测纵深不足。若 PD 发生在设备内部时,由于电力设备结构复杂,传感器接收到的光信号可能已经经过了多次折反射,并且会出现观测死角。因此,需要选择多个观测点和合适的观测窗口,以及大量的光传感器,该方法目前仅处于研究阶段。

5)油中气体分析法

油中气体分析法主要用于油类绝缘设备的绝缘故障分析,目前应用较为普遍的是油浸式变压器。油浸式变压器是目前电力系统中最为常见的变压器类型。随着变压器使用年限的增长,变压器内部的故障不可避免。变压器绝缘油通常由多种碳氢化合物构成,在遇到放电或过热等故障时,化合物中的碳碳键和碳氢键会发生裂解,产生 H_2 及一系列低碳烃类气体。除变压器油之外,固体绝缘物如变压器绝缘纸中的纤维素分子所含有的碳碳键、碳氢键、碳氧键会在放电或过热的故障下裂解,形成 CO、CO_2、H_2O 及烃类气体。不同类型、程度的故障所产生的气体种类、浓度、比例不同,因此可以通过对绝缘油中溶解的气体种类及含量进行检测,从而反映油浸式变压器的绝缘状态和故障类型。所以,基于油中溶解气体分析(dissolved gas analysis,DGA)的检测技术受到了国内外学者的广泛重视。我国电力行业标准《变压器油中溶解气体分析和判断导则》(DL/T 722—2023)将变压器故障类型划分为 6 类:油过热、油和纸过热、油纸绝缘中 PD、油中火花放电、油中电弧、油和纸中电弧,给出了对应缺陷类型下的特征气体。

长期以来,电力部门对变压器进行 DGA 主要是采用实验室离线气相色谱技术,通过周期性地取油样和分析油中溶解的特征气体的类型与含量实现变压器故障类型的识别和故障严重程度的评估。然而,离线式周期性气相色谱技术存在一定局限性,即无法实现变压器状态连续、实时监测。如此一来,在两个监测周期之间若出现潜伏性绝缘故障,便有可能在接下来的监测周期尚未到来之前,进一步发展为绝缘损坏性故障。不同类型电力设备油中溶解气体的检修周期如表 2-1 所示。

随着我国经济的发展以及对高压电力设备运行可靠性的要求越来越高,新投入高压油浸式电力变压器普遍预装配油色谱在线监测系统,尤其是超/特高压变压器。目前油色谱检测只是检测油中溶解的特征气体,基于油中溶解气体检测法的变压器绝缘缺陷监测技术仍然在发展中,但还无法检测严重突发性故障产生的特征气体。

表 2-1　不同类型电力设备油中溶解气体的定期检测周期

设备类型	设备电压等级或容量	检测周期
变压器和电抗器	电压 330 kV 及以上或容量 240 MV·A 及以上的电厂升压变压器	3 个月
	电压 220 kV 或容量 120 MV·A 以上	6 个月
	电压 66 kV 及以上或容量 80 MV·A 及以上	1 年
互感器套管	电压 66 kV 及以上	1～3 年
	—	必要时

6）气体分解组分检测法

以气体绝缘组合设备为例,在 PD 作用下,SF_6 气体分子会分解成低硫化物(SF_x),当 GIS 气室内存在 H_2O 和 O_2 时,除了一部分 SF_x 会复合成 SF_6 外,其他的会与 H_2O 和 O_2 反应,生成一系列的分解产物,如 CO_2、CF_4、CH_4、SO_2F_2、SOF_2、H_2S、SO_2 和 SOF_4 等,对各分解组分进行分析可以进行 GIS 内部 PD 检测。研究表明:不同缺陷下 PD 产生特征气体组分含量、组分浓度比值和产气速率等特征不同,通过对分解组分进行特征分析和提取,可以识别绝缘缺陷类型。目前气相色谱和气相色谱-质谱等气体分析仪的分析精度较高,达到了 ppm 级,且不受电磁干扰影响,通过定期检测可以掌握 GIS 的绝缘状况,通过分析 GIS 各气室气体组分可定位故障气室。但是由于气体分解组分检测法是一种离线检测法,从 PD 发生到采气,再到气体成分分析,时间周期长,不适应于在线监测。对 SF_6 分解机理以及分解产物的检测研究不够深入,不同放电类型、绝缘缺陷导致的产物差别、定量的阈值、气体组分含量之间的关系尚未明确,远未达到变压器油分析的水平。

对前面介绍的几种 PD 检测方法优缺点、灵敏度和适用范围的总结如表 2-2 所示。

表 2-2　PD 检测方法对比

检测方法	UHF 法	超声波法	脉冲电流法	化学检测法	光检测法	气体检测法	油中气体分析法
优点	灵敏度高、实时检测	抗干扰能力强、可定位	简单、灵敏度较高	不受电磁干扰	不受电磁干扰,可视化	不受电磁干扰,缺陷识别	不受电磁干扰,缺陷识别

检测方法	UHF 法	超声波法	脉冲电流法	化学检测法	光检测法	气体检测法	油中气体分析法
缺点	无法量化缺陷发展程度	操作复杂、灵敏度一般	易受干扰	灵敏度差、响应慢	存在检测盲区	在线提取气体成分困难	检测周期长
灵敏度	0.5~0.8 pC	<2 pC	1 pC	很差	差	ppm 级	ppm 级
适用范围	多种缺陷	微粒、悬浮物	微粒、悬浮物、气隙、裂痕	严重放电缺陷	微粒、金属突出物等	金属突出物、金属污秽等	过热火花放电、沿面放电等

2. 基于多传感信息的局部放电检测方法

基于声学、光学、电学、化学等 PD 监测手段各有其优劣，因此实际工程应用中，根据每种检测技术的不同特点，提出有效结合、联合检测的工作方法，能够提高 PD 检测的准确性，现场的工作人员也能做出精准的判断。例如，常用的超声法与 UHF 法在抗电磁干扰与抗机械干扰方面各有优势，搭建联合检测装置，可有效屏蔽现场环境的影响，提高故障状态监测的精准度。

1）超声/UHF 联合局部放电检测[35-37]

超声波检测法虽然具有抗电气干扰能力强、定位准确度高的优点，但在现场使用时易受周围环境噪声的影响，特别是设备本身如果产生一定的机械振动，会使超声波检测产生较大的误差，而且由于超声传感器监测有效范围较小，在 PD 定位时，需对电气设备进行逐点检测，工作量非常大，现场应用较为不便；UHF 检测法灵敏度高、使用灵活，但也存在一些有待解决的问题，比如现场电磁干扰情况颇为复杂，另外在进行定位操作时，不仅需要借助高级示波器这类专业设备，还要求操作人员具备丰富的经验，否则难以顺利开展相关操作。超声和 UHF 技术有很好的互补性，同时用这两种技术进行测试可以大大提高检测效率、抗干扰性能和精确定位能力。超声和 UHF 信号配合实现声电联合定位的基本思想是先采用 UHF 传感器对设备进行定位分析，确定放电源的大致范围。然后，同时采用 UHF 传感器和超声传感器进行二次定位分析，实现绝缘缺陷的准确定位。声电联合定位法由于同时检测 PD 的电磁波信号和超声波信号，因此通过对两种传感器检测到的信号进行分析能更加有效地排除现场干扰，提高 PD 定位精度和缺陷类型识别的准确性。

2）荧光/UHF 联合局部放电检测[38]

荧光/UHF 联合检测的优点在于：① 提高 PD 检测的准确性。虽然 UHF 检测法对于大部分 PD 激发的电磁波信号检测灵敏度极高，但是在检测电弧类放电时检测性能明显降低。但是荧光光纤检测法对于各类放电的检测效果只取决于其辐射光能量的大小，对于电弧类放电的检测灵敏度非常高。所以如果联合使用 UHF 法和荧光光纤检测，就可以有效互补，能够更加全面准确地进行 PD 检测。② 提高 PD 检测的有效性。单一的检测方法其信号来源相对固定，UHF 检测法只能通过感知高频电磁波获取局部放电信号，如果使用 UHF 法时，检测环境中本身存在大量的背景电磁波，或者传感器与信号源之间的电磁波传播途径结构复杂，致使电磁波强度衰减至设定检测强度以下，就会使得 UHF 法检测结果无效。荧光光纤检测法所使用的荧光光纤传感器内置于设备内部，不受设备外部环境的影响。一旦设备产生 PD 并辐射出光能量，传感器即可接收到信号。由于光沿直线传播，如果腔体内 PD 源与传感器之间的光路被设备隔断，此时光测法将毫无效果。如果同时使用 UHF 法与荧光光纤联合检测，则可以避免上述单独使用两种方法存在的问题，提高检测的有效性。

3）暂态对地电压/超声联合检测[39-41]

暂态对地电压（TEV）法可在设备外壳上检测 PD 产生的瞬时地电压信号，可通过检测到电压幅值强度来描述放电的强弱，以"dB"来表示放电的强度，TEV 信号（mV）与信号输出（dB）关系式为：$dB = 20 \log(mV)$。该方法可适用于电气设备的带电检测，具有良好的检测灵敏度，可对 PD 源进行简单定位，而超声波检测法具有定位准确度高的优点，两者可实现优势互补，提高对 PD 检测的有效性。

4）局部放电/介损联合检测

电力设备绝缘材料的介质损耗角正切值是各国普遍采用的用于诊断绝缘整体老化、受潮以及发生水树枝劣化的参量。在 IEEE P400.2/D11 中提出了基于"介损随时间稳定性""介损变化率""介损平均值"三个评价指标的绝缘老化判据。这项被国外实践证明很有前途的检测技术，在国内暂无任何相关经验数据积累，尚处空白领域。另外，绝缘劣化缺陷类型各异，其微观劣化特性也会通过不同的电气宏观状态量有所表征，采用单一手段实现绝缘的"全诊断"是不现实的。脉冲电流法、UHF 法、超声波检测法是较成熟的绝缘检测方法，因此采用 PD 检测和介损检测相结合的绝缘诊断方法更为全面有效。

值得注意的是，脉冲电流法对多种电气设备 PD 的检测具有很高的适应性，在使用光电、声电等联合检测方法时可进一步融合脉冲电流法实现 PD 的定量研究。

2.1.3　新型局部放电测量方法

1. 感应电荷层析成像技术[42]

感应电荷层析成像（induced charge tomography，ICT）是天津大学梁虎成提出的一种新型缺陷检测方法，其原理是根据气体绝缘设备导杆表面和管壁上的感应电荷分布重构 GIL/GIS 内部的介电常数和电场强度空间分布,能够识别绝缘子内的气隙缺陷,为电气设备检测提供了一种全新的视角和手段。该技术可用于电气设备的在线监测与诊断,并且能够实现缺陷可视化检测,具有很高的应用前景。图 2-9 展示的相关研究成果,是基于感应电荷分布以及重建介电常数分布图像的,但是目前的研究还在仿真分析阶段,仍需进一步探索以实现工程应用。

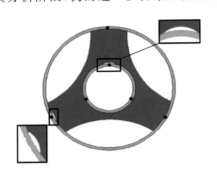 

(1)盆式绝缘子缺陷模型　　　　　(2)缺陷模型重构

图 2-9　基于感应电荷分布以及重建介电常数分布图像

2. 柔性 UHF 传感技术[43][44]

UHF 天线传感器作为电磁波信号的接收元件,是 UHF PD 法的关键,其性能的好坏直接影响着 UHF PD 检测技术的可行性及灵敏度。根据安装位置的不同,PD 检测用天线传感器可以划分为 2 类:内置式和外置式。内置式高频电磁传感法是将 UHF 传感器置于设备内部,具有灵敏度高、抗干扰能力强等优点。但是,现如今电力设备 UHF 检测用天线传感器均是以 FR-4 树脂等刚性材料为基底,在针对内置 GIS 弧形结构开展 UHF 检测过程中,面临着诸多棘手问题。一方面,存在检测装置无法与设备弧形面实现共形贴合的情况,这给检测工作带来了不便;另一方面,还潜藏着破坏设备内部电磁平衡的风险,如此一来便引入了新的风险源。若要解决这些问题,则需采取加装法兰盘的方式对电力设备在结构上加以改造,然而,这一做法不仅耗费时间,而且极为费力。此外,电气设备外壳为铝合金材料,在 UHF 天线传感器内置到设备内部后,附近的金属外壳会自动充当天线的一部分,对天线的性能造成严重的劣化影响。

因此,基于柔性复合材料的内置一体化 UHF PD 传感技术,解决内置 UHF 天线传感器无法与弧面电力设备结构共形和存在潜在破坏设备内部电磁均衡分布风险的问题,不仅如此,还进一步深入开展相关研究,包括推动柔性天线小型化以及实现其与弧形金属外壳一体化,以此提升柔性天线在弧形电力设备 UHF PD 检测中的实用性与内置后的检测灵敏度。

内置柔性 UHF 传感技术在实际应用过程中,首先需要了解天线内置后对设备内部电场分布的影响,图 2-10(a)所示的是以 GIS 为例,柔性 UHF 天线内置于 GIS 的仿真模型,图 2-10(b)展示了内置前后柔性 UHF 天线 GIS 内部电场分布的影响,可以看出,距高压母线 117 mm 内,场强影响小于 1%,柔性天线对 GIS 内部场强影响可以忽略,这为柔性 UHF 传感技术的进一步研究奠定了基础。

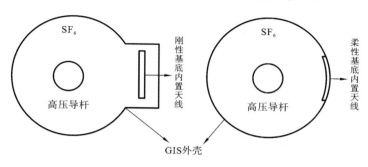

(a)柔性天线GIS内置仿真模型

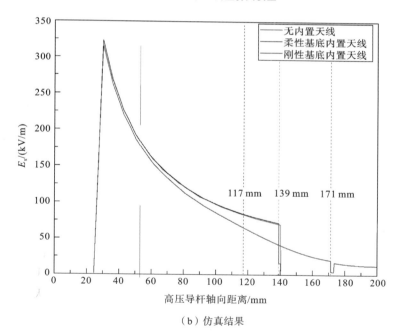

(b)仿真结果

图 2-10 柔性天线内置及电场分布仿真

基于上述研究结果,可设计图 2-11(a)所示的柔性螺旋 UHF 天线传感器,图 2-11(b)、(c)分别为柔性 UHF 驻波性能(通常用驻波比 VSWR 来表明馈电端口阻抗的匹配程度)和实际 PD UHF 接收性能实测,可以看出,设计的内置式柔性 UHF 天

（a）柔性天线GIS内置仿真模型

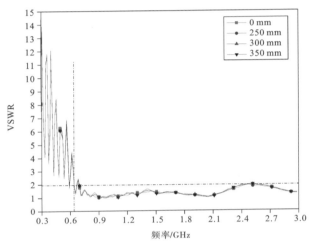

（b）实测VSWR

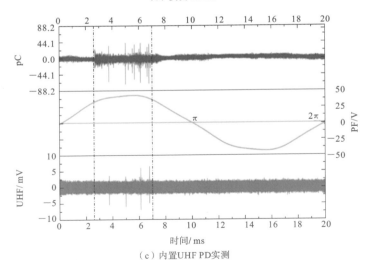

（c）内置UHF PD实测

图 2-11　柔性天线实物及性能实测

线性能良好,对微弱 PD 信号具有较好的检测能力,该研究也证实了内置柔性 UHF 传感技术应用于电力设备 PD 检测的实用性。

总体来说,基于 PD 过程中产生的不同特征量,有多种电力设备 PD 检测方法,但能服务于现场电力设备状态检测才是科学研究的最终目的。现阶段针对不同检测原理也研制了多种检测设备,PD 测试仪是一种常用于测量高压电气设备 PD 信号的设备,以视在放电量的大小表征高压电气设备绝缘 PD 的强度。由于 PD 测量是高压电力设备必不可少的绝缘试验项目,因此 PD 测试仪的准确度直接影响到电气设备的绝缘可靠程度,关系到电力系统的安全运行水平。PD 测试仪性能对局放信号测量结果有决定性影响,测量结果影响到电力设备的安全运行。为了保证测量结果的科学性和公正性,测试仪的性能必须有统一的标准,因此需要由计量机构对仪器进行校准。开展 PD 测试仪校验工作,需要一套满足国标要求的 PD 测试仪校验系统和完善的测试技术以及实施方案。

2.2 脉冲电流法局部放电复合参量校准技术

局部放电测试仪是专门针对局部放电测量的一种仪器设备,该仪器具有灵敏度高、放大器系统动态范围大、测试的试品范围广、操作简便等优点,采用先进的抗干扰组件和独特的门显示电路,抗干扰能力强,并具有四种高频椭圆扫描,适用于高压产品的型式、出厂试验、新产品研制试验,主要实现电机、互感器、电缆、套管、电容器、变压器、避雷器、开关及其他高压电器局部放电的定量测试。局部放电测试仪可供制造厂、科研部门、电力部门现场使用[45][46]。当前,就国际上局部放电测试设备校准领域而言,相关厂家基本上均已依照新的 IEC 60270 标准开展各项工作。在国内,等同采用此标准的新国标《高电压试验技术 局部放电测量》(GB/T 7354—2018)已于 2018 年 10 月正式发布。鉴于开展局部放电测试仪的测试工作应当依据符合新国标要求的计量检定规程,相应地,有必要着手开展局部放电测试仪检定装置的研制工作。

局部放电测量是高压电力设备必不可少的绝缘试验项目,局部放电测试仪所测结果的准确度将直接影响电气设备的绝缘测评的可靠程度,进而关系到整个电力系统的安全运行状况。为了能够确保测量结果科学公正,必须针对仪器的性能制定出统一的标准规范。在此情形下,就需要借助专业的计量机构来对仪器进行校准操作。着手开展局部放电测试仪的校验工作时,必须要具备与局部放电测试仪器相关的计量标准资料,同时还得拥有完善的测试技术手段以及详尽的实施方案。只有满足了这些条件,才能够确保校验工作得以顺利且准确地开展。

局部放电测试仪的校准参数选取主要是满足生产实际要求,保证关键参数的准确度,为此本书的校准方案是从局部放电测试仪的多个技术参数中选出与局部放电电荷量、脉冲重复率测量有关的项目作为主要参数,并提出相关的测量和控制方法,主要参考了相关的 IEC 标准、国家标准和行业标准[47][48]。

2.2.1　测试仪试验回路及主要参量分析

1. 脉冲电流法局部放电试验回路及主要参量

局部放电测试仪用于测量高压电气设备局部放电信号,以视在放电量的大小表征高压电气设备绝缘局部放电的强度。局部放电过程首先产生电荷交换,继而产生高频电流脉冲,通过与试品连接的检测回路产生电压脉冲,将此电压脉冲经过合适的宽带放大器放大后由仪器测量或显示出来。这种方法灵敏度高,是目前国际电工委员会(IEC)推荐进行局部放电测试的一种通用方法,现在也被我国普遍采用。

局部放电测试仪校验装置的主要参量为视在放电量 q_0,是指在试品两端注入一定电荷量,使试品端电压的变化量和局部放电时端电压变化量相同,达到该条件,此时注入的电荷量即称为局部放电的视在放电量,以皮库伦(pC)表示。局部放电测量得到脉冲结果如图 2-12 所示。在正弦交流电压下,局部放电出现在外加电压的一定相位上,当外加电压足够高时,在一个周期内可能出现多次放电,每次放电有一定间隔时间,电压越高放电次数就越多。

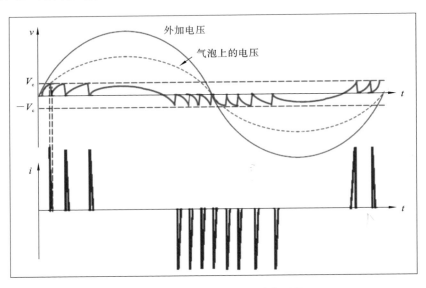

图 2-12　脉冲电流法局部放电测量

2. 脉冲电流法局部放电测试仪工作原理及参数分析

本书研究的基于脉冲电流法的局部放电测试仪,测量频率范围为 $10\sim500\ \mathrm{kHz}$,主要由带通放大器、输入衰减器、信号处理器、输出显示器等组成。实际测量局部放电信号时,在测量回路确定后,校准脉冲发生器对回路输出设定的电荷量,测量阻抗将脉冲电流信号转化为脉冲电压信号输送到局部放电测试仪,调整局部放电测试仪放大器增益幅值和测量频带,完成测量回路的信号传输比校准,退出校准脉冲发生器即可进行局部放电测量。在实际测量中,局部放电测试仪、检测阻抗、校准脉冲发生器需配套使用。局部放电测试仪分为两类:模拟型局部放电测试仪和数字型局部放电测试仪。

1) 模拟型局部放电测试仪工作原理

当测量阻抗将局部放电脉冲信号输送至局部放电测试仪后,通过带通放大器、输入衰减器、信号处理器,送入波形显示器和数字表或指针表显示局部放电值。具体工作原理如图 2-13 所示。

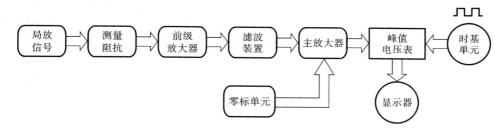

图 2-13　模拟型局部放电测试仪工作原理框图

2) 数字型局部放电测试仪工作原理

当测量阻抗将局部放电脉冲信号输送至局部放电测试仪后,放大器将信号放大,并将模拟信号转化为数字信号送入信号处理器,处理后将局部放电数据传输给显示系统。工作原理如图 2-14 所示。

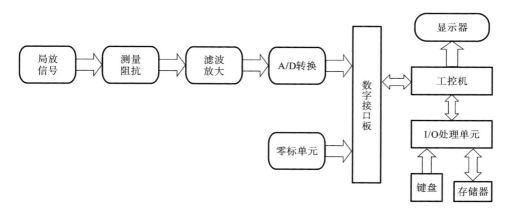

图 2-14　数字型局部放电测试仪工作原理框图

目前使用的局部放电测试仪有相当部分已数字化,采用数字采样、数字滤波、软件处理技术。正是因为采用了这些数字化技术,使得此类测试仪在通频带内的增益和相移具备了相较于模拟电路更为理想的特性。但是数字采样只能对大信号进行,对于输入的微伏级信号必须先通过模拟电路放大,达到 10 mV 以上的电平才适合进行模数变换。因此,不管是数字电路的局部放电测试仪还是模拟电路的局部放电测试仪,都有带通放大器,带通放大器在这两种类型的测试仪中都起着至关重要的作用。

局部放电测试仪的运作原理是,首先从带宽达到数 MHz 的诸多信号里,筛选并滤出其中处于较低频率的那一段信号;随后,对所滤出的这些信号的幅值展开测量;最后,借助比较校准信号在同一频段的幅值,进而确定出局部放电的电荷量。局部放电脉冲的频域表示为:$F(\omega) = \int_{-\infty}^{\infty} i(t)e^{-j\omega t} dt$,容易看出 $F(0) = \int_{-\infty}^{\infty} i(t)dt = q$。因此,局部放电测试仪要测量的对象是局部放电信号频带中近零频段谱线的幅度[49]。为了减小工频信号以及放大器零漂对信号低频段的影响,放大器采用交流放大电路,并把下限频率设置到数千赫兹。能够通过非零频信号测量得到零频分量的前提是信号频带足够平坦,即在低频段各频率的谱线幅值接近相同。不同试品产生的局部放电脉冲波形并不完全一致,频带的分布也不相同,用局部放电测试仪的不同频带测出的结果也不相同。局部放电测量工作的核心目标是发现电气设备中的绝缘缺陷,上述测量方法已能够达到这一要求,在实际应用中彰显出了实用性。鉴于此,对于该测量方法,并没有必要施加十分严格的规定加以限制。

本书所提出的校准方法基于以上前提,整体方案设计着重于对测量设备加以规范。目前,局部放电测量已被纳入许多电力设备的制造标准。在对设备的绝缘性能进行评价时,务必秉持公平公正的原则。倘若整个行业都能够统一使用具有相同计量性能的仪器,并且依照同样的程序来开展测量工作,那么即便所获取的测量结果无法精准地反映出实际的局部放电量,也依然能够对产品的绝缘水平做出较为合理的评估。

基于上述认识,校准规范的主要职责在于合理地界定仪器的计量性能。不过,需要注意的是,仪器的校准方法与它的实际使用方式并不一定是完全相同的。在校准过程中,首先应当凸显计量学的误差控制理论,依据该理论来开展相关工作。在此基础上,再去考虑如何与产品的生产以及使用过程相互结合。在确保不会对仪器的计量性能造成任何影响的前提下,要尽可能地使校准工作与相关的技术标准保持一致。这样一来,既能保证校准工作的专业性和科学性,又能使其更好地适应行业的生产和使用需求。

3. 脉冲电流法局部放电测试仪计量标准主要参数分析

1)脉冲频率

局部放电脉冲频率(脉冲重复率)是指单位时间内局部放电脉冲的数量,也就是平均每秒钟局部放电脉冲的次数。局部放电的脉冲分辨率则是局部放电检测系统在时间域上能够分辨的最小脉冲宽度。由于脉冲电流的测量使用了频谱幅值测量原理，并采用了带通滤波器，因此当两个脉冲在时间上比较靠近时，就会产生频谱混叠，使测量值产生偏差。另一种偏差是由峰值保持电路的时间常数造成的，该指标可以这样考虑：按每半个周波 1 个放电脉冲，误差不大于 10% 的 1/5 要求，即有：$1-\mathrm{e}^{-0.01/\tau}<0.02$，$\tau>0.5$ s。为了便于检测峰值保持时间，试验时人为地将脉冲间隔时间扩大 4 倍，使用 50 Hz 检测脉冲重复率，对应的测量误差控制在 10%。算得仪器的时间常数不小于 0.4 s 就可以通过试验。前一种情况是在脉冲重复率高的情况下，测量误差受脉冲分辨率的影响。连续脉冲时信号频谱重叠情况可以用双指数脉冲信号通过理想带通滤波器的近似公式分析。

设带通滤波器的下截止频率为 $f_1=30$ kHz，上截止频率为 $f_2=300$ kHz，时间上延迟 t_f 的脉冲的相位滞后因子为 $\mathrm{e}^{-\mathrm{j}\omega t_f}$，后续脉冲的输出为：$[\sin\omega_2(t-t_f-t_0)-\sin\omega_1(t-t_f-t_0)]/(t-t_f-t_0)$，第一个过零点为 $t_0+\pi/\omega_2=t_0+1.7$，第二个过零点为 $t_0+\pi/\omega_1=t_0+17$。对于正弦函数，其幅值包络线为 $1/x$，脉冲重复率为 1000 Hz 时，计算第一波对第二波的幅值影响，取 $x=\omega_1 t_f=1.88\times10^5\times1\times10^{-3}=188$，$1/x=0.5\%$，其影响可以忽略。但如果脉冲重复率为 5 kHz，$x=38$，影响将达到 2.6%。

因此，脉冲分辨率与通频带的下截止频率有关，提高下截止频率后脉冲分辨率将得到提高。但通频带改变后也会影响局放测量的其他一些特性，如灵敏度。测量时可以根据被测局放信号的时间参数选择合适的通频带，以达到最好的测量效果。

取 1000 Hz 作为测量上限频率，当滤波器下截止频率为 10 kHz 时，$x=\omega_1 t_f=6.3\times10^4\times1\times10^{-3}=63$，$1/x=1.6\%$，可以满足检验脉冲重复率误差的要求。为了解决局部放电测试仪在不同重复频率下的准确度，规定测量重复率为 50~1000 Hz 的放电脉冲是合适的。

2）输出脉冲峰值

局部放电测试仪的输入信号可能很小，需要有足够大的放大倍数才能准确测量。局部放电测试仪的这一特性可以用电压灵敏度考核。为了定出指标，需要计算在可能测量的最小局部放电信号下到底需要多大的仪器灵敏度。局部放电波可以近似用双指数脉冲 $i(t)=I_0(\mathrm{e}^{-t/\tau_1}-\mathrm{e}^{-t/\tau_2})$ 表示，其频谱为

$$I(\omega)=\frac{q}{(1+\mathrm{j}\omega\tau_1)(1+\mathrm{j}\omega\tau_2)} \tag{2-7}$$

理想带通滤波器的传输特性为：$H(\omega)=|H(\omega)|\mathrm{e}^{-\mathrm{j}\omega t_0}$，其中，

$$|H(\omega)|=\begin{cases}A, & \omega_1\leqslant|\omega|\leqslant\omega_2\\0, & \text{其他}\end{cases} \tag{2-8}$$

信号通过理想带通滤波器后，输出为

$$U(\omega) = \begin{cases} \dfrac{Aqe^{-j\omega t_0}}{(1+j\omega\tau_1)(1+j\omega\tau_2)}, & \omega_1 \leqslant |\omega| \leqslant \omega_2 \\ 0, & \text{其他} \end{cases} \tag{2-9}$$

$$u(t) = \frac{Aq}{\pi} \int_{\omega_1}^{\omega_2} \frac{(1-\omega^2\tau_0^2 - j\omega\tau)\cos\omega(t-t_0)}{(1+\omega^2\tau_1^2)(1+\omega^2\tau_2^2)} d\omega \tag{2-10}$$

式中：

$$\tau = \tau_1 + \tau_2, \quad \tau_0 = \sqrt{\tau_1 \tau_2} \tag{2-11}$$

如果 $\omega_2\tau_1 \ll 1, \omega_2\tau_2 \ll 1$，令 $\omega_0 = \sqrt{\omega_1\omega_2}$，用带通滤波器中心频率的幅值代替通带中信号幅值，则有

$$\begin{aligned} u(t) &\approx \frac{Aq}{\pi(1-\omega_0^2\tau_0^2 + j\omega_0\tau)} \int_{\omega_1}^{\omega_2} \cos\omega(t-t_0) d\omega \\ &\approx \frac{Aq}{\pi(1-\omega_0^2\tau_0^2 + j\omega_0\tau)} \cdot \frac{\sin\omega_2(t-t_0) - \sin\omega_1(t-t_0)}{t-t_0} \end{aligned} \tag{2-12}$$

输出峰值接近等于 $\dfrac{Aq(\omega_2-\omega_1)}{\pi\sqrt{(1-\omega_0^2\tau_0^2)^2 + \omega_0^2\tau^2}}$，主瓣宽度为

$$\Delta t \approx \frac{2\pi}{\omega_2} = \frac{1}{f_2} \tag{2-13}$$

定义峰值系数 $\lambda = \dfrac{(\tau_1-\tau_2)(\omega_2-\omega_1)}{\pi\sqrt{(1-\omega_0^2\tau_0^2)^2 + \omega_0^2\tau^2}}$，等于输出峰值与信号峰值之比。

定义电荷系数 $\eta = \dfrac{I_0\lambda}{q} = \dfrac{\omega_2-\omega_1}{\pi\sqrt{(1-\omega_0^2\tau_0^2)^2 + \omega_0^2\tau^2}}$，等于输出峰值与信号电荷量之比。电荷系数大致与半波时间和带宽相关。但只要半波时间小，差别就不大。

电力设备局部放电量的控制下限不大于 10 pC，因此局部放电测试仪能测量到 5 pC 就能判断电力设备的局部放电量是否合格。设 5 pC 的放电量对应的电流脉冲的幅值为 1 个单位，产生的信号峰值为 $5 \times 10^5 \times 5 \times 10^{-12} = 2.5 \times 10^{-6}$。当耦合装置等效负荷电阻为 1000 Ω 时，幅值为 1 个单位的电流脉冲能产生幅值 1000 个单位的输入电压脉冲。

3）方波电压幅值

按照局部放电测试仪测量误差需控制在 10% 的要求，针对该测试仪每个通频带的上、下限截止频率，作出了明确规定：其与标称值的偏差不应超过 ±10%。从无线电信号理论来讲，只有将频带偏差精准控制在这一范围内，信号能量传输误差也能被有效控制在 ±10% 内。对于通频带内不同频率信号的增益，同样有相应规范，其应当维持在中心频率增益的 10%～70%。合理限定增益范围，有助于保障信号在通频带内的有效传输和处理，避免因增益波动过大而致使信号失真，进而影响测量结果的准确性，确保整体测量误差控制在 10% 左右。依据局部放电测量的国家标准，测量系

统的刻度因数的变化范围必须严格限制在不大于 5% 的范围内,刻度因数直接关联着测量系统能否准确反映实际情况,若其变化幅度过大,将会破坏测量系统的线性,使得测量结果与真实的局部放电状况出现较大偏差,所以务必要将其牢牢把控在规定范围内,以确保测量的可靠性和准确性。

就以往的产品而言,针对某一项虽未明确所指但与测量密切相关的指标,通常设定的要求是 10%,实际使用过程中,并未发现该指标存在无法满足使用要求的情况,故现阶段依旧按照过去产品的标准来对该指标提出相应的要求。在进行局部放电测量时,采用的是满度校准方法,这种校准方法使得测量读数除了会在同一挡的不同刻度之间发生变化外,往往还需要进行换挡操作。基于此,对于指示器就提出了明确的要求,即其线性度以及换挡误差都必须严格控制在规定的范围之内。只有确保指示器的准确性,才能保证在整个测量过程中,测量结果不会因为指示器的不准确而出现较大偏差。对于局部放电测量这项工作而言,综合考虑各方面因素之后,并不需要设定过高的要求,只要能够将总的测量误差控制在 10% 左右,就可以满足实际的应用需求了。因此,在涉及诸如频带偏差、增益偏差等相关指标时,都是按照能够实现总体误差控制在 10% 左右的标准来进行选取的。不过,在一些极端的情况下,有可能会出现导致测量结果产生 20% 偏差的情况。但是,与局部放电量本身就存在的不确定性相比,这种 20% 的偏差相对而言是可以被忽略不计的,并不会对整体关于局部放电情况的判断和分析产生实质性的影响。

2.2.2　测试仪计量原理

脉冲电流法局部放电测试仪计量标准设计框图如图 2-15 所示,由校准工位、信号发生通用模块、脉冲电流法局部放电测试仪计量标准专用模块构成。其中脉冲电流法局部放电测试仪计量标准专用模块包括通信单元、主控单元、信号放大单元、校准电容单元、耦合电容单元、匹配阻抗单元等构成。

相关研究表明,气体间隙的局部放电典型波形为 5/50 ns 双指数波,油间隙的局部放电典型波形为 1/5 ns 双指数波,固体间隙的局部放电典型波形为 5/15 ns 双指数波。这几种波形的幅频特性可计算如下。

双指数电流脉冲的时域表示为

$$i(t) = I_0 (e^{-t/\tau_1} - e^{-t/\tau_2}) \tag{2-14}$$

脉冲电荷等于电流对时间积分,表示为

$$q = \int_0^\infty i(t)\mathrm{d}t = I_0 \int_0^\infty (e^{-t/\tau_1} - e^{-t/\tau_2})\mathrm{d}t = I_0(\tau_1 - \tau_2) \tag{2-15}$$

标准局部放电脉冲的频谱表示为

$$F(\omega) = \frac{q}{(1+\mathrm{j}\omega\tau_1)(1+\mathrm{j}\omega\tau_2)} \tag{2-16}$$

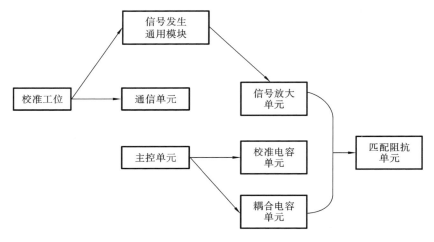

图 2-15　脉冲电流法局部放电测试仪计量标准设计框图

幅值谱为: $|F(\omega)|=\dfrac{q}{\sqrt{(1+\omega^2\tau_1\tau_2)^2+\omega^2(\tau_1+\tau_2)^2}}$,幅值下降至原来的 $1/k$ 时有

$$(1+\omega^2\tau_1\tau_2)^2+\omega^2(\tau_1+\tau_2)^2=2 \tag{2-17}$$

$$\omega^2\tau_1\tau_2=\sqrt{1+\left(1+\frac{k}{2}\right)^2}-\left(1+\frac{k}{2}\right) \tag{2-18}$$

$$k=\frac{(\tau_1+\tau_2)^2}{\tau_1\tau_2} \tag{2-19}$$

当 $k\gg1$ 时,有

$$\omega\approx\frac{1}{\sqrt{\tau_1\tau_2}\cdot\sqrt{2+k}} \tag{2-20}$$

近似用指数脉冲波计算:

$$\tau_2=\frac{T_{90}-T_{10}}{2.2},\quad \tau_1=\frac{T_{100}-T_{10}}{2.3} \tag{2-21}$$

5/15 ns 局部放电波:

$$\tau_2=2.27\text{ ns},\quad \tau_1=6.52\text{ ns},\quad \tau_1+\tau_2=8.79\text{ ns}$$
$$k=5.22,\quad \omega_c=97\times10^6,\quad f_c=15\text{ MHz}$$

5/50 ns 局部放电波:

$$\tau_2=2.27\text{ ns},\quad \tau_1=21.7\text{ ns},\quad \tau_1+\tau_2=23.97\text{ ns}$$
$$k=11.7,\quad \omega_c=38\times10^6,\quad f_c=6.1\text{ MHz}$$

1/5 ns 局部放电波:

$$\tau_2=0.455\text{ ns},\quad \tau_1=2.17\text{ ns},\quad \tau_1+\tau_2=2.625\text{ ns}$$
$$k=6.95,\quad \omega_c=0.34\times106,\quad f_c=54\text{ kHz}$$

根据局部放电脉冲波形频谱特点,局部放电测试仪有窄带、宽带、超宽带的区别。局部放电脉冲在通过窄带滤波电路时将激发振荡,振荡的包络线为 SI 函数曲线,通频带越窄,振荡时间越长,当测量重复率高的信号时,容易在幅值上重叠,必须对测量值进行修正。窄带局部放电测试仪以无线电干扰仪为代表,测量范围为 150 kHz～30 MHz,频带宽度为 9 kHz。用这种仪器测量局部放电时结果有较大的人为因素,在我国很少采用。

局部放电脉冲在通过超宽带滤波电路时,不能用信号峰值测量方法测量局部放电电荷量,需要进行信号波形鉴别和脉冲信号积分运算,仪器比较复杂,使用也不方便。因此,这两种测量仪器在我国应用很少[50][51]。

目前国家标准《高电压试验技术 局部放电测量》(GB/T 7354—2018)推荐的宽带型局部放电测试仪的频率范围为 30～500 kHz、频宽为 100～400 kHz。由于 1/5 μs 脉冲频宽约为 54 kHz,频宽为 100～400 kHz 的局部放电测试仪在测量 1/5 μs 的局部放电信号时相当于超宽带,振荡峰不明显,不适宜用峰值法测量局部放电量[19]。为了能覆盖这一测量范围,国内一些局部放电测试仪频率范围下延到 10 kHz,带宽也下延到 40 kHz。而为了方便管理,这类局部放电测试仪也应该纳入宽带局部放电测试仪的校准规范中。因此,规范包括的频率范围应扩展到 10～500 kHz,带宽扩展到 40～400 kHz。

2.2.3　标准装置核心模块设计

1. 主控单元模块

校准模块校准工位的上位机软件界面如图 2-16 所示。主控单元由校准工位的上位机软件控制,该软件主要功能有:选择脉冲重复频率、设定输出校准脉冲峰值、输出控制信号、选择信号极性、选择电容挡位、信号输出开关。为方便试验员开展校准工作,本书提供的标准装置还在界面上补充了试验方法、试验接线等提示[52]。

其中,主控单元模块配合专用模块一同对脉冲电流法局部放电测试仪计量标准专用模块中的输出信号、脉冲频率、电容挡位进行控制。

主控单元模块硬件部分采用单片机 STC89C52,有如下特点:40 个引脚,8K 在系统可编程 Flash 存储器。在单芯片上,拥有灵巧的 8 位 CPU 和在系统可编程 Flash,使得 STC89C52 为众多嵌入式控制应用系统提供高灵活、超有效的解决方案。具有以下标准功能:8 KB Flash、512 KB RAM、32 位 I/O 口线、看门狗定时器、内置 4 KB EEPROM、MAX810 复位电路、三个 16 位定时器/计数器、一个 6 向量 2 级中断结构、全双工串行口。另外 STC89C52 可降至 0 Hz 静态逻辑操作,支持两种软件可选择节电模式。空闲模式下,CPU 停止工作,允许 RAM、定时/计数器、串口、中断继续工作。掉电保护方式下,RAM 内容被保存,振荡器被冻结,单片机一切工作停止,直到下一个中断或硬件复位为止。最高运行频率为 35 MHz,6T/12T 可选。

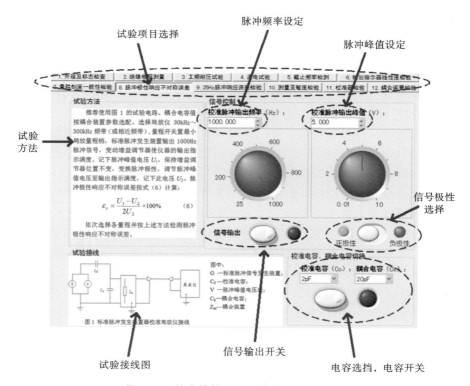

图 2-16 校准模块上位机软件界面设计示例

主控单元模块采用到的单片机最小系统,其电路很简单,包括部分外围电路、复位电路和晶振电路。在复位电路上电的瞬间,RC 电路充电,由于电容的电压不能突变,所以 RST 引脚出现高电平。RST 引脚出现的高电平将会随着对电容的充电过程而逐渐回落,为保证正确复位,RST 引脚出现的高电平需要持续两个机器周期以上的时间。因此,需要合理选择复位电路的电阻和电容,通常取 10 kΩ 和 10 μF。

2. 信号放大模块

信号放大电路的作用是放大输出脉冲电压波形的幅值,采取运算放大器加上三极管所组成的推挽式信号放大电路作为局部放电校准仪的信号放大电路。信号放大模块电路如图 2-17 所示。

当电阻 R_{12} 和电容 C_1 上的正负反馈同时存在时,可简化电路模型,如图 2-18 所示。信号放大电路的输出电压的幅值是输入电压的 10 倍。

3. 接口模块

标准装置设计中采用了 CAN 智能节点和 CAN-RS232,并采用 STC89C52RC 单

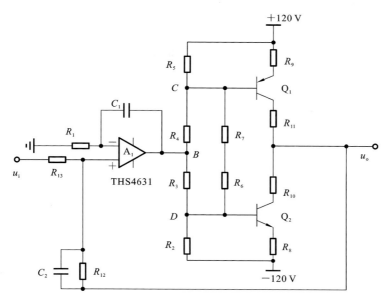

图 2-17　信号放大模块电路图

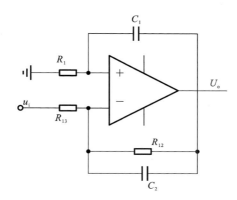

图 2-18　信号放大模块等效电路图

片机作为主控芯片,CAN(controller area network,控制器局域网)总线是现场总线的一种,它是一种串行数据通信总线,如图 2-19 所示。

　　校验装置的频率响应范围很广,为了保证校验装置的稳定性,本书标准装置设计过程中对主控模块及放大模块等电路板合理分区,将强信号电路、弱信号电路、数字信号电路、模拟信号电路合理地分区域布置,并将电源模块的大功率器件尽可能地布置在电路板的边缘。在单片机 I/O 口和电路板连接线等关键地方,使用抗干扰元件可显著提高电路的抗干扰性能,晶振与单片机引脚尽量靠近,用地线把时钟区隔离起来,晶振外壳接地并固定。

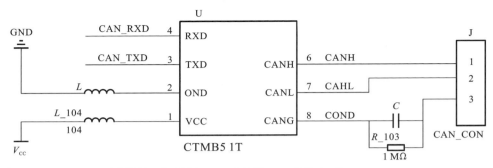

电源模块、高速隔离、CNS收发器、ESD保护于一体

图 2-19　CAN 总线通信接口

4. 回路噪声消元法电荷积分测量模型

针对校准脉冲发生器的实际电荷量校准,校准工作有两个主要方面:一是根据电荷量的定义即电荷量是电流对时间的积分开展整体校准;二是基于 $q=UC$ 对阶跃电压和分度电容这 2 个元件开展分体校准。由于在小电荷量下开展校准时对接地、屏蔽、分布参数等方面的影响较为敏感,因此需要考虑将这些因素引入的噪声消除。主要采用以下几个措施对回路噪声进行处理。首先判断 RC_0 是否小于脉冲上升时间 t_r,若满足就可以开展回路噪声消元法电荷积分测量。针对脉冲电压波形不平滑具有随机性的问题,采用移动平均消除随机性影响;对校准回路的噪声进行存储,在相同的采样方式下,用脉冲电压曲线减去噪声波形曲线后再进行积分运算,从而获得更准确的电荷量校准结果。

$$U_t = \frac{1}{N}(u_t + u_{t-1} + \cdots + u_{t-N+1}) \tag{2-25}$$

即

$$U_t = \frac{1}{N}\sum_{i=0}^{N-1} u_{t-i} \tag{2-26}$$

根据电荷量的定义,有

$$q = \int i(t)\mathrm{d}t = \frac{1}{R}\int [U_t(t) - U_{\mathrm{noise}}]\mathrm{d}t \tag{2-27}$$

式中:q 为电荷量;$i(t)$ 为校准器产生的电流脉冲;R 为标准电阻;$U_t(t)$ 为示波器测得的电压脉冲;U_{noise} 为校准回路的噪声电压。

2.2.4　局部放电复合参量校准方法

1. 局部放电复合参量校准关键技术[53]

1)频带与截止频率的校准

局部放电测试仪频带校准接线图如图 2-20 所示。首先,需要对正弦信号发生器的输出信号幅值进行调整,使其达到局部放电测试仪显示高度的 $70\%\sim90\%$,并且在整个操作过程中要确保该幅值始终维持不变。在此基础上,进一步找出待测局部放电测试仪的中心频率 f_c。这个中心频率 f_c 一旦确定,便会成为后续各项操作以及相关分析过程中的基准频率。

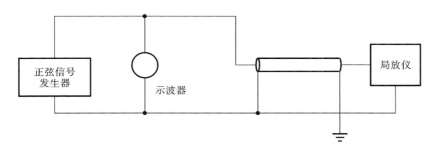

图 2-20　局部放电测试仪频带校准接线图

　　调整频率为 f_c 的正弦波幅值,记录局部放电测试仪的显示读数,并以此作为归一化的基准。降低正弦波信号的频率,并保证其电压幅值不变,找出被校局部放电测试仪归一化输出降到 0.5 时的频率点(对应宽带仪器为 -6 dB 的点),此点即为实测的下限截止频率 f;再升高正弦波信号的频率,同法找出实测的上限截止频率。

　　上、下限截止频率的误差按式(2-28)计算:

$$\gamma_f = \frac{(f - f_B)}{f} \times 100\% \qquad (2-28)$$

式中:γ_f 为上、下限截止频率的误差;f 为被校仪器实测截止频率;f_B 为被校仪器标称截止频率。

　　注:对多频带局部放电测试仪的每一截止频率点都应进行测试。

　　2)幅值线性度误差的校准

　　将被校局部放电测试仪量程开关置于待测挡,改变校准脉冲发生器输出电压幅值 U 和标准电容值,使被测局部放电测试仪的读数升到满度值,并以此作为局部放电基准。

　　降压时记录 80%、60%、40%、20% 时局部放电测试仪的显示值。局部放电测试仪每挡均应进行校准,线性度误差按式(2-29)计算:

$$\gamma_x = \frac{k_x - k_N}{k_x} \times 100\% \qquad (2-29)$$

式中:γ_x 为线性度误差;k_N 为标准刻度因数;k_x 为被校局部放电测试仪的读数值。

　　3)量程开关换挡误差的校准

　　量程开关换挡误差校准接线图如图 2-21 所示,改变校准脉冲发生器输出电压幅值,使被测局部放电测试仪的读数在满度值,记下此时被测局部放电测试仪的读

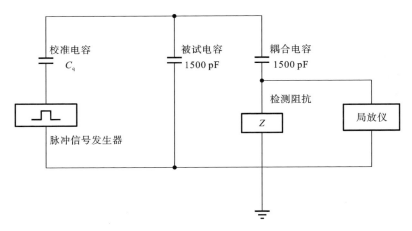

图 2-21 量程开关换挡误差校准接线图

数 D_{hi}。

　　将量程开关向灵敏度较低方向变换一挡,待局部放电测试仪显示完全稳定后,记下此时被测局部放电测试仪的读数 D_{li},量程换挡误差按式(2-30)计算:

$$\gamma_r = \frac{(D_{li} - D_{hi})}{D_{hi}} \times 100\%$$　　　　　　(2-30)

式中:γ_r 为量程换挡误差;D_{hi} 为当前量程挡的满度幅值;D_{li} 为切换量程挡后的幅值。

　　4)正负脉冲响应不对称误差的校准

　　将局部放电测试仪放大器置于最宽频带处,让校准脉冲发生器输出正(负)脉冲,使被测局部放电测试仪的读数在满度值附近,记下此时被测局部放电测试仪的读数 D_+。改变校准脉冲发生器输出的负(正)脉冲并保持输出电压幅值与正脉冲时的相同,记下此时被测仪器的读数 D_-。正负脉冲响应不对称误差按式(2-31)计算:

$$\gamma_s = \frac{2(D_+ - D_-)}{(D_+ + D_-)} \times 100\%$$　　　　　　(2-31)

式中:γ_s 为正负脉冲响应不对称误差;D_+ 为正脉冲响应时的幅值;D_- 为负脉冲响应时的幅值。

　　5)低重复率脉冲响应误差的校准

　　将局部放电测试仪放大器置于最宽频带处,量程开关置于合适挡位,用双脉冲信号发生器注入单脉冲 1000 Hz 的信号,调整局部放电测试仪幅值调节器使幅值在 100%,记录此时的幅值 D_{1k}。调整双脉冲信号发生器将频率变为 50 Hz,记录此时的幅值 D_{50},低重复率脉冲响应误差按式(2-32)计算:

$$\gamma_D = \frac{(D_{1k} - D_{50})}{D_{1k}} \times 100\%$$　　　　　　(2-32)

式中:γ_D 为被校局部放电测试仪低重复率脉冲响应误差;D_{1k} 为被校局部放电测试仪

在 1000 Hz 时的值；D_{50} 为被校局部放电测试仪在 50 Hz 时的值。

6）测量灵敏度的校准

被测局部放电测试仪量程开关置于最高灵敏度挡，慢慢地将挡位调至增益最高位置，放大器频带置于最宽频带。改变校准脉冲发生器输出的电压幅值，使被测局部放电测试仪输出显示的脉冲高度为基线噪声的 2 倍。记下此时校准脉冲发生器的输出电压幅值 U_q 及校准电容值 C_q。测量灵敏度 S_q 按式(2-33)计算：

$$S_q = U_q \cdot C_q \tag{2-33}$$

式中：S_q 为被校局部放电测试仪灵敏度；U_q 为校准脉冲发生器的输出电压幅值；C_q 为校准电容。

7）脉冲分辨时间的校准

将局部放电测试仪放大器置于最宽频带处，量程开关置于合适挡位。双脉冲发生器脉冲时间间隔 Δt 置于 200 μs，保持双脉冲发生器输出的电压幅值不变，调节局部放电测试仪的增益，使读数在满度值的 70%，记下此时被检局部放电测试仪的读数 D。保持双脉冲发生器输出电压幅值不变，减小 Δt 寻找被测局部放电测试仪的读数变化为 $D \pm 10\%$ 的点，此时的 Δt 即为被测局部放电测试仪的脉冲分辨时间。

8）脉冲重复率的校准

脉冲分辨时间的误差校准接线图如图 2-22 所示，调节单脉冲发生器的脉冲重复率为 100，调节被检局部放电测试仪的增益，使读数在满度值附近，调节脉冲重复率，记下被检局部放电测试仪重复率的读数 n_x 和实际的重复率 n_b。

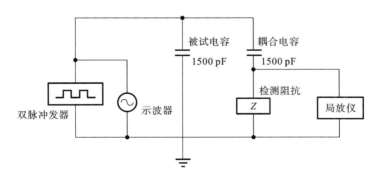

图 2-22 脉冲分辨时间的误差校准接线图

脉冲重复率的测量误差按式(2-34)计算：

$$\delta_n = \frac{n_x - n_b}{n_b} \times 100\% \tag{2-34}$$

式中：δ_n 为局部放电测试仪脉冲重复率；n_x 为局部放电测试仪重复率的读数；n_b 为实际的重复率。

9）脉冲个数测量误差校准

将脉冲发生器输出脉冲频率从 100 Hz 改变至被测局部放电测试仪分辨时间限制的最高频率，记录每次脉冲发生器输出脉冲频率 n_0 对应下的被测局部放电测试仪脉冲重复频率读数 n_x；或在每个 n_0 下，设定双脉冲发生器计数表头计数值为 N_b，启动脉冲发生器计数功能，记录被测局部放电测试仪在计数完毕后的读数 N_x。

脉冲个数测量误差按式（2-35）或式（2-36）计算：

$$\gamma_N = \frac{N_x - N_b}{N_b} \times 100\% \tag{2-35}$$

式中：γ_N 为被测局部放电测试仪脉冲个数测量误差；N_x 为被测局部放电测试仪脉冲个数读数值；N_b 为局部脉冲发生器脉冲个数设定值。

$$\gamma_N = \frac{n_x - n_0}{n_0} \times 100\% \tag{2-36}$$

式中：γ_N 为被测局部放电测试仪脉冲个数测量误差；n_x 为被测局部放电测试仪脉冲频率读数值；n_0 为局部脉冲发生器输出脉冲频率值。

2. 试验验证

采用数字示波器对脉冲电流法局部放电测试仪计量标准专用模块的脉冲重复频率、输出脉冲峰值、方波电压幅值开展校准。此处使用的数字示波器型号为 Tektronix DPO 3012，模拟带宽为 100 MHz。脉冲电流法局部放电测试仪计量标准专用模块的主要测试参量为校准脉冲电压、校准电容、校准脉冲频率，其测试数据如表 2-3 所示。

表 2-3　脉冲电流法局放电校准模块校准数据

项目	挡位	测量值	扩展不确定度
校准脉冲电压	10 V	9.99 V	$U_{rel} = 1.8 \times 10^{-2}, k = 2$
	9 V	9.00 V	
	8 V	8.00 V	
	7 V	7.00 V	
	6 V	6.00 V	
	5 V	5.00 V	
	4 V	3.99 V	
	3 V	3.00 V	
	2 V	2.00 V	
	1 V	1.00 V	
	0.1 V	101 mV	

续表

项目	挡位	测量值	扩展不确定度
校准电容 C_0	20 nF	20.02 nF	$U_{rel} = 1.8 \times 10^{-2}, k = 2$
	10 nF	10.00 nF	
	2 nF	2.004 nF	
	1 nF	1.003 nF	
	500 pF	501.6 pF	
	100 pF	100.2 pF	
	50 pF	50.14 pF	
	10 pF	10.04 pF	
校准脉冲频率	1000 Hz	1000.0 Hz	$U_{rel} = 1.8 \times 10^{-2}, k = 2$
	500 Hz	500.0 Hz	
	100 Hz	100.0 Hz	
	50 Hz	50.0 Hz	
	25 Hz	25.0 Hz	

标准校准方波发生模块主要实现波形控制,通过提高输出方波的电压准确度,满足输出脉冲峰值在 100 mV～10 V 可调、方波电压幅值最大允许误差±2% 等要求,也可增加一些必要的功能,确保装置满足实际工程应用需求。方波电压 U_0 波形波头如图 2-23 所示,校准脉冲(正脉冲)波形如图 2-24 所示。

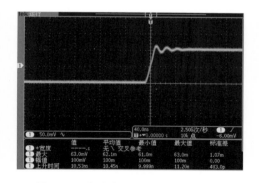

图 2-23　方波电压 U_0 波形波头部分

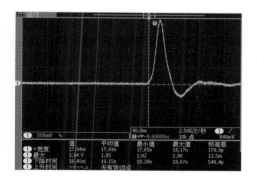

图 2-24　校准脉冲(正脉冲)波形

脉冲电流法局部放电校准模块的脉冲重复频率包括 50 Hz 及 1000 Hz,研制的脉冲发生模块的特点是电压覆盖范围宽,负脉冲上升时间小于 60 ns,以满足新标准对数字局部放电测试仪视在放电量线性度的校准要求。

脉冲电流法局部放电测试仪计量标准装置如图 2-25 所示,该装置基于对脉冲电

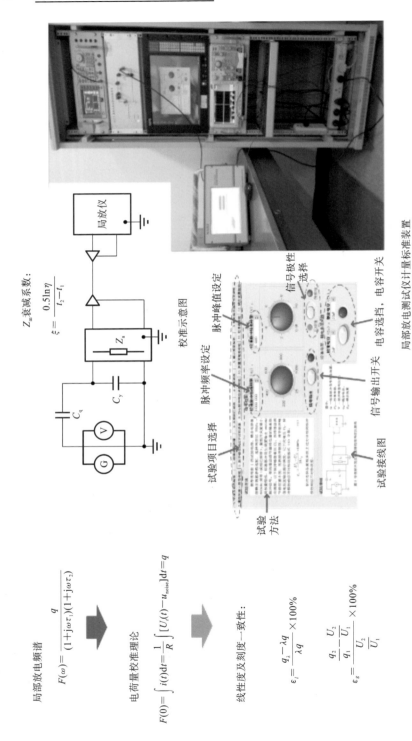

图 2-25 脉冲电流法局部放电测试仪计量标准

流法局部放电测试仪的原理及应用场景下的参数特征,分析了适当的校准方法并指出了应达到的模块设计指标,实现了脉冲电流法局部放电测试仪的校准结果溯源至国家标准。

本书所述的方案包含视在电荷量在内的指示器线性、刻度一致性、极性不对称误差的校准方法,实现了对频带宽达 10～500 kHz 的局部放电测试仪一系列参数的量值溯源;提供的脉冲电流法局部放电测量系统的多模块复合参量计量标准装置,基于一体化分级匹配技术抑制了校准回路及电容网络失配导致的波形畸变,解决了输出电荷量高稳定性与脉冲波形控制相互制约的难题。提出了局部放电振荡信号下耦合单元衰减系数评价技术方案,发明了回路噪声消元法电荷积分测量技术。

此外,本书提出的方法还解决了视在电荷量难以实现局部放电测试仪的全面评价、局部放电复合参量校准方案缺失、高稳定性脉冲波形控制难、视在电荷与实际电荷溯源路线不同等一系列难题,实现了脉冲电流法局部放电测量系统关键参量的有效溯源。

2.3　特高频法局部放电(UHF PD)校准技术

UHF PD 法具有良好抗电晕性能,在电力设备的局部放电检测中有巨大的发展潜力,但 UHF PD 法局部放电检测仪在实际应用中仍具有一定的局限性,主要问题在于检测仪的测量数据准确性和稳定性有待提高,缺少可进行量值溯源的校准装置来开展参比条件下的校准工作。具体表现为:

(1) 检测量值未能统一。有学者认为 UHF 法检测量值应当与“脉冲电流法”对应,采用视在放电量皮库仑(pC)作为被测量的单位,也有学者认为应将 dBm、dBμ、mV 作为 UHF 法的单位。

(2) 校准方法有待进一步完善。虽然国际大电网会议提出了针对检测仪系统的校准方法,但该校准方法前期准备工作量大,现场注入信号较困难,受外界干扰较大。

(3) 溯源体系有待建立。由于各厂商的特高频局部放电检测量值未能统一,导致了溯源参量难以明确,现有的标定方法缺少相应计量标准装置及其量值溯源方法,因此现有的溯源体系亟待建立。国内外学者对 UHF PD 传感器的实验室校准方法进行了大量研究,取得了较为丰硕的成果。

国际上,英国 Strathclyde 大学的 M. D. Judd 等人最早对特高频传感器的测试方案展开了研究,利用吉赫兹横电磁波(GTEM)小室和阶跃激励信号实现了 UHF PD 传感器频率响应的评价[54-57]。

2.3.1　试验系统及计量学特性

1. PD 电场信号及其计量学特征

根据 2.1 节的介绍可以知道,在不同的绝缘介质中,PD 发生的机理不尽相同。

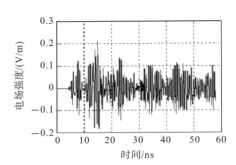

图 2-26 　PD 信号电场强度时域图

电子雪崩发生在短至数百皮秒或纳秒的过程中,因而会产生具有非常快的上升时间的电流脉冲。如图 2-26 所示,由于 PD 信号在绝缘体内部衰减和色散,实际测量信号也会变形,PD 信号是电场强度幅值小于 1 V/m 且色散现象明显的快沿脉冲信号,其脉冲上升时间约 1 ns,持续时间 60 ns 以上。

此外,如果测试对象连接到测量系统,则真正的 PD 脉冲形状将可能被测量电路进一步改变,使得所获信号与原始信号相差甚远。因此,研究原始信号与测量端信号之间的关系具有非常重要的实践意义。通过对 PD 腔体的建模,用来解决原始 PD 信号与实测信号难以对应的问题。典型的 PD 腔体包括电容模型和偶极子模型。电容模型等效电路用于计算内部间隙放电情况下,评估实际放电电荷与测量电荷之间的关系。还有学者引入偶极子模型,当偶极子坍塌时在腔内流动的电流继续作为通过均匀电介质的位移电流,腔体内的电荷等于放电电荷量。这两种腔体模型可为理论上计算局部放电的严重程度提供依据,在实际应用时常将上述模型混合使用[58][59]。

2. UHF PD 传感器的计量学特性

UHF PD 传感器是一种基于天线原理的电磁场传感元件,是 PD 检测系统的关键,其功能是检测 PD 产生的电磁波信号并以电压形式输出。天线一般是用金属导线、金属面或者其他介质材料制成的,具有一定的形状,用来发射或者接收无线电波。发射时,把高频电流转换为电磁波;接收时,把电磁波转换为高频电流。用于 UHF PD 检测的天线为接收天线。PD 现象激发的 TEM 波可在远场区域内被天线所接收,但前提是需要知道在远场区辐射的 TEM 波主要分布在哪些频段,图 2-27 给出了典型的 PD 频谱示意图。

天线通过将到达的电磁波功率密度转化成连接接收机的传输线中的电流来接收来自远处源的信号。天线接收电磁能量的物理过程是:天线在外场作用下激励起感应电动势,并在导体表面产生电流,该电流流进天线负载即接收机,使接收机回路中产生电流。所以,接收天线是一个把空间电磁波能量转换为高频电流能量的能量转换装置。其工作过程恰好是发射天线的逆过程。通常信号很微弱,需要考虑到所有的损耗。UHF PD 传感器接收信号时,天线和馈线实际上是一种分布参数电路,UHF PD 传感器作为接收天线与检测装置主机输入端相连,需要考虑其电路网络的阻抗匹配。

UHF PD 传感器作为一种天线,在天线不含非线性元件或材料的情况下,满足互易定理,即天线用作接收天线时,其极化、方向性、有效长度和阻抗等,均与其用作

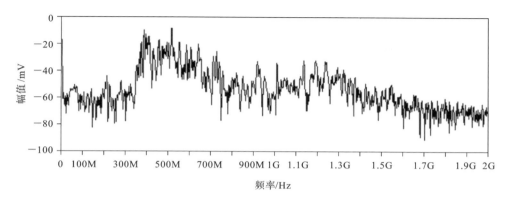

图 2-27　典型的 PD 频谱示意图

发射天线时的相同。可以采用与发射天线一样的参数来描述接收天线的性能,所以实际天线的设计过程中,都是将接收天线作为发射天线来计算的。表征天线性能的主要参数有天线有效高度、天线系数、输入阻抗、增益、方向性等,考虑到 UHF PD 传感器通常不作为发射天线,所以在对其性能进行考量时,着重分析其传递函数 $H(f)$,也就是天线频域的有效高度,也称为有效长度。

1) UHF PD 传感器的有效高度

有效高度是天线常用的一个假想等效参数,把与本天线在远区最大辐射方向同一距离远处产生相等的电场,并且电流按其输入端电流等幅同相分布的细直参考天线的长度,定义为本天线的有效长度(简称为有效长度,用 l_e 表示)。这样天线在任意方向的有效长度可表示为

$$l_e(\theta,\phi) = l_e F(\theta,\phi) \tag{2-37}$$

UHF PD 传感器用作接收天线时,由于天线处在来波的电磁场中,为了满足其表面的边界条件,天线上的每一小部分都会产生感应电场(或感应电流)。天线上的感应电场(或感应电流)分布复杂,分析起来相当不便。但每一小部分的感应电场(或感应电流)最终都会在天线输出端产生感应电压输出。

当天线与负载(接收机)相连时,天线上接收的功率除了由于天线的导电损耗和介质损耗消耗掉一部分外,其余将通过天线的输出端输出。因此,接收天线可等效为一个信号源。从接收天线的输出端来看,接收天线可等效成一个理想电压源和一个等效阻抗的串联。这个理想电压源的电动势便是接收天线输出端的感应电压,通常称为接收天线的开路电压。这个等效阻抗称为接收天线的内阻抗,一般由电阻和电抗两部分组成。当天线的内阻抗与接收机的输入阻抗共轭匹配时,接收机能得到最大功率。若忽略天线上的损耗,这时接收天线的输出电压是其开路电压的一半。显然,接收天线的输出电压是与它的指向或来波的方向有关的,因此接收天线的输出电

压一般是其方向的函数。

为了研究接收天线的特性,也可以与发射天线一样,引入像方向图、方向图函数、方向性系数、效率、增益、有效长度、极化以及带宽等概念。

例如,我们对接收天线在最大接收方向的有效长度(l_{er})作出定义:在不考虑天线损耗的情形下,当接收天线的最大接收方向准确指向来波方向,并且其极化方式与来波极化相匹配时,此时接收天线输出的开路电压(V_0)与接收点来波的电场强度(E_r)的比值,即

$$l_{er} = \frac{V_0}{E_r} \tag{2-38}$$

天线在任意方向的有效长度等于它在最大辐射方向的有效长度与它的归一化场强方向图函数的乘积,即

$$l_{er}(\theta, \phi) = l_{er} F(\theta, \phi) \tag{2-39}$$

式中:$F(\theta, \phi)$ 是天线的归一化场强方向图函数。

不计天线损耗、最大接收方向指向来波方向并与来波极化匹配时接收天线输出到匹配负载的电压(以下简称为接收天线输出电压,记为 V_r)为

$$V_r = \frac{V_0}{2} = \frac{E_r l_{er}}{2} \tag{2-40}$$

对于电流元,由于它上面的电流等幅同相分布,因此它的有效长度就是它的几何长度。对于复杂结构的 UHF PD 传感器,其有效长度指的是电长度,不等于其几何长度。电长度是一个基于电磁学原理,考虑到传感器内部的电磁特性、信号传播特性等多种因素综合确定的一个长度度量。它与传感器内部的电容、电感等元件对信号的影响密切相关,反映了信号在传感器内部传播时所经历的等效电磁长度。

根据天线的互易原理,可以随便把天线当作发射天线或接收天线,求出它的特性参数。对线性各向同性的媒质空间,同一天线用作发射和用作接收时,它的基本特性参数(包括方向图函数、方向图、方向性系数、效率、增益、有效长度、极化以及带宽等)保持不变。

2)UHF PD 传感器的频率特性及驻波比

UHF PD 传感器对频率非常敏感,天线的频率特性通常用频带宽度(简称带宽)来表示,各类 UHF PD 传感器覆盖了 300 MHz～3 GHz 的频谱范围。它定义为天线的基本特性参数,并且必须满足给定要求的频率范围。天线主要的电参数均有其各自定义的带宽,包括阻抗带宽、增益带宽、方向图带宽、极化带宽等。比如对线天线,它的阻抗带宽定义为它与馈线连接时的驻波比(或反射系数)不超过给定要求的频率范围。而对宽带天线,常用可容许工作的上下限频率的比作为其带宽。无论是发射天线还是接收天线,它们总是在一定的频率范围内工作的。在移动通信中,天线的频带宽度有两种不同的定义:一种是指在驻波比 VSWR≤1.5 条件下,天线的工作频带

宽度;一种是指天线增益下降 3 dB 范围内的频带宽度。

在移动通信系统中,通常是按前一种定义的,天线的频带宽度就是天线的驻波比 VSWR 不超过 1.5 时,天线的工作频率范围。天线的电特性在较宽的频段内保持不变或者变化较小的天线,称为宽频带天线。工作频段上限频率是下限频率 2 倍以上的天线,属于宽频带天线,而上限频率是下限频率 10 倍以上的天线,称为超宽频带天线或非频变天线。

以 GIS 的 PD 检测为例,UHF 天线作为接收装置,当天线的驻波比 VSWR=5 时,功率反射 55.6%,由于 GIS 每个气室的尺寸有限,无论内置还是外置天线与放电源距离都会较近,所接收的 PD 电磁波能量还是很强,故一般认为天线在驻波比 VSWR≤5 的频带就是检测 PD 的带宽,所以要求天线在 300 MHz~3 GHz 频率范围内,驻波比 VSWR≤5,并保证较小的尺寸,便于测量。UHF PD 传感器的标准示意图如图 2-28 所示。

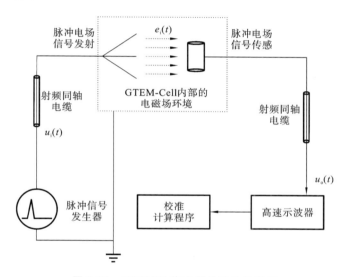

图 2-28　UHF PD 传感器的校准示意图

3. UHF PD 传感器校准系统

首先是试验系统的构建,UHF PD 传感器的校准是在试验室参比条件下为确定参考传感器有效高度示值与相对应的被校 UHF PD 传感器有效高度示值之间关系的一组操作。针对 UHF PD 传感器测量的频段范围为 300 MHz~3 GHz,传统的校准方法通常是通过向波导腔体内部注入一种射频连续波的功率信号,然后通过被校传感器后端的功率吸收装置及功率计获得示值。UHF PD 传感器采集的通常是宽频谱的脉冲小信号,而非射频连续波的功率信号,这就要求校准系统要适用于该具体应用工况。因此,校准试验必须具备脉冲电场信号发射、传感、计算等能力。

　　UHF PD 传感器校准涉及的脉冲电场信号发射能力由上升沿较陡峭的脉冲信号发生器和波导腔体决定;脉冲电场信号传感能力由参考传感器及高速示波器决定;脉冲电场信号计算能力由相关的电场计算软件及修正工具决定。

　　脉冲信号发生器输出上升沿 300 ps 左右、下降沿 10 ns、输出电压幅值 0.1～100 V、脉冲重复率 50 Hz 的脉冲,并通过特性阻抗为 50 Ω 的双层镀银屏蔽同轴射频线缆注入脉冲电场信号发射装置。针对 300 MHz～3 GHz 频带范围的脉冲小信号,参考 IEEE 标准推荐的多种波导腔体,选择采用经过上部开孔的 GTEM-Cell 作为脉冲信号发射的波导腔,其 VSWR 小于 1.5 以保证绝大部分的信号正向输出,减少了信号在同轴传输时的反射。

　　GTEM-Cell 内部的芯板作为发射天线,将脉冲电压信号主要向芯板上、下两个方向进行辐射,UHF PD 传感器和单极探针参考传感器安装在芯板上板开孔位置,用于采集脉冲电场信号。单极探针参考传感器的几何尺度 $r=0.65$ mm,高度 $h=25$ mm,天线部分材料为黄铜。传感器后端信号通过低衰减的射频同轴线缆传输至高速示波器,采用了 6 GHz 模拟带宽的高速示波器采集传感器输出的脉冲电压信号,其采样率为 25 GS/s,记录长度 31.25 M～125 M 点,模拟通道 4 个,能够测量的上升时间典型值(t_r:10%～90%)65 ps。由于示波器采集到的是离散信号,因此,建议采用 DFT 和 IDFT 这种数学工具来进行信号处理。

4. 校准系统主要模块

1)脉冲信号发生器

　　PD 激发的电磁波能量集中的频段为 0.3～3 GHz,通常 PD 可以施加以高斯脉冲激励的线电流源来模拟,线电流源相当于多个元电流的串联。高斯脉冲是研究瞬变电磁场问题常用的激励信号,当线电流源上的电流波形为高斯脉冲时,其端口上电压波形为阶跃函数,电流波形近似是电压波形的导数;线电流源的远区辐射场波形则为高斯导数脉冲,即相当于是电流波形的导数,这表明辐射场是由电流的变化产生的,或者说是电荷的加速运动产生的,电荷匀速直线运动不产生辐射场。脉冲宽度越窄(放电过程越快),辐射高频电磁波的能力越强。辐射场的幅值与线电流源的路径长度近似成正比,而其时域波形和频谱特征则基本不变。线电流源辐射场幅值正比于脉冲电流幅值。图 2-29 所示的为金属突出物的时域信号及 PRPD 图谱。

　　脉冲信号发生器采用多路信号合成的方式模拟产生放电信号,用不同的单元模拟 PD 的不同特征,放信号同时包含 UHF PD 信号的时频、相位特性。脉冲信号发生器的输出电压波形近似为双指数脉冲,上升沿 300 ps 左右、下降沿 10 ns,输出电压幅值为 0.1～100 V,幅值误差小于 ±10%,脉冲重复率为 50 Hz。为降低静电干扰及空间电磁辐射对脉冲信号发生器输出的影响,脉冲信号发生器外壳接地,其脉冲信号输出端采用 N 型射频同轴接头连接,馈线采用 50 Ω 双屏蔽层射频同轴电缆连接至 GTEM-Cell。

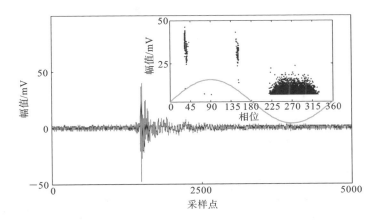

图 2-29　金属突出物的时域信号及 PRPD 图谱

2）GTEM-Cell

GTEM-Cell 可测量的频率范围为 DC～3 GHz，规格尺寸长 4.2 m、宽 2.2 m、高 1.6 m，VSWR 小于 1.5，屏蔽效能 60 dB，最大输入功率 20 W。GTEM-Cell 是由下板、芯板、上板、侧板、电阻阵列、角锥吸波泡沫、后盖板等部分组成的封闭式结构，如图 2-30 所示。GTEM-Cell 的矩形截面从输入端到末端逐渐增大，从而减小回波反射造成的谐振问题。

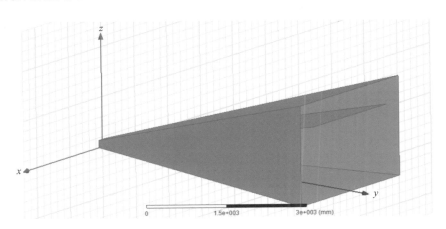

图 2-30　GTEM-Cell 示意图

采用该方法可以改善 GTEM-Cell 在高频段的性能，使之产生 TEM 主模，用于与开阔场（OATS）近似等效，并尽可能抑制高阶模的产生。激励信号通过 GTEM-Cell 前端的 N 型同轴接头输入，其接头芯线与过渡导体相连，过渡导体后端与芯板相连，芯板后端与作为终端负载的阻抗阵列相连，与此同时在后盖板内部由聚氨酯泡沫角锥吸波材料填充。GTEM-Cell 内的阻抗包括波阻抗和特性阻抗,空气的波阻抗是 120π Ω;导体及连接件的特性阻抗是 50 Ω。

IEEE Std 1309 标准提到,在 300 MHz～2.6 GHz 频率范围内应采用波导腔,然而波导腔由于其结构特征,不便于校准 UHF PD 传感器。另外,9 kHz～1 GHz 频率范围内应采用 GTEM-Cell。

3) 脉冲电场的传感元件特性

基于单极振子天线耦合空间电磁场的原理,国外专家早在几十年前设计了单极振子天线的结构,如图 2-31 所示。英国 Martin. D. Judd 教授针对 UHF PD 传感器校准的需求,专门设计了一种单极振子天线,并被我国众多公司和机构所采纳。它的基本规格是:半径 $r=0.65$ mm,高度 $h=25$ mm,振子天线部分材料为黄铜。接地板可看成探针与其镜像的对称平面,那么单极振子天线有效高度就等于双偶极子半波长有效高度,单极振子天线的几何长度是偶极振子长度的一半,而单极振子天线的阻抗为偶极振子的一半。

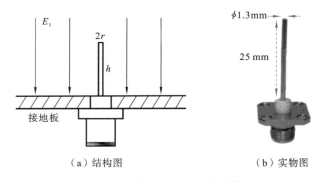

（a）结构图　　　　　　　（b）实物图

图 2-31　铜质单极探针传感器

在使用 GTEM-Cell 校准 UHF PD 传感器时,用到的单极探针参考传感器作为传递标准,在校准时需要将单极探针的铜制结构浸入电场区域内部,这就不可避免地导致电场扰动。在分析该问题时,不能仅对电场均匀性进行二维评价,而应该从频域、时域多个方面评价探针对电场三维区域的扰动。

4) 线缆的电气参数

UHF PD 传感器校准涉及的线缆的电气参数是需要被重点考虑的,其特性阻抗、驻波比和衰减是主要指标。由于 UHF PD 传感器校准涉及的电压信号幅值一般不超过 200 V,而且是重复率较低(如 50 Hz)的脉冲信号,因此不需要考虑射频线缆的功率容量问题。

电缆的特性阻抗与其内外导体的尺寸之比有关,应用于 UHF PD 传感器校准的射频电缆的特性阻抗是 50 Ω,这与校准系统的其他模块射频传输的特性阻抗是一致的,从而实现阻抗完全匹配,则电缆的损耗只有传输线的衰减,达到减小反射损耗的目的。射频电缆传输中因阻抗变化将会引起信号的反射,这种反射会导致入射波能量的损失。反射的大小可以用电压驻波比来表达,其定义是入射电压和反射电压之比。因此,UHF PD 传感器校准用到的线缆的 VSWR 应该越接近于 1 越好,我们采用的是双层镀银屏蔽射频传输线,其说明书上标识的 VSWR 为 1.2,这说明其回波损耗较小。

衰减这一概念主要用于描述信号在传输过程中的损耗状况,具体就电缆而言,它体现的是电缆有效传送射频信号的能力,电缆的衰减是由介质损耗、导体(铜)损耗和辐射损耗这三部分共同构成的。UHF PD 传感器校准用到的线缆长度通常为 $1 \sim 3$ m,其说明书上标识的衰减为 $1.3 \sim 1.5$ dB,换算成百分比为 2% 以下,并且其频带范围达到 6 GHz,完全满足上限 3 GHz 的校准需求。

5) 示波器

根据现有文献的报道,PD 电磁脉冲的典型上升时间通常小于 1 ns,且大于 300 ps。这对示波器的高频响应能力要求很高,为准确测量 PD 产生的脉冲信号,由此计算出示波器对应的频带不能低于 3 GHz,因此本书采用了 6 GHz 模拟带宽的高速示波器采集传感器输出的脉冲电压信号,其采样率为 25 GS/s,记录长度 31.25 M~125 M 点,模拟通道 4 个,能够测量的上升时间典型值(t_r:10%~90%)65 ps。

6) 数据采集及数学工具

由于示波器采集到的是离散信号,因此采用 DFT 和 IDFT 这种数学工具来进行信号处理。由于我们主要关心的是 300 MHz~3 GHz 这一频段的信号,计算出采样率不能低于 6 GHz,即采样周期不能大于 166.7 ps。结合上述模拟带宽 6 GHz 的 tek DPO 70604c 型高速示波器测量能力,选择采样时间为 40 ps、数据长度为 10000 个点的采样方式来测量传感器输出的脉冲电压。

2.3.2　基于"替代法"的 UHF PD 传感器校准原理

1. 传递函数表达式

基于采用传递标准的校准方式,使用一个单极探针参考传感器作为传递标准进行校准,它与被校准 UHF PD 传感器类似,都是电压输出型的电场传感器。校准系统采用替代法校准,依次置入参考传感器与被测传感器测量电场强度。

基于"替代法"的 UHF PD 传感器校准系统函数分别用式(2-41)和式(2-42)表示,它们分别对应图 2-32 中的传递标准(单极探针参考传感器)和被校传感器(UHF PD 传感器)。

$$V_{Mr}(\omega) = V_I(\omega) \cdot H_{cellref}(\omega) \cdot H_{ref}(\omega) \cdot H_{sys}(\omega) \qquad (2-41)$$

$$V_{Ms}(\omega) = V_I(\omega) \cdot H_{cellsens}(\omega) \cdot H_{sens}(\omega) \cdot H_{sys}(\omega) \qquad (2-42)$$

从传递函数出发,由式(2-41)和式(2-42)有:

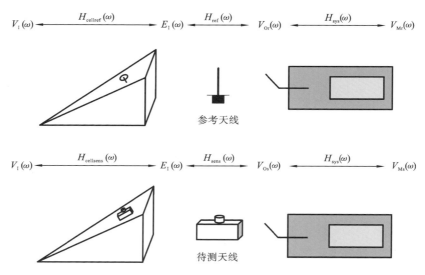

图 2-32　基于"替代法"的 UHF PD 传感器校准系统函数

$$\frac{V_{Ms}}{V_{Mr}} = \frac{H_{sens}}{H_{ref}} \cdot \frac{H_{cellsens}}{H_{cellref}} \tag{2-43}$$

图 2-32 中：V_I 为信号源注入 GTEM-Cell 的脉冲电压信号；$H_{cellref}(\omega)$ 为参考传感器所处位置的 GTEM-Cell 传递函数；$H_{cellsens}(\omega)$ 为被校 UHF PD 传感器所处位置的 GTEM-Cell 传递函数；H_{sys} 为测量系统的传递函数；$E_I(\omega)$ 为 GTEM-Cell 内传感器所在位置处的电场；H_{ref}、H_{sens} 分别为传递标准（单极探针参考传感器）和被校传感器（UHF PD 传感器）的有效高度；V_{Or}、V_{Os} 分别为传递标准（单极探针参考传感器）和被校传感器（UHF PD 传感器）的电压响应；V_{Mr}、V_{Ms} 分别为经测量系统实测的传递标准（单极探针参考传感器）和被校传感器（UHF PD 传感器）的电压示值。

2. 校准步骤

步骤 1：用校准信号发生装置从 GTEM-Cell 注入一个脉冲电压 V_I，在 GTEM-Cell 内部产生脉冲电场。

步骤 2：使用单极探针参考传感器作为传递标准，其传递函数即为其有效高度 $H_{ref}(\omega)$，单极探针参考传感器的开路电压 $V_{Or}(\omega)$ 与经过测量系统的传递函数 $H_{sys}(\omega)$ 获得实测的参考传感器电压响应 V_{Mr}。

步骤 3：用校准信号发生装置从 GTEM-Cell 注入一个脉冲电压 V_I，在 GTEM-Cell 内部建立脉冲电场，将被校 UHF PD 传感器置入电场相对均匀的校准区域，其传递函数值即为其有效高度 H_{sens}，单极探针参考传感器的开路电压 V_{Os} 与经过测量系统的传递函数 $H_{sys}(\omega)$ 获得实测的被校传感器电压响应 V_{Ms}。

步骤 4：计算获得电场强度值示值后与电场强度标准值相减获得电场强度示值

误差。

步骤 5：开展不确定度评定。

3. 电场强度传感器的基本校准方式

IEEE Std 1309 标准作为国际公认的电场传感器及探头校准的技术规范，推荐了三种校准方式：采用传递标准开展校准；采用计算出来的电场强度开展校准；采用基准（参考）传感器开展校准。这三种校准的宏观方式在具体实施中各有侧重，应针对不同的应用场景选择合适的校准方式，并将该方式具体化为针对性的校准方案。

以下是对这三类校准方式的适用特点分析，目前普遍认为用传递标准开展校准的方式相对更适用于 UHF PD 传感器校准工作。

1）基于传递标准的校准方法

IEEE Std 1309 推荐的第一类校准方式：使用一个传递标准（与被校准的场探头相似的场探头）进行校准，它可溯源至上级计量标准。针对电场传感器或探头所处位置电场分布的校准也可以使用传递标准获得标准量值。

在 GTEM-Cell 内校准电场传感器或探头时比较精确的方法可采用替代法校准，即将基准（参考）传感器放置在 GTEM-Cell 内部测量局部电场，然后将基准（参考）传感器取出后将被校准的电场传感器置入校准区域开展校准。本级传递标准采用单极探针参考传感器，在电气结构上等效于半波振子天线的一半，下级被校 UHF PD 外置式传感器等效于各类原理的微带天线。它们不属于标准增益天线，而属于类似天线原理的特定的电场传感器，其系统传递函数的共性是电场激励和电压输出。单极探针参考传感器和被校 UHF PD 传感器在系统传递函数上是相似的，且都不属于标准增益天线，而属于测量电场强度的天线原理传感器，因此 UHF PD 传感器适用 IEEE Std 1309 推荐的第一类校准方式。

2）基于电场计算的校准方法

IEEE Std 1309 推荐的第二类校准方式：使用计算的电场强度进行校准，建立一个场源的几何结构和场源实测的输入参数可计算的参考电场，将待校准的电场探头放置在该参考电场的适当位置。这种校准方式在波导腔体结构简单、校准点频率较低的情况下效果更好。具体到 UHF 频段的 GTEM-Cell 的校准，频率会升高，GTEM-Cell 腔体内部的电磁波除了 TEM 波外，高次模的影响也不容忽视，GTEM-Cell 腔体内部的电场强度难以进行精确的理论计算。在各级计量机构使用的 GTEM-Cell 内部适当位置的电场强度量值通常需要事先校准来与计算结果验证。部分文献中提到 GTEM-Cell 校准采用计算电场的方法，由于其计算量过于庞大，通常采用电磁场仿真软件协助计算。但考虑到其加工精度的限制，以及频率过高时高次模影响不可忽视，导致其局部的电场强度变化较剧烈，因此采用计算电场的方法有其局限性，进行精确的校准一般不采用直接计算的方法。

3）基于标准（参考）传感器的校准方法

IEEE Std 1309 推荐的第三类校准方式：采用标准（参考）传感器进行校准，这种标准（参考）传感器可以包含有源或者无源的电子器件，并且其传感器响应可以通过形状、尺寸等确定的参量通过 Maxwell 方程计算获得。长度等其他参与计量的参量可溯源到上级计量标准。被校探头所处位置的电场强度也可以由这一类标准（参考）传感器来校准。

采用标准（参考）传感器开展校准工作时有必要明确其位置、方向等因素对电场的影响。方向和位置效应包括各向同性和响应的其他定性差异，这些差异取决于探测器系统相对于场源的方向。单极探针参考传感器在电气结构上等效于半波振子天线的一半，其幅频响应在理论上是可计算的，其主要传感部件是一个半径及长度已知的铜针，在加工工艺及使用过程中均难以保证几何特性不发生变化，当几何特性的变化直接改变幅频响应及各向同性的特征时，就会导致该单极探针参考传感器在结构上不适于作为标准（参考）传感器。

4. 参考传感器的量值修正

由于参考传感器浸入校准区域的电场，且 GTEM-Cell 的芯板与顶板不完全平行，所以单极探针参考传感器校准位置与芯板存在一个夹角 θ，如图 2-33 所示。

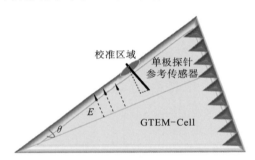

图 2-33 单极探针参考传感器校准位置与芯板几何关系示意图

参考传感器与电场矢量主要方向不垂直，它们之间夹角也是 θ，有

$$H_{ref} = \frac{V_{Mr}}{E_{Mr}\cos\theta} \qquad (2\text{-}44)$$

通常被测的 UHF PD 传感器是外置式的，它具有一定的几何体积但不置入校准区域的内部，因此不像参考传感器那样明显干扰了电场分布。被测传感器与参考传感器对电场的耦合方式不同，被测 UHF PD 传感器的增益及天线口径是主要影响参量，这些参量都包含在其有效高度中，因此它对角度影响不明显，根据有效高度定义式有

$$H_{sens} = \frac{V_{Ms}}{E_{Ms}} \qquad (2\text{-}45)$$

从有效高度定义出发,由式(2-44)和式(2-45)有

$$\frac{V_{Ms}}{V_{Mr}} = \frac{E_{Ms} H_{sens}}{E_{Mr} H_{ref} \cos\theta} \tag{2-46}$$

$$E_{Ms} = \frac{H_{cellsens}}{H_{cellref}} E_{Mr} \cdot \cos\theta \tag{2-47}$$

式中:$H_{cellref}$ 和 $H_{cellsens}$ 分别是单极天线参考传感器和被校 UHF PD 传感器所处位置的 GTEM-Cell 传递函数。

$$E_{Ms} = k E_{Mr} \cos\theta \tag{2-48}$$

式中:修正系数 k 可以表示为 $\dfrac{H_{cellsens}}{H_{cellref}}$,在 0.3~3 GHz 频带上 k 的均值为 0.92。

5. 校准总体流程

单极探针参考传感器作为一个具有全向性的电场传感器,它结合 GTEM-Cell 和信号源共同构成 UHF PD 传感器校准系统,该校准系统能够在标准电场强度量值,基于该量值传递实现 UHF PD 传感器的校准工作。

如图 2-34 所示,首先通过脉冲信号发生器向 GTEM-Cell 内注入脉冲电压信号,在 GTEM-Cell 内部建立脉冲电场,依次将单极探针参考传感器、被校 UHF PD 传感器置于 GTEM-Cell 上板开孔位置,分别获得各传感器输出的脉冲电压信号,并通过示波器上传至计算模块。将单极探针参考传感器的有效高度曲线预先存入计算模块,并根据各传感器的脉冲电压值、参考传感器有效高度值,通过正反离散傅里叶变换计算参考传感器、UHF PD 传感器的脉冲电场值,然后计算电场强度示值误差,并开展不确定度评定。

2.3.3　电场均匀性评价

UHF PD 校准替代法测试时,需预先进行场均匀域校准。实际测试中,由于被测设备及其线缆在一定的空间范围内,无法保证被测设备所处平面其他位置场强满足试验等级的相关要求,因此大多数标准中采用替代法,预先获得校准区域电场均匀性的定量评价。

1. 电场均匀性评价方法

GTEM-Cell 内部电场均匀性评价与 TEM-Cell 类似但更复杂,其校准思路主要有两种,即恒定功率法和恒定场强法。恒定功率法的主要思路是控制输入 GTEM-Cell 的射频功率恒定,测量某区域若干点的电场强度值,从场强差异来评价该区域的电场均匀性;恒定场强法的主要思路是调节并记录输入 GTEM-Cell 的射频功率,使得某区域若干点的电场强度值保持恒定,从功率差异来评价该区域的电场均匀性。

单极探针参考传感器通过试验进行校准的方案可参考 TEM-Cell 的电场空间分布测量方法,建立如图 2-35 所示的校准系统。信号发生器产生标准射频信号,输出

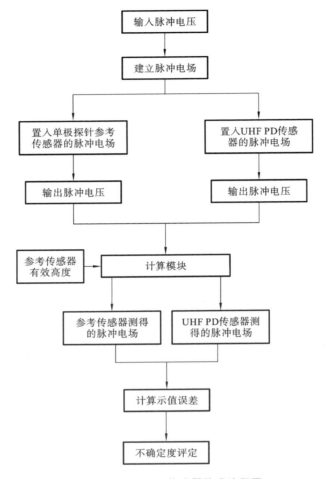

图 2-34　UHF PD 传感器校准流程图

至射频信号放大器，将放大后的射频正弦信号通过双向耦合器注入 GTEM-Cell，双向耦合器监测前向及反向功率，在 GTEM-Cell 适当位置建立均匀电场区域，在被校传感器频带范围内取若干频率点，将被校 UHF 传感器置于均匀域。

　　GTEM-Cell 作为一种波导腔体，可以用来建立单极天线（电场探针）校准的标准场。需要说明的是，该方法只对 TEM 波有效，由于 GTEM-Cell 中高次 TE、TM 波截止了，传播的主要是 TEM 波。

　　芯板与上板之间的电场近似计算如下：

$$E_{\mathrm{approx}} = \frac{\sqrt{Z_0 P_{\mathrm{net}}}}{d} \tag{2-49}$$

式中：Z_0 是小室的特性阻抗（通常为 50 Ω）；d 是芯板与上板之间的距离，m；P_{net} 是净

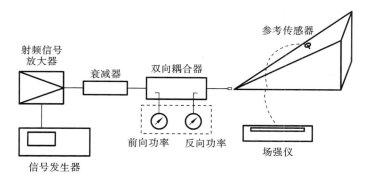

图 2-35　单极天线参考传感器在连续波下的校准示意图

功率。

将单极天线参考传感器置于上板测试孔处,其他位置用金属工装保持屏蔽状态。通过 300 MHz～3 GHz 的频率范围向小室输入端口施加正向功率,记录所有正向和反向功率,并计算净功率 P_{net}。

$$P_{net} = P_{fwd} - P_{rev} \qquad (2\text{-}50)$$

式中: P_{fwd} 和 P_{rev} 分别是馈入小室的正向和反向功率。

2. 电场均匀性评价步骤

为确保被测设备周围的场充分均匀,以保证试验结果的有效性,测试前辐射抗扰度必须进行场均匀性校准,即建立一个场均匀域。均匀域是一个假想的二维平面或三维区域,在该区域中电磁场的变化足够小。对于 GTEM-Cell,由于无法在接近参考地平面处建立均匀域,而且校准位置位于上板开孔处,实际校准过程中被校准的 UHF PD 传感器也要尽可能放在同样的区域内,确保被测物浸入电场的几何尺度类似。

IEC 61000-4-3:2010 标准要求均匀域内 75% 的面积上,场的幅值应在标称值的 0～6 dB 范围内。例如,测量的 16 个点中,至少有 12 个点在 0～6 dB 范围内,以保证均匀域中的点必须在标称值之上。

场均匀域校准的目的是在每个频率点上寻找一个位置,当该位置产生规定试验等级的场强后,均匀域内其他大多数位置的场强均等于或者大于规定的试验等级。场均匀域校准有两种方法:恒定场强法和恒定功率法。场校准时,用未调制的载波分别在垂直和水平极化下进行测量。校准功率与试验功率的换算关系为

$$P_t = P_c - 20\lg(E_c/E_t) \qquad (2\text{-}51)$$

式中: P_t 为产生试验场强 E_t 时所需的正向功率; P_c 为均匀域的校准功率; E_c 为校准场强。

2.3.4　基于 GUM 法的电场强度校准结果测量不确定度评定

1. 校准系统的组成

频域校准所用装置如图 2-35 所示。在该校准系统中,信号发生器产生的正弦信号经功率放大器放大,并通过双向功率耦合器后馈入 GTEM 小室内。在 GTEM 小室的另一端接入阻抗阵列用于保护及匹配。校准系统的电场强度工作标准是在GTEM 小室内构建一个可溯源的均匀电场区域,然后使用电场探头作为电场强度的传递标准将被测量值(参考场强)进行传递,并将电场强度溯源到国家标准。

2. 电场不确定度影响因素分析

IEEE std 1309 列出了三种校准场强传感器和探头的方法。

(1)传递标准法:使用已被溯源至国家标准的传递标准进行校准。传递标准用来测量和校准待校场强传感器和探头的场。

(2)可计算场法:根据场源结构及尺寸,从原理上计算出场源区域内的电场强度,再将待校传感器或探头放入其中。

(3)标准探头法:使用已溯源至国家标准的主标准(或参考)探头校准,用该主标准探头确定待校传感器所在场的场强。

通过研究可知,随着 GTEM 小室的信号源频率的提高,其内部传输的电磁波除了主模 TEM 波外,不可避免地激发了复杂的高次模态。因此,很难采用可计算场的方法对 GTEM 小室内部场强进行校准,实际中更加可行的方法是通过可靠的测量确定其内部的场强。

现有国内外学者常用 TEM 室的场强计算公式近似描述 GTEM 小室的内部场强,即

$$E = \frac{\sqrt{P_{net} Z_0}}{d} \tag{2-52}$$

式中:P_{net} 为馈入小室的净功率;Z_0 是小室特征阻抗的实部;d 是小室的芯板距上底板(或下底板)的高度。

基于此,本书在进行场强不确定度的评定时,采用两步法的思路,如图 2-36 所示。第一步:在 TEM 小室内对传递标准(参考电场探头)的测量不确定度进行评定;第二步:将该传递标准置于 GTEM 小室中,在综合考虑传递标准的不确定度和其他影响因素的基础上,对传递标准的测量结果进行不确定度评定,以此作为 GTEM 内部场强的不确定度评定结果。需要强调的是,第一步的不确定度评定目的是获得传递标准的测量不确定度,因此在频域下完成;而第二步旨在实现对 GTEM 小室内暂态电场的不确定度评定,故应在时域中进行。

3. 时域下 GTEM 小室内的不确定度评定

如前所述,PD 产生的电流是一种上升沿非常短暂的脉冲信号,其激发的电磁场

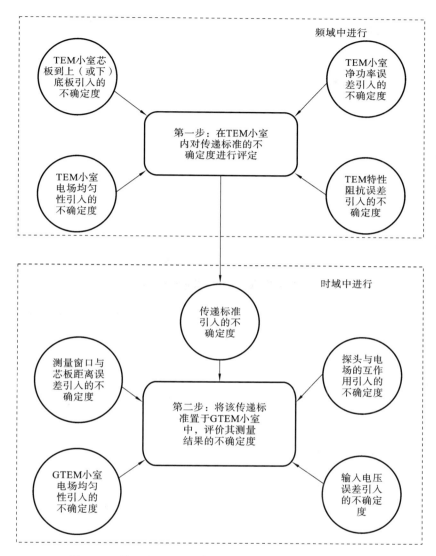

图 2-36　基于 GUM 法的暂态电场测量不确定度评定流程

必然是一种暂态场。显然,再用式(2-52)中给出的时谐场的计算方法来计算暂态场是不合适的。因此,本小节将已在 TEM 小室中进行过不确定度评定的传递标准置于 GTEM 小室内,在时域下完成对 GTEM 小室内暂态电场的不确定度评定。

　　时域下,GTEM 小室暂态电场的校准系统示意图如图 2-37 所示,主要包括:GTEM 小室、UHF 脉冲发生器、电场探头(已在频域中进行过不确定度评定)、数字示波器。其中,以杭州西湖电子研究所研制的 XD53JY 型脉冲发生器为例,其脉冲峰值为 100 V,脉冲上升时间 300 ps。此处示波器为 Tektronix 公司的 DPO70604C 型,采样率为 25 GS/s,带宽 6 GHz,最大存储深度 125 M。GTEM 内部电场的时域表达式为

$$E_{\text{GTEM}}(t) = \frac{u(t)}{d} \tag{2-53}$$

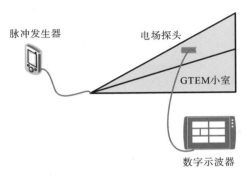

图 2-37　时域校准系统结构示意图

此外,还考虑了电场探头、GTEM 小室内场均匀性、探头与电场的互作用三种因素对 GTEM 内部场强的影响,并将上述影响均视为线性的,因此可将 GTEM 内部场强的测量模型表示为以下形式:

$$E_{\text{GTEM}}(t) = \mu\gamma\beta\frac{u(t)}{d} \tag{2-54}$$

式中:$u(t)$ 是脉冲发生器的输出电压,在馈入 GTEM 小室后也即芯板和上、下底板间的电压;d 是芯板距离测试窗口的距离;μ、γ、β 分别是电场探头、小室内场均匀性以及探头与电场互作用对 GTEM 小室内场强的影响系数。

根据《测量不确定度评定与表示》(JJF 1059.1—2012)可知,当测量模型为 $Y = AX_1^{P_1}X_2^{P_2}\cdots X_N^{P_N}$ 且各输入量不相关时,合成标准不确定度可用相对不确定度的形式表征,即

$$u_c(y)/|y| = \sqrt{\sum_{i=1}^{N}\left[P_iu(x_i)/x_i\right]^2} = \sqrt{\sum_{i=1}^{N}\left[P_iu_r(x_i)\right]^2} \tag{2-55}$$

结合式(2-54)和式(2-55),GTEM 内部场强的合成标准不确定度可表示为

$$u_E(y)/|y| = \sqrt{\left(\frac{u_\mu}{\mu}\right)^2+\left(\frac{u_\gamma}{\gamma}\right)^2+\left(\frac{u_\beta}{\beta}\right)^2+\left(\frac{u_{u(t)}}{u(t)}\right)^2+\left(\frac{u_d}{d}\right)^2} \tag{2-56}$$

为方便表示,将式(2-56)重写如下:

$$u_{Er} = \sqrt{u_{1r}^2+u_{2r}^2+u_{3r}^2+u_{4r}^2+u_{5r}^2} \tag{2-57}$$

式中:u_{Er} 为合成的相对不确定度;$u_{1r} = \dfrac{u_\mu}{\mu}$、$u_{2r} = \dfrac{u_\gamma}{\gamma}$、$u_{3r} = \dfrac{u_\beta}{\beta}$、$u_{4r} = \dfrac{u_{u(t)}}{u(t)}$ 和 $u_{5r} = \dfrac{u_d}{d}$ 分别

为电场探头误差、场均匀性误差、探头与场的互作用、输入电压误差以及距离误差引入的相对不确定度分量。

下面分别对每种不确定度分量进行评定。

（1）u_{1r} 的评定。

上文已对电场探头的不确定度进行了详细讨论，知其在 500 MHz 和 1 GHz 时的相对不确定度分别为 3.057% 和 3.366%。本书认为该电场探头在时域测量中的不确定度和频域中的基本一致，且取其中大的值（即 3.366%）应用于时域校准中，以获得更加保守的估计。

（2）u_{2r} 的评定。

利用 HFSS 仿真软件，可以对 GTEM 小室的电场均匀性进行详细的仿真分析，通过仿真分析在上底板开孔区域处不同测试点的电场测量，将 GTEM 小室中心位置的测量点作为参考点，测量值记为 E_{ref}，如果第 i 个测量点的数据 E_i 与 E_{ref} 之差的绝对值最大，则将该差值与 E_{ref} 之比的绝对值作为电场的相对不确定度。进一步假设场强值满足均匀分布，此时置信因子 $k=\sqrt{3}$，则 U_γ 的评定结果公式化表示如下：

$$U_\gamma = \left| \frac{\max(E_i - E_{ref})}{E_{ref}} \right| \bigg/ \sqrt{3} \tag{2-58}$$

通过改变仿真时信号源电压幅值和频率，可获得测试区域中不同位置点的电场数据，再根据式（2-58）计算得到电场不均匀引入的相对不确定度，如表 2-4 所示。

表 2-4　不同脉冲源输出电压幅值和频率下由场不均匀性引入的不确定度

电压 \ 频率	300 MHz	500 MHz	800 MHz	1 GHz
50 V	1.30%	1.80%	2.06%	3.25%
70 V	1.39%	1.78%	2.21%	3.08%
100 V	1.39%	1.74%	2.18%	3.35%

由表 2-4 不难发现，随着输入信号频率的升高，场均匀性变差，引入的不确定度增加。造成这种现象的原因之一是随着频率的升高，GTEM 内部激发了更多的电磁波高次模态，使得内部场的频率成分更为复杂，因此其均匀性较之 TEM 波占主导时差。同样，为了获得较为保守的估计，选择表 2-4 中最大的 3.35% 作为 u_{2r} 的评定结果。

（3）u_{3r} 的评定。

本书采用的电场探头（即传递标准）如图 2-38 中实线框内所示，其体积较大，置于 GTEM 小室内必然会对电场产生扰动。因此，此处采用体积更为小巧的单极探针来测量有电场探头和无电场探头下，电场测量结果的变化情况。所用单极探针如图 2-38 中虚线框内所示，且已进行过校准。显然，单极探针的体积要远小于电场探头，

单极探针 ←-----

-----→ 电场探头

图 2-38 电场探头和单极探针实物图

对小室内电场的干扰可忽略不计。

在测试窗口正下方 100 mm 处选择一块 100 mm×100 mm×100 mm 的正方形区域,再按照图 2-38 所示方法选择 9 个测量点。在未放入电场探头时,用示波器测量单极探针的输出电压幅值,结果如表 2-5 所示。另外,在前述正方形区域的右侧放入电场探头,同样用示波器测量单极探针的输出电压幅值,结果如表 2-5 所示。

表 2-5 在放入/不放入探头时单极探针的电压输出

输入电压	测试状态	测试点 1 /mV	测试点 2 /mV	测试点 3 /mV	测试点 4 /mV	测试点 5 /mV	测试点 6 /mV	测试点 7 /mV	测试点 8 /mV	测试点 9 /mV
50 V	无探头	181.8	182.1	181.5	181.5	187.6	186.9	187.5	187.2	184.7
	有探头	185.2	188.6	187.8	184.2	190.8	193.8	194.1	183.8	189.1
	变化率	1.87%	3.57%	3.47%	1.49%	1.71%	3.69%	3.52%	1.82%	2.38%
100 V	无探头	372.6	371.8	373.1	372.8	385.1	385.8	386.1	385.5	380.5
	有探头	378.5	383.6	385.2	378.8	391.5	398.6	398.2	379.1	390.2
	变化率	1.58%	3.17%	3.24%	1.61%	1.69%	3.32%	3.13%	1.66%	2.55%

由表 2-5 可知,在输入电压和测试状态均相同的情况下(即表中的同一行数据),同一水平面的测试点(如第 1、2、3、4 个测试点或第 5、6、7、8 个测试点),其电压幅值变化引入的不确定度均小于 4%,这与表 2-4 中的结论是相符的。测试点 2、3、6、7 在放入电场探头前后,其电压幅值的变化率要高于其余测试点。这是由于电场探头放入的位置位于该正方体测试区域的右侧(即更靠近测试点 2、3、6、7),理论上对测试点 2、3、6、7 的测量结果影响更大。最终,选择表 2-5 中最大的变化率作为由探头和电场的互作用带来的误差,即 3.69%。假设其服从均匀分布,置信因子 k 取 $\sqrt{3}$,则 u_{3r} 的评定结果如下:

$$u_{3r}=3.69\%/\sqrt{3}=2.13\% \tag{2-59}$$

(4) u_{4r} 的评定。

在评定由输入电压误差引入的不确定度时,主要考虑三方面的因素:① 信号源引入的不确定度;② 示波器引入的不确定度;③ 重复性测量引入的不确定度。下面分别对上述不确定度分量进行评定。

信号源引入的不确定度 u_{4r_1}：本书所用的 XD53JY 型脉冲发生器已经用于国家高电压计量站校准，通过查阅校准证书可知其扩展不确定度为 1.5%，也即信号源的区间半宽度为 1.5%。假设其服从均匀分布，置信因子 k 取 $\sqrt{3}$，则由信号源引入的不确定度 u_{4r_1} 评定结果如下：

$$u_{4r\_1} = 1.5\% / \sqrt{3} = 0.866\% \tag{2-60}$$

示波器引入的不确定度 u_{4r_2}：本书所用的 DPO70604C 数字示波器已由中国计量科学研究院校准，通过查阅校准证书可知其各通道在进行电压幅值测量时的扩展不确定度为 0.5%，也即信号源的区间半宽度为 0.5%。假设其服从均匀分布，置信因子 k 取 $\sqrt{3}$，则由示波器引入的不确定度 u_{4r_2} 评定结果如下：

$$u_{4r\_2} = 0.5\% / \sqrt{3} = 0.289\% \tag{2-61}$$

重复性测量引入的不确定度 u_{4r_3}：当脉冲信号源电压幅值为 100 V，在测试点 9 处利用单极探针进行了 9 次独立的测量，结果如表 2-6 所示。

表 2-6　测试点 9 处的多次独立测量结果

测量次数	1	2	3	4	5	6	7	8	9
测量值/mV	380.6	387.5	385.4	375.8	380.2	376.2	386.4	382.8	372.8

由式（2-61）可计算出当信号源电压幅值为 100 V 时，电极探针的测量估计值。

$$\bar{x} = \frac{1}{n} \sum_{i=1}^{n} x_i = 380.97 \text{ mV} \tag{2-62}$$

再根据贝塞尔公式，可计算出由重复性引入的相对不确定度：

$$u_{4r\_3} = \frac{s(x_k)}{\bar{x}\sqrt{n}} = \frac{\sqrt{\dfrac{1}{n-1}\sum_{i=1}^{n}(x_i - \bar{x})^2}}{\bar{x}\sqrt{n}} = 0.45\% \tag{2-63}$$

联合式（2-61）、式（2-62）和式（2-63）可得 u_{4r} 的评定结果如下：

$$u_{4r} = \sqrt{u_{4r\_1}^2 + u_{4r\_2}^2 + u_{4r\_3}^2} = 1.02\% \tag{2-64}$$

（5）u_{5r} 的评定。

对距离误差引入的不确定度的评定和频域下 GTEM 小室内传递标准的不确定度评定，即芯板到测试窗口的距离不确定度主要包括两个方面：一是由测量重复性引入的 A 类不确定度 U_{5r_1}；二是由卷尺自身的测量精度引入的 B 类不确定度 U_{5r_2}。下面分别对上述两种不确定度进行评定。

U_{5r_1} 的评定：利用卷尺对 GTEM 小室芯板到位于上底板的测量窗口的距离进行了 10 次独立测量，结果如表 2-7 所示。根据式（2-63）、式（2-64），可求得由重复性测量引入的 A 类不确定度 U_{5r_1} 的结果：

$$U_{5r\_1} = s(\overline{d}) = \sqrt{\frac{1}{10-1}\sum_{i=1}^{10}(d_i-\overline{d})^2/(\sqrt{10}\times\overline{d})} = 1\% \qquad (2\text{-}65)$$

表 2-7　GTEM 小室芯板到测试窗口间距的测量结果

次数	1	2	3	4	5	6	7	8	9	10
d/mm	60.5	62.3	58.3	59.5	61.8	63.2	62.4	57.4	60.8	62.2

U_{5r_2} 的评定：通过查阅卷尺的校准证书可知其测量精度为 0.1 mm，即区间半宽度为 0.05 mm。进一步，假定其服从均匀分布，则置信因子 $k=\sqrt{3}$，因此 U_{5r_2} 的结果为

$$U_{5r\_2}=0.5/(60\times\sqrt{3})=0.48\% \qquad (2\text{-}66)$$

显然，U_{5r_1} 和 U_{5r_2} 不相关，因此结合两者的结果可计算出由距离测量引入的不确定度：

$$U_{5r}=\sqrt{U_{5r\_1}^2+U_{5r\_2}^2}=1.11\% \qquad (2\text{-}67)$$

至此，已完成对 u_{1r}、u_{2r}、u_{3r}、u_{4r} 和 u_{5r} 的评定，结果如表 2-8 所示。

表 2-8　时域下 GTEM 小室内场强的不确定度分量评定结果

不确定度分量	u_{1r}	u_{2r}	u_{3r}	u_{4r}	u_{5r}
d/mm	3.37%	3.35%	2.13%	1.02%	1.11%

将表 2-8 的结果代入式（2-57）中，可计算得到时域下 GTEM 小室内场强的不确定度评定结果：

$$u_{Er}=\sqrt{u_{1r}^2+u_{2r}^2+u_{3r}^2+u_{4r}^2+u_{5r}^2}=5.42\% \qquad (2\text{-}68)$$

将包含因子 k 取值为 2 时，GTEM 小室内暂态电场的扩展不确定度结果为

$$U=2u_{Er}=10.84\% \qquad (2\text{-}69)$$

从表 2-8 所示的评定结果可以发现，电场探头、场的均匀性以及探头和电场之间的互作用是导致 GTEM 小室内电场不确定度的主要因素，在后续改进和完善校准系统时，应着重从提高电场探头的准确性以及改善小室内部电场的均匀性出发，以期进一步降低校准的不确定度。

2.4　超声波法局部放电校准技术

超声波法是一种非侵入式的检测方法，检测系统与高压回路之间没有电气联系，因此超声波法可以从原理上避免电磁信号的影响，具有良好的抗干扰能力和较高的灵敏度。超声波局部放电检测法具有较宽的检测频带，通常为 20～200 kHz。超声波局部放电检测具备两大优势：一是能够在不影响设备正常运行的情况下开展检测工作，这对于保障电力设备持续稳定运行至关重要；二是可以实现对局部放电源的定

位,这对于后续针对性地开展维修工作、及时排除设备故障具有极为重要的意义。

超声波检测方法在金属探伤等领域已经得到了广泛而成熟的应用。近年来,超声波检测方法逐步应用于电力设备局部放电检测,并作为状态检修的重要手段之一,在电力变压器、电抗器、GIS、电力电缆、开关柜等电力设备的局部放电检测中发挥了不可或缺的作用。

2.4.1　超声波局部放电检测仪技术要求

超声波局部放电检测仪根据其结构和功能,一般可以分为超声波传感器和检测主机两部分,如图 2-39 所示。超声波传感单元包括传感器和前置调理器,用于侦测电力设备局部放电时的超声波信号,并对信号进行调理。超声波传感器一般采用压电晶体的结构,根据不同的被测对象和耦合方式,选择不同的检测频段和检测灵敏度。超声波检测主机包括数据采集单元、控制与处理单元、存储单元、人机交互单元和辅助单元,主要功能包括传感器信号的调理和模数转换、检测分析过程的控制、检测数据的处理分析、检测数据的存储和导入导出、检测设置、信息显示、测试信息录入和储能电池管理等。

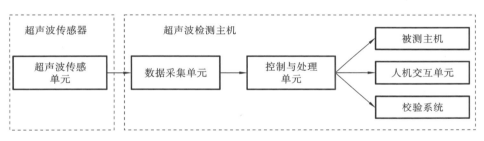

图 2-39　超声波与局部放电检测仪组成

根据超声波局部放电检测仪的结构特点和性能要求,其检测校验项目分别为灵敏度试验、检测频带试验、线性度误差试验、稳定性试验和最小放电量灵敏度验证性试验[60]。

1. 灵敏度试验

灵敏度试验包括传感器灵敏度试验和整机灵敏度试验,对超声波传感器、检测主机增益和不同增益下整机的灵敏度指标分别进行考核。由于超声波信号在变压器油及 SF_6 气体中的主要传播方式为纵波,超声波局部放电检测仪的灵敏度试验宜按照纵波模式进行。

传感器灵敏度利用声发射换能器作为声源,借鉴《无损检测　声发射检测　声发射传感器的二级校准》(GB/T 19801—2005)的方法,将被测传感器与标准传感器的检测结果进行比对分析。试验接线如图 2-40 所示,试验试块建议采用钢质材料(如热轧钢 A36），试块选用直径为 400 mm、高度为 300 mm 的圆柱。声发射换能器放置于试块一侧的中心点，并连接到超声波信号发生器。标准传感器和被测传感器对称放置于试块的另一侧。传感器与试块之间添加耦合剂。

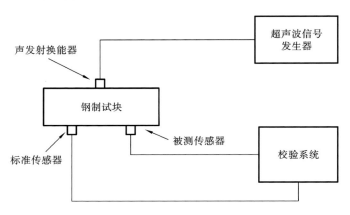

图 2-40　超声波传感器灵敏度试验

超声波信号发生器输出一组信号幅值适当的正弦波信号或声脉冲信号，通过扫频方法或频域分析方法，测得被测传感器和标准传感器的频率响应 $U(f)$、$S(f)$。计算被测传感器的灵敏度 $D(f)$ 为

$$D(f) = S_0 U(f)/S(f) \tag{2-70}$$

式中：S_0 为标准传感器的标定灵敏度。

整机灵敏度试验可以参照传感器灵敏度的试验方法，在超声波检测仪的不同增益下进行，其试验接线如图 2-41 所示。

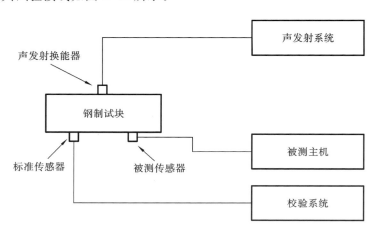

图 2-41　整机灵敏度试验

超声波局部放电检测仪的峰值灵敏度和均值灵敏度应满足性能要求。同时根据不同增益下的测试结果,对检测主机的增益准确性进行考核。

2. 检测频带试验

检测频带试验中,调节声发射换能器的输出信号,找出被测仪器灵敏度 $D(f)$ 的归一化值降到 $-6\ dB$ 时的频率点,此点即为超声波检测仪的截止频率。

3. 线性度误差试验

线性度误差试验中,测试时设置超声波信号发生器输出正弦信号的频率固定为 f。该测试频率可以选择被测仪器的主谐振频率。调整超声波信号发生器幅值使超声波局部放电检测仪输出值大于或等于 $80\ dB$,记录标准测量系统的输出峰值电压 U 和超声波局部放电检测仪输出值 A。依次降低超声波信号发生器幅值,使标准测量系统输出电压峰值为 $A_\lambda(\lambda=0.8、0.6、0.4、0.2)$,记录超声波局部放电检测仪输出的响应示值 A_λ。各测量点的线性度误差按下式计算:

$$\delta_i = \frac{A_\lambda - \lambda A}{\lambda A} \times 100\%\qquad(2\text{-}71)$$

4. 稳定性试验

稳定性试验过程主要是将超声波局部放电检测仪开机连续工作 1 小时,注入恒定幅值、频率的正弦波信号,记下刚开机和连续工作 1 小时后的检测信号幅值。超声波局部放电检测仪连续工作 1 小时后,其检测峰值的变化不应超过 $\pm 20\%$。对于非接触方式的超声波检测仪,可以不使用试块,按照上述过程进行试验。

5. 最小放电量灵敏度验证性试验

超声波局部放电检测仪的最小放电量灵敏度验证性试验接线如图 2-42 所示。用于 SF_6 气体绝缘电力设备的超声波局部放电检测仪,其试验罐体应选用密封金属容器,充以表压 4 MPa 的 SF_6 气体;用于充油电力设备的超声波局部放电检测仪,其

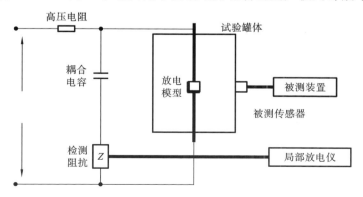

图 2-42　最小放电量灵敏度验证性试验

试验罐体应选用密封容器,充以绝缘油,传感器安装位置应为金属材质;非接触式超声波局部放电检测仪,其试验罐体应选择金属柜体,柜体表面留有测量缝隙或孔洞。

在试验罐体中放置适当的放电模型,超声波传感器正对放电模型,且与放电模型的距离不小于 10 cm。试验时,施加适当的试验电压,产生一定的局部放电。

同时记录超声波局部放电检测仪和局部放电仪的测量结果。脉冲电流法局部放电的测量依据《高电压试验技术 局部放电测量》(GB/T 7354—2018)相关要求进行。超声波局部放电检测仪的有效检测结果应大于背景值的 2 倍。

2.4.2　超声波局部放电检测仪校验优化方案原理

虽然现在我国建立了超声波功率检定体系,制定了相应的国家标准和检测方法,但它只解决了连续超声波的计量问题,相应的超声波局部放电检测仪计量方法也以连续超声波为其中的一环,不符合工况中局部放电产生的脉冲超声波情况。另外,声波在实际介质中的传播比在理想介质中的传播复杂许多,现行计量方法无法对声传感器接收到的横波、纵波和表面波区别分析,这不利于准确获取所需的局部放电信息。

本书的超声波局部放电检测计量方案采用标准表法,标准计量装置由标准超声信号源、宽频功率放大器、超声换能器、标准传声器、数据处理单元和上位机几部分组成,原理框图如图 2-43 所示。该方案中的核心问题在于标准信号源形式的选择、传输路径与传输介质的确定,以及传声器输出信号的调理采集及数据分析方法。

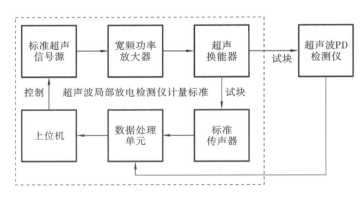

图 2-43　超声波局部放电检测计量方案原理框图

对于现行计量方法无法反映 PD 脉冲超声波情况的问题,本方案使用自制的标准信号源产生波形宽度一定的脉冲波形,来模拟电气设备 PD 瞬间发出的脉冲超声波情况。同时,为了对超声波局部放电检测仪中的声传感器进行校准,本方案选用了特定的信号波形(脉冲波和包络正弦波),用以达到对包括传感器特性在内的整个仪器进行评估的目的。

对于现行计量方法不能较好地区分声波传输过程中产生的表面波和纵波的问题,本方案根据相关标准中提到的特定材料的钢制试块中声波传输速度的不同,计算分析后,选择定做了一块直径 600 mm、高 300 mm 的钢制介质,借此通过实验方法对介质中的表面波和纵波进行区分。

2.4.3　波形选择与参数设计

声发射部分,本方案通过上位机 LabVIEW 程序控制标准信号源,发出脉冲波、包络正弦波信号,如图 2-44、图 2-45 所示,用来对被检设备的传感器进行灵敏度试验。

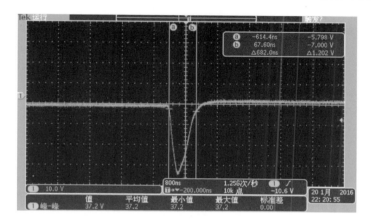

图 2-44　脉冲波

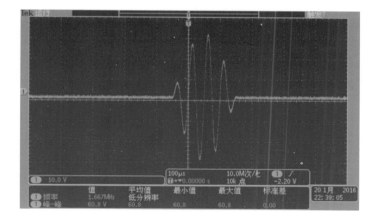

图 2-45　包络正弦波

灵敏度试验大体分为三部分:① 控制标准信号源产生脉冲波激励,对测得信号进行有效的傅里叶分析,得到被检传感器在 20～200 kHz 范围内的相对灵敏度曲线,即暂未得到各频率点的具体灵敏度值;② 通过相对灵敏度曲线确定被检传感器的谐振频率点;③ 控制标准信号源产生谐振频率的脉冲包络波,计算得到该频率点的绝对灵敏度值,从而确定 20～200 kHz 范围内灵敏度曲线各点的绝对灵敏度值。

按以下非周期性有限长离散信号 $x(n)$ 的 DFT 计算公式进行傅里叶分析:

$$X(k) = \sum_{n=0}^{N-1} x(n) W_N^{nk} \tag{2-72}$$

$$W_N = e^{-j\frac{2\pi}{N}}, \quad k = 0, 1, \cdots, N-1 \tag{2-73}$$

分析可知,脉冲波形脉宽越小,脉冲所包含的频率成分越丰富。理想情况下,冲激信号的频谱图将是包含整个频域的平坦直线,如图 2-46 所示。

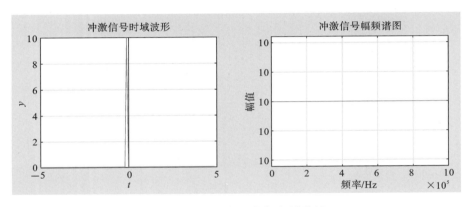

图 2-46　冲激信号时域、频域分析

在实际应用场景中,理想的冲激信号是不存在的,针对 GIS 变电站高压设备绝缘介质 PD 产生的 20～200 kHz 的超声波频率范围,本方案选择使用脉宽 100 ns 的尖脉冲信号作为激励源,激励超声换能器产生该频带的声信号。由于超声传感器存在阻尼衰减现象,选用包络正弦波作为激励信号,只关注响应波形峰值大小,结合包络波峰值大小计算出谐振点的绝对灵敏度值。采集部分,上位机在 LabVIEW 程序中设计采样频率和采样点数,获取 AD 采集到的被测信号,计算得出被测信号的频率幅值信息。

为了保证采集到的信号频谱不失真,根据香农(Shannon)采样定理,采样频率应不小于模拟信号频谱中最高频率的 2 倍。本方案目标频带为 20～200 kHz,为了能对 200 kHz 的信号实现高精度采样,需保证每周期获取足够多的数据点。本方案使用 10 MS/s 的 AD 采样率,则对于 20 kHz 模拟信号,每周期有 500 个采样点;对于 200 kHz 模拟信号,每周期有 50 个采样点。为了保证对采集信号进行傅里叶分析结果的准确性,本方案从硬件上设定 5999 个采集点存入缓存区,并使用中段数据点进行计算处理。这样可以保证对 20 kHz 的信号也能有 10 个周期以上的波形被采集到，使傅里叶分析得到的频谱曲线更准确，更易提取超声波信号频谱特征。

2.4.4　传输介质分析

信号源发出的特定波形信号传输到被测传感器必然要经过一定的传输介质，超声换能器输出声信号到标准仪器与被检仪器的传输介质的选择对区分声波中表面波和纵波具有重要影响。根据超声波传感器相关校准标准要求，接触式传感器的校准钢制试块至少应是直径 400 mm、高度 250 mm 的圆柱体。标准给出钢材中纵波波速为 5940 m/s，横波波速为 3250 m/s，表面波波速为 3010 m/s。

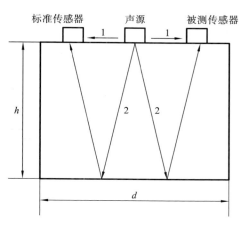

图 2-47　表面波试验传播路径示意图

当声源在试块上表面中心位置发射信号时，试块内部会存在横波、纵波两种不同的超声波信号，同时在试块表面会有表面波传播，三种波以不同的波速到达接收传感器。如图 2-47 所示，路径 1 为表面波传播路径，路径 2 为纵波和横波传播路径。对不同路径不同波的传输时间进行分析，结果如表 2-8 所示。对于 20 kHz 的正弦信号，其周期为 50 μs，考虑硬件上的一些延时，在首次纵波和首次表面波的到达时间差 52.64 μs 内，系统并不足够采集到一个完整周期的表面波信号。

为了能够满足采集计算的需求，本方案选择使用底面直径 600 mm、高度 300 mm 的钢制圆柱试块。在进行表面波试验时，根据表 2-8 中的分析数据，可以认为在该大小的试块上进行表面波试验时，系统在大约 70 μs 的时间内接收到了声源发出的无叠加的表面波信号。

表 2-8　表面波实验信号传输时间分析

条件：圆柱钢块直径(d)400 mm，高(h)250 mm，传感器与声源相距 100 mm

路径	距离/mm	时间/μs	说明
1	100	33.22	表面波
2	500	85.84	纵波
2	500	156.89	横波
1	300	99.67	上表面反射表面波

条件:圆柱钢块直径(d)600 mm,高(h)300 mm,传感器与声源相距100 mm			
1	100	33.22	表面波
2	600	102.4	纵波
2	600	187.16	横波
1	500	166.11	上表面反射表面波

在进行纵波实验时,传感器与声源正对放置在试块表面上,如图 2-48 所示。该实验条件下表面波不会传播到接收传感器,横波在介质中传播时衰减很大,纵波通过图 2-48 中的路径 1 和路径 2 传播到传感器传输时间分析如表 2-9 所示。此时约有 90 μs 的波形可以认为是只接收到了声源发出的无叠加的纵波。

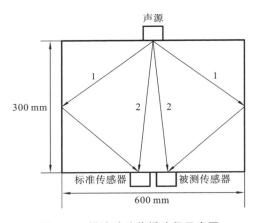

图 2-48　纵波试验传播路径示意图

表 2-9　纵波实验信号传输时间分析

条件:圆柱钢块直径(d)600 mm,高(h)300 mm,传感器与声源相距100 mm			
路径	距离/mm	时间/μs	说明
2	300	50.5	纵波
1	848.5	142.8	反射纵波
2	900	151.5	经底面两次反射纵波

2.4.5　实验室环境下的方案应用

为了验证本方案所述表面波、纵波区分方法和灵敏度试验方法是否可行,本书进行了纵波实验和表面波实验。实验在底面直径 600 mm、高度 300 mm 的钢制圆柱试块上进行,如图 2-49 所示。

图 2-49　钢制试块实验台

1. 表面波实验

将声发射传感器 AE144S 置于钢制试块上表面圆心,将采集传声器 R15 置于距圆心 100 mm 处,控制 DA 发出脉宽 500 ns 的尖脉冲波激励换能器,采集到的响应信号波形如图 2-50、图 2-51 所示,对接收到的波形进行 FFT 分析,分析结果如图 2-52 所示。

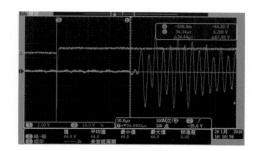

图 2-50　表面波实验尖脉冲激励与响应 1

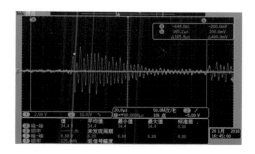

图 2-51　表面波实验尖脉冲激励与响应 2

图 2-50 表明,在脉冲激励发出 34.64 μs 后,采集传声器接收到超声波信号,即表面波从声源经 34.64 μs 首次到达采集传声器位置。根据时间和位置信息(100 mm)计算出表面波在本实验试块上的传播速度为 2886.84 m/s,与资料显示的钢材表面波波速 3010 m/s 相比,相差不大。考虑试块材料、传感器距离误差、传感器大小、耦合剂、时间测量误差等因素的影响,该结果可以接受。

图 2-51 表明,在脉冲激励发出 165.9 μs 后,采集信号有明显的叠加情况,即首次表面波反射经 165.9 μs 后被采集传声器采到,大约是 34.96 μs 的 5 倍,与理论分析相符。

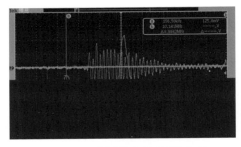

图 2-52　表面波实验 FFT 分析

图 2-52 所示的 FFT 分析结果,即为上文所述相对灵敏度曲线,表面波最大响应频率约为 200 kHz,次高点出现在 150 kHz。

保持发射和采集传感器位置不变,控制 DA 发出 200 kHz 包络正弦波激励换能器,采集到的波形如图 2-53 所示。根据该结果测得的幅值,结合标准传感器的标定数据可计算出 200 kHz 的绝对灵敏度值。

2. 纵波实验

将声发射传感器 AE144S 置于钢制试块上表面圆心,将采集传声器 R15 置于钢制试块下表面圆心,控制 DA 发出脉宽 400 ns 的尖脉冲波激励换能器,采集到的响应信号波形如图 2-54、图 2-55 所示,对接收到的波形进行 FFT 分析,分析结果如图 2-56 所示。

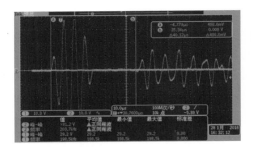

图 2-53　表面波实验包络波激励与响应

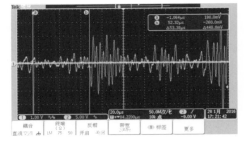

图 2-54　纵波实验尖脉冲激励与响应 1

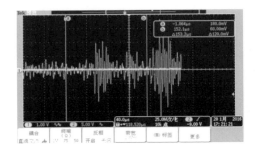

图 2-55　纵波实验尖脉冲激励与响应 2

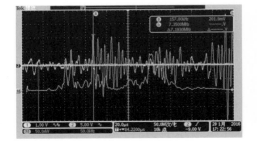

图 2-56　纵波实验 FFT 分析

图 2-54 表明,纵波从试块上表面圆心经过 53.38 μs 首次到达试块下表面圆心,距离为 300 mm,则计算出纵波在本实验试块中的传播速度为 5620.08 m/s,与钢材中纵波波速 5940 m/s 相比,基本符合理论数据。

图 2-55 表明,在 110 μs 时间点和 153.2 μs 时间点采集信号有明显叠加,第一个叠加为纵波经过侧面一次反射后被采集到的结果(见图 2-48 路径 1),传播距离约为 670 mm;第二个叠加为竖直方向上传播的纵波经两次反射后被采集传感器采集到的结果,传播距离为 900 mm,与计算的纵波波速比较吻合。

图 2-56 所示的 FFT 分析结果显示,纵波的最大响应频率出现在 150 kHz 左右。

3. 结果分析

表面波实验和纵波实验验证了本方案所用钢制试块在一定时间范围内能够起到区分表面波和纵波的目的。实验没有得到明显的如图 2-48 中路径 2 所示的反射叠加情况,但是对其他一些叠加情况进行了计算,对表面波和纵波的声速进行了确认,可以认为在反射声波到达采集传感器之前的信号是未叠加信号,即表面波大约有 70 μs 的未叠加波形,纵波大约有 60 μs 的未叠加波形。实验还对脉冲波和包络正弦波用于灵敏度试验方法进行了确认,通过后续的标准传感器标定和 LabVIEW 算法优化,能够得到更加准确的结果。

2.5　小　　结

本章内容主要聚焦于局部放电测量领域,以多种常见的局部放电测量方法作为切入点,深入展开相关阐述,并进一步提出与之对应的规范要求,具体涵盖了脉冲电流法局部放电、特高频法局部放电以及超声法局部放电这几种主要的测量方法,围绕它们各自的校准装置与校准方法展开了系统性的研究探讨。在书中有关局部放电测量理论部分,在完成常规测量方法介绍后,进一步对丰富多样的测量原理以及最新的局部放电传感技术进行了全面分析。脉冲电流法局部放电测量方法的校准部分,重点针对脉冲电流测试仪的校准,提出局部放电复合参量校准方法;特高频传感器校准部分,主要是针对性提出基于"替代法"的 UHF PD 传感器校准方法;超声传感器校准部分,则是针对校验方案、相关影响因素、实验室环境下的应用进行了介绍。

书中的局部放电各种测量方法的校准实现充分参考了局部放电校准技术规范,研制的相关装置已在中国电力科学研究院开展测试应用,也为现有工程应用提供参考。

第 3 章　高压介质损耗测试仪校准技术

在电气设备绝缘预防性试验当中,介质损耗试验一直以来都是极为重要的一项内容。借助介质损耗试验,能够得到介质损耗因数以及电容量这两项关键的测量结果。将介质损耗试验所获取的介质损耗因数和电容量的测量结果,与设备的历史数据以及同期其他相关设备的数据进行有机结合并展开对比分析,便能够更为准确地判定设备的绝缘状况[60][61]。介损及电容量检测仪是测量容性设备介质损耗因数和电容量的设备,其原理基于绝对测量法或相对测量法:绝对测量法是根据同母线 PT 二次电压和被检测设备电流计算被检测设备的介质损耗因数和电容量;相对测量法是根据被检测设备电流信号以及与被检测设备并联的其他电容型设备电流信号计算被检测设备和参考设备的相对介质损耗因数和电容量比值。2010 年,国家电网有限公司发布的 212 号文件《关于印发<电力设备带电检测仪器配置原则(试行)>的通知》中对国家电网有限公司下属各省公司电科院、地市公司以及超高压公司,提出了配置相对介质损耗及电容带电检测仪的要求,一定程度上推动介质损耗测量发展。

目前,介质损耗测试仪多采用便携式一体化结构,内部主要由变频调压电源、升压变压器、内置高稳定度标准电容器、介质损耗测试电路、计算机系统和其他外接辅助设备组合而成。变频调压电源可调制频率为 45～65 Hz 可变电压,采用了数字陷波技术,提高对测量过程工频电场干扰的抑制能力;升压变压器最高可输出 10 kV 的试验电压,可在无外部设备情况下,实现内部高压测量范围内的现场测量;内置高稳定度标准电容器和介质损耗测量电路,用于实现介质损耗的量值测量,其中测量电路由标准线路和被测线路两部分组成,由内置高稳定度标准电容器和采样电路构成标准线路,而被测线路则由被测样品和采样电路构成;最后利用计算机系统实现介质损耗测量过程中的数字化采集、数据处理、功能运行和人机交互等。原武汉高压研究所研制的 WG-25 微电脑异频介质损耗测试仪,其特点是高压端信号用互感器隔离取样,选用两个频率点进行异频测量,取其平均值作为工频介质损耗值。济南泛华电子工程有限公司研制的自动抗干扰精密介质损耗测试仪,特点是在高压端直接对取样信号进行数据采集,将采集数据用电压互感器隔离传输到低压端,选用两个频率点进行异频测量,取其平均值作为工频介质损耗值。美国公司的全自动绝缘测试仪,测试电压输出频率是(50±2.5) Hz,频率可调、测试精度高。国内针对介质损耗测量,研制的一系列自动测试仪各有优缺点,主要缺点是频率在附近不能连续可调[62-68]。介质损耗变频测量在国内尚未出台可供参考的规范,导致国内这类仪器的发展没有统一的方向。

介质损耗测试仪的校准工作中,常用的介质损耗因数标准器的等效模型有并联模型和串联模型两种实现方式。基于并联模型的介质损耗因数标准器由于试验线路具有很高的工作电压(通常是 2~10 kV),对并联电阻的阻值和功耗要求太高,几乎很少被应用于高压场合,只有少数额定电压 2 kV 的介质损耗因数标准器用于绝缘油介质损耗测试仪的校准。因此,额定电压超过 2 kV、用于校准高压介质损耗测试仪的介质损耗因数标准器均为基于串联模型的介质损耗因数标准器。

经过长期的试验发现,普通串联模型介质损耗因数标准器在使用时存在以下不足:

(1)当介质损耗因数值较大时,串联电阻需要承受较高电压,发热比较严重,使用时间稍长阻值会发生变化,造成介质损耗因数值不稳定。如果连续对多台介质损耗测试仪进行试验,则不能完全符合试验要求。

(2)主电容容量在 100 pF 以下的介质损耗因数标准器如果不采用特殊的结构处理或辅助设计,则在测量端的等效分布电容容量就可能达到几十皮法,而且很不稳定。一般生产厂家为了减小分布电容的影响,会增加多种屏蔽手段,但效果并不理想,每隔半年到一年,甚至可能每三个月需要重新进行调校才能继续使用。

针对传统损耗因数标准装置原理和功能的不足,本书在对介质损耗因数标准器模型进行全方位、多层次的分析基础上,采用针对性设计策略,提升了标准装置的准确性和稳定性。

3.1　介质损耗测量原理及方法

3.1.1　介质损耗定义及影响因素分析

1. 介质损耗定义

在高压强电场的作用下,绝缘材料内部自由离子会发生极化和电导过程,由于此过程存在的滞后效应,电导电流和极化电流在电介质内部均会产生能量损耗,损耗的程度一般用单位时间内损耗的能量来表示,也叫介质损耗,简称介损。绝缘材料内部会因介质损耗现象的存在而消耗大量的电能,因此积聚大量的热能。若热量不能及时散出,则会导致绝缘材料老化,随着热量的积聚,将最终导致绝缘性能完全丧失。当电气设备绝缘受潮或老化变质等情况出现时,电介质损耗会出现明显的异常,因此,高压设备电介质损耗的现场测量,在电力系统中被广泛应用。

介质损耗涉及学科包括电气工程、化学工程、电子技术、物理和材料。在电气工程应用中,常以正弦电压作用下通过的有功电流(I_R)与无功电流(I_C)之比,或有功损耗(P_R)与无功损耗(Q_C)之比,即以介质损耗正切($\tan\delta$)作为介质损耗的特征参数,$\tan\delta = I_R/I_C = P_R/Q_C$。电流的有功分量引起介质中能量的损耗,所以 $\tan\delta$ 的值能反映介质损耗的大小,$\tan\delta$ 仅取决于材料特性,与材料的尺寸、形状无关,可直接由试验测定。

同时,从微观角度看,可以用复介电常数 ε^*($\varepsilon^* = \varepsilon' - j\varepsilon''$)中的 ε'' 来表征介质损耗,ε'' 称为介质损耗因数,$\tan\delta = \varepsilon''/\varepsilon'$。不同环境条件下,介质损耗参数并不是恒定不变的,主要影响因素包括频率、温度、电压和湿度。

2. 介质损耗因素影响量分析

我们已知,气体介质的极化率是很小的,当场强小于气体分子电离所需的值时,气体介质的电导也是很小的,所以此时气体介质中的损耗也将是很小的,工程中可以略去不计。但当场强超过气体分子电离所需的值时,气体介质将产生电离,介质损耗大增,且随着电压的升高,损耗增长很快。中性液体或中性固体介质中的极化主要是电子位移极化和离子位移极化,它们是无损的或几乎是无损的。于是,这类介质中的损耗便主要由漏导决定,介质损耗与温度、场强等因素的关系也就取决于电导这些因素之间的关系[32]。

(1)频率影响分析:典型非极性材料的 ε_r 和 $\tan\delta$ 随频率变化曲线如图 3-1 所示。ε_r 基本稳定,$\tan\delta$ 随频率升高反比下降,可以认为此时的无功功率 $Q = U_2\omega_C$ 随频率正比上升,而有功功率 P 确因属于电导损耗并不随频率的增加而增加。极性材料的 ε_r 和 $\tan\delta$ 随温度变化曲线如图 3-2 所示,极性材料的极化和损耗主要由偶极子极化所引起。偶极子在电场作用下定向转动而产生极化。在交变电场下,因偶极分子随频率变化而作定向转动时所产生的分子之间的摩擦引起发热和能量的损耗。当频率很低时,极性分子完全来得及作定向转动,但转动次数较少,因此 ε_r 较高而 $\tan\delta$ 较小,当频率较高时,极性分子来不及随频率作完全定向转动,此时 ε_r 下降而 $\tan\delta$ 也较小。在此两者之间,ε_r 出现逐渐下降的过程而 $\tan\delta$ 出现极大值。当频率很低和很高时,$\tan\delta$-ω 曲线仍按以电导损耗为主的关系变化。

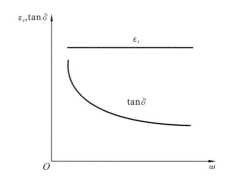
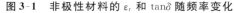
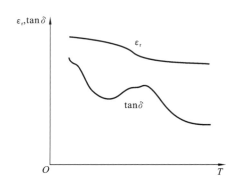

图 3-1　非极性材料的 ε_r 和 $\tan\delta$ 随频率变化　　图 3-2　极性材料的 ε_r 和 $\tan\delta$ 随温度变化

依据介电频谱这一特性,在涉及交联聚乙烯电缆的超低频介质损耗测试仪时,我们必须着重关注其测量结果与工频条件下所获得结果之间的差异。一般有两种验证方法:一种方法是低压下,工频和超低频分别测试,然后分别保证电压系数较小;另一种方法是都采用高压测试,得到试验结果,或者证明在 0.1～50 Hz 的频率变化范围内,实际介质损耗值的变化在可控范围。当下,超低频介质损耗测试仪在实际运用中,主要依靠对数据进行横向和纵向比较的方式来开展相关工作。在测试期间,所施加的电压会依照特定的顺序逐步递增,先是由 0.5 倍的 U_0 起步,接着逐渐升高直至达到 1.0 倍的 U_0,最后进一步攀升至 1.5 倍的 U_0,依据介质损耗因数的变化趋势来对被测试对象的状态进行判定。

(2)温度影响分析:以松香油的 tanδ 与温度的关系为例,如图 3-3 所示。温度较低时,松香油的黏度大,偶极子的转向较难,故 tanδ 较小;温度升高时,松香油的黏度减小,偶极子的转向较易,故 tanδ 增大,温度再高时,松香油的黏度更小,偶极子的转向很易,但偶极子回转时的摩擦损耗却减小很多,故 tanδ 反而减小了,温度更高时,虽然由于黏度小,使偶极子回转时的摩擦损耗减小,但电导随温度的增加而迅速增加,使电导式损耗迅速增大,tanδ 及总的损耗也都迅速增大。极性固体介质的 tanδ 与温度关系规律与图 3-3 所示的变化趋势类似。

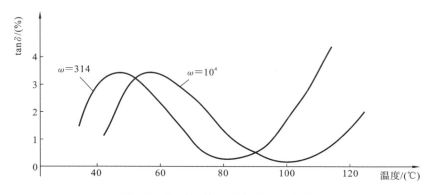

图 3-3　松香油的 tanδ 与温度的关系

交流设备是在工频条件下进行测试的,而目前我国电网系统稳定性较高,频率变化不大于 1%,因此温度变化是介质损耗的主要影响因素。介电温谱对现场实际测试有重要意义,由于每种材料或绝缘设备介质损耗随温度变化的曲线并不完全相同,因此跨区域的长距离传输,设备各处介质损耗值受温度影响多大(尤其可以关注高热及极寒地区),都值得开展研究。

(3)电压影响分析:外加电压对电介质损耗有直接影响,直接表现在电场强弱的影响,当电场强度较低时,电介质的损耗仅有电导损耗和一定的极化损耗,且处于某一较为稳定的数值。当电场强度达到某一临界值后,即外加电压超过某一电压值时,电介质会产生局部放电,损耗急剧增加。

(4)湿度影响分析:空气中相对湿度增大会使绝缘设备表面泄漏电流增加,由于绝缘设备表面泄漏电流是阻性电流,因而导致 $\tan\delta$ 增大,长期湿度过高还容易导致绝缘受潮,进一步引起 $\tan\delta$ 变大。关于湿度对设备介质损耗的影响,以套管为例,在不利的相对湿度条件下,套管的暴露表面可能会获得沉积的表面水分,这可能对设备绝缘性能产生重大影响,进而影响介质损耗因数测试的结果。如果套管的瓷面温度低于环境温度(低于露点),相关影响更为明显,因为水分可能会在瓷面上凝结。即使在相对湿度低于 50% 的情况下,水分凝结在已经被工业化学物沉积污染的瓷器表面,也可能会导致严重的测量误差。

需要特别说明的是,在釉瓷等材料上会形成一层看不见的薄薄的湿气膜,并迅速消散,在相对湿度发生较大变化后,通常在几分钟内达到可忽略的体积吸收平衡。如果在天气晴朗、阳光充足且相对湿度不超过 80% 的条件下进行介质损耗因数测量,则可将因雨、雾或露点冷凝而产生的厚膜表面泄漏误差降至最低。

根据电介质的基本特性,测量对象可以按图 3-4 所示的三支路并联等效电路来表示。

关于图 3-4 的相关说明:I 为流过介质的总电流;i_c 为无损极化引起的瞬时充电电流;i_a 为有损极化引起的吸收电流;I_g 为电导电流;R 为电导电流支路等效电阻;C 为无损极化支路等效电容;r、ΔC 分别为有损极化支路等效电阻及等效电容。

计算介质损耗因数时,可以将三支路并联等效电路转换为图 3-5 所示电路,即 G_{eq}、C_{eq} 相并联的计算用等值电路,此时:

$$G_{eq} = 1/R + \omega^2 \Delta C^2 r^2 / [1 + (\omega \Delta Cr)^2] \tag{3-1}$$

$$C_{eq} = C + \Delta C / [1 + (\omega \Delta Cr)^2] \tag{3-2}$$

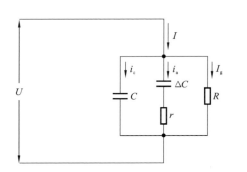

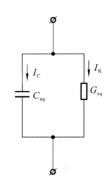

图 3-4　电介质的三支路并联等效电路　　图 3-5　三支路并联等效电路计算用等值电路

关于式(3-1)和式(3-2)的相关说明:R 为电导电流支路等效电阻;C 为无损极化等效支路电容;ω 为正弦交变电场的角频率;ΔC 为有损极化所形成的电容;r 为有损极化所形成的等效电阻。

根据计算用等值电路,可得出电介质中的电流密度和场强相量图,如图 3-6

所示。

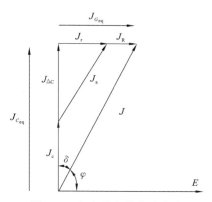

图 3-6　电介质中的电流密度
和场强相量图

关于图 3-6 的相关说明：E 为电介质中电场强度；$J_{G_{eq}}$ 为电介质中流过的阻性电流密度；$J_{C_{eq}}$ 为电介质中流过的容性电流密度；J 为电介质中流过的总电流密度；J_c 为无损极化引起的电流密度，纯容性；J_a 为有损极化引起的电流密度，分为无功部分 $J_{\triangle C}$ 和有功部分 J_r；J_R 为电介质电导引起的电流密度，纯阻性；δ 为容性电流密度 $J_{C_{eq}}$ 与总电流密度 J 之间的夹角，即介质损耗角；φ 为功率因数角。

介质损耗角 δ 与功率因数角 φ 互为余角，其正切值 $\tan\delta$ 又可称为介质损耗因数，常用百分数（％）来表示：

$$\tan\delta = |J_{G_{eq}}| / |J_{C_{eq}}| \times 100\% \qquad (3-3)$$

其与损耗功率 P 的关系：

$$P = UI_R = UIC\tan\delta = U^2\omega C\tan\delta_0 \qquad (3-4)$$

介质损耗因数除了可以使用理想电容器和电阻器的串联的等效电路图来表示，也可以使用并联模型。为了更好地表示转化关系，这里将电导用电阻表示。图 3-7 所示的为串联模型。该模型仅在单一频率下有效；事实上，经常出现损耗系数在功率频率范围内基本不变的情况。

关于图 3-7 的相关说明：I 为流过介质的电流；C_S 为等效串联电容器；R_S 为等效串联电阻。图 3-7 所示的串联等效电路的介电损耗因数可通过以下公式计算：

$$\tan\delta = \frac{U_{R_S}}{U_{C_S}} = \frac{IR_S}{I/(\omega C_S)} = \omega C_S R_S \qquad (3-5)$$

图 3-8 所示的为理想电容器和电阻器的并联模型。

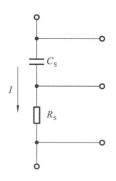

图 3-7　串联模型计算用等值电路

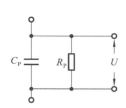

图 3-8　并联模型计算用等值电路

关于图 3-8 的相关说明：U 为介质两端电压；C_P 为等效并联电容；R_P 为等效并联电阻。

图 3-8 所示的并联等效电路的介质损耗因数可通过以下公式计算：

$$\tan\delta = \frac{U/R_P}{U\omega C_P} = \frac{1}{\omega C_P R_P} \tag{3-6}$$

根据式（3-5）和式（3-6）有：

$$\tan\delta = \omega C_S R_S = \frac{1}{\omega C_P R_P} \tag{3-7}$$

并联等效电路与串联等效电路的功率损耗计算分别为：

$$\begin{cases} P = UI_R = UI_C\tan\delta = U^2\omega C_P\tan\delta \\ P = I^2 R_S = \dfrac{UI_C\tan\delta}{R_S^2 + \left(\dfrac{1}{\omega C_S}\right)} R_S = \dfrac{U^2\omega C_S\tan\delta}{1+\tan^2\delta} \end{cases} \tag{3-8}$$

因为上述两种等效电路是描述同一介质的不同等效电路，所以其功率损耗应相等，结合式（3-7），得到并联模型中并联电容和串联电容的转换公式，以及并联电阻和串联电阻的等效关系如下：

$$C_P = \frac{C_S}{1+\tan^2\delta} \tag{3-9}$$

$$R_P = R_S\left(1+\frac{1}{\tan^2\delta}\right) \tag{3-10}$$

虽然在欧洲用于描述介质损耗因数为 $\tan\delta$，但在北美使用的是功率因数 $PF(\cos\varphi)$。由于介质损耗因数角非常小，所以使用 $\tan\delta$ 或 $PF(\cos\varphi)$ 时，差异可以忽略不计。具体的转换公式如下：

$$PF = \frac{\tan\delta}{\sqrt{1+\tan^2\delta}} \tag{3-11}$$

$$\tan\delta = \frac{PF}{\sqrt{1-PF^2}} \tag{3-12}$$

3.1.2 常见绝缘材料和设备的介质损耗因数

在电气工程应用中，绝缘材料按物态分为气态、液态和固态，气体绝缘主要有空气、六氟化硫等；液体绝缘主要有变压器油、电容器油等；固体材料又分为两类，一是无机绝缘材料，如云母、石棉、电瓷、玻璃等，另一类是有机物质，如纸、棉纱、木材、塑料等。如表 3-1 所示，常见绝缘材料的介质损耗因数范围为 $0.001\%\sim4\%$，实际设备的介质损耗因数范围为 $0.15\%\sim10\%$。因此，介质损耗测试仪器的上限应该不小于 10%。

相应地，电力绝缘材料也在不断发展中。以电力电缆为例，传统的高压直流输电

表 3-1　典型绝缘材料介质损耗因数和介电常数(50 Hz/60 Hz)

序号	材 料 名 称	介质损耗因数	介 电 常 数
1	缩醛树脂	0.5%	3.7
2	空气	0.0%	1.0
3	全封闭式注油	0.4%	4.2
4	牛皮纸	0.6%	2.2
5	变压器油	0.02%	2.2
6	尼龙;聚酰胺(聚芳酰胺纤维纸)	1.0%	2.5
7	聚酯薄膜	0.3%	3.0
8	聚乙烯	0.05%	2.3
9	聚酰胺薄膜	0.3%	3.5
10	聚丙烯	0.05%	2.2
11	陶瓷	2.0%	7.0
12	橡胶	4.0%	3.6
13	硅酮液体	0.001%	2.7
14	漆浸细麻布(干的)	1.0%	4.4
15	水	100%	80
16	冰	1.0%	88

电缆为浸式纸绝缘电缆或者充油式电缆,近年来交联聚乙烯取而代之,得到广泛应用。80 kV、150 kV 两个电压等级电力电缆已经得到广泛应用,320 kV 电压等级电力电缆、500 kV 的高压直流 XLPE 绝缘电缆都已经在电力系统有应用。针对交联聚乙烯电力电缆的介质损耗测量,对应产生了超低频介质损耗测试仪。表 3-2 所示的为典型绝缘设备介质损耗因数数据[61]。

表 3-2　典型绝缘设备介质损耗因数

序号	设　　备	介质损耗因数
1	新的油浸式变压器,HV(>115 kV)	0.15%~0.75%
2	断路器,充油的	0.5%~2.0%
3	新油纸电缆"固态"(最大 27.6 kV)	0.5%~1.5%
4	油纸电缆,高压,充油或加压	0.2%~0.5%
5	定子绕组	2.0%~8.0%
6	电容	0.2%~0.5%

序号	设　　备	介质损耗因数
7	套管(固体或干的)	3%～10%
8	套管(复合绝缘)<15 kV	5%～10%
9	套管(复合绝缘)15～46 kV	2%～5%
10	套管(充油的)<110 kV	0.8%～4.0%
11	套管(充油的)>110 kV	0.3%～3.0%

3.1.3　介质损耗因数测量方法

　　高压介质损耗因数测试仪从工作原理上可以认为是一种测量工频电流比率的装置。当工频电压施加在高压标准电容器和被测设备上时,即产生与它们的电容量和介质损耗因数成比例的同相及正交工频电流分量,这两个工频电流分量经电桥作比例测量后,即可得到被测设备相对于高压标准电容器的电容量比值与介质损耗因数差值[62-69]。

1. 阻抗平衡法

　　阻抗平衡法是采用阻容四臂平衡,通过观察微差,调整平衡后,得到电容量和介质损耗因数值,其典型代表是西林电桥。在测量频率不高(一般低于 0.1 MHz)时都可以用西林桥法来测量。为使测量结果更准确,会对西林电桥测量回路增加屏蔽、格瓦纳屏蔽或者双屏蔽。

　　典型的西林电桥有 QS1 电桥和 2801 电桥。QS1 电桥是苏联西林电桥的仿制,桥路包括四个支路,每个支路称为电桥的一个桥臂。西林电桥的标准器与被测对象都是电容器,与其他交流电桥不同点主要有:一是电桥可以在很高的电压(如 10 kV)下进行测量;二是电源频率被限定在 50 Hz (或 60 Hz)。西林电桥在测量的过程中标准电容器 C_n 和被测电容器 C_x 承担了绝大部分电压,比例桥臂 R_3 和 R_4 承受的电压一般不到 1 V,从而保证了桥体和操作人员的安全,图 3-9 所示的为西林电桥原理线路。

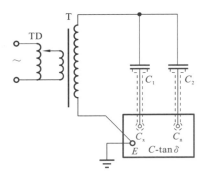

图 3-9　西林电桥原理线路

　　2801 电桥是瑞士 Tettex 公司生产的高压西林电桥。2801 电桥是多功能桥,通过变换组合,除了可以作为测量高压电容器和介质损耗因数的西林电桥,还能作为测量电感线圈的麦克斯韦电桥和海氏电桥,以及作为测量电压电容器的文氏电桥。早期使用手动式屏蔽支路调节器,随着电子器件快速发展,换成了电子式电位跟踪仪,省去了手动调节辅桥平衡的操作,大幅提高了测量速度。QS1 电桥的内屏蔽是接地的,连接试品和高压电容器的测量引线屏蔽外皮也是接地的;而 2801 电桥的内屏蔽不接地,由屏蔽支路调节器提供一个与电桥 a、b 点相等的屏蔽电位,屏蔽电位通常不到 2 V,屏蔽电位提供方式有移相电源或者电子式电位跟踪仪。优点是屏蔽支路调节器负荷电流可以大为减小。缺点是测量时容易发生屏蔽接地故障,如有的高压标准电容器外壳与内屏蔽是连在一起接地的,测量时如果把外壳接地,等于短接了屏蔽支路的调节器的输出端,电桥失去屏蔽电位后会产生很大的测量误差,同时还使电位调节器过载,容易造成设备损坏事故。因此在使用 2801 电桥时,一定要注意屏蔽线外皮是对地绝缘的,不能直接接地。当标准器和试品的电屏蔽有接地可能时,要设法使它们对地绝缘,必要时应检查电屏蔽对地的绝缘电阻,防止错误接线。另外由于 2801 电桥的内屏蔽不接地,从安全方面考虑,需要采用双层屏蔽结构,再设计一层接地的机壳以保护操作人员的人身安全,这种绝缘结构增加了仪器的制造成本和结构的复杂性。

　　还有一类电容和介质损耗测试仪在变压器、互感器等产品的介质损耗因数测量中应用很广。这种测试仪采用矢量电流法测量电容和介质损耗因数。其原理是将 C_n 和 C_x 两个回路电流输入测试仪后,经微处理器进行数字运算,得到电容 C_x 和其介质损耗因数,便于实现自动化测量。典型仪器有进口的 2876 电桥、2818 电容介质损耗测试仪和国产的 2518 介质损耗测试仪。这类测试仪测量准确度比 2801 电桥的稍低,但实现了全自动测量,操作简单,适合于生产性试验测量。

　　电桥的测量原理如下:当工作电源 E 加到电桥 U 和 E 两顶点时,电桥 $U\text{-}a\text{-}E$ 和 $U\text{-}b\text{-}E$ 支路将流过电流。桥体平衡时,U_{ab} 电压为 0,电桥顶点 a 和 b 对地电压可按阻抗元件分压公式写出,如式(3-13)和式(3-14)所示:

$$U_a = \frac{R_3}{R_3 + \dfrac{1}{\mathrm{j}\omega C_x} + R_x} E \tag{3-13}$$

$$U_b = \frac{R_4}{1 + \mathrm{j}\omega C_4 R_4} \frac{1}{\dfrac{R_4}{1 + \mathrm{j}\omega C_4 R_4} + \dfrac{1}{\mathrm{j}\omega C_s}} E \tag{3-14}$$

电桥平衡时刻,有 $U_a = U_b$。

　　由于实部和虚部分别相等,可以得到:

$$\frac{R_3}{C_s} = \frac{R_4}{C_x} \tag{3-15}$$

$$\omega C_4 R_4 = \mathrm{j}\omega C_x R_x \tag{3-16}$$

　　因此,得到试品的电容量和介质损耗因数分别为

$$C_x = \frac{R_4}{R_3} C_s \tag{3-17}$$

$$D_x = \omega C_4 R_4 \tag{3-18}$$

此处把试品看成是串联型介损模型,当试验电源中含有大量的高次谐波,或者被测电容器线性失真比较严重时,电容电流中出现了大量的高次谐波,难以平衡,这是西林电桥的局限性之一。

2. 电磁平衡法

电磁平衡法也是变压器电桥法,采用此法的电桥称为电流比较仪。电桥的电流比例臂由电流比较仪的比例绕组构成,流过参考电流的比例臂上附有移相电路,采用磁势平衡指示。按移相方式可以把这类电桥分为有源与无源两种:属于无源的一种用阻容电路直接移相;属于有源的一种用电子元件配合阻容元件正交移相。用磁势合成方法实现所需相移。

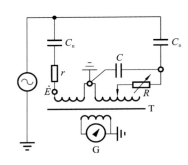

图 3-10　无源电流比较仪电桥原理线路

QS19 电桥属于无源电流比较仪电桥,其中 T 为三绕组电流比较仪。N_x 为被测电流线,N_s 为参考电流线圈,N_d 为零磁通检测线圈。当 $I_1 N_x = I_s N_s$ 时,电流比较仪铁芯中磁通为零,电桥处于平衡状态。QS19 电桥的平衡调节通过改变 N_s 和 R 的数值进行。平衡状态通过调节磁势平衡实现,这与西林电桥调节电位平衡的原理不同。当参考电流流入图 3-10 中由 R 和 C 组成的并联支路时,流过电容 C 的电流比流过电阻 R 的电流 I_s 相位超前 90°。当 R 的数值改变时,$\dot{I}_s$ 相量末端沿着以 $\dot{I}_2$ 为直径的下半圆弧移动,$\dot{I}_s$ 比 $\dot{I}_2$ 落后的角就是电桥要测量的介质损耗因数角。同时 $I_s/I_2 = \cos\delta$,而 $\cos\delta \approx 1 - \delta_2/2$,当 $\delta = 0.1$ 时,它对电容比率测量的附加误差为 0.5%,应当引入修正。但更多的情况是 $\delta < 0.03$,这时对电容比率产生的附加误差不超过 0.05%,可以忽略不计。

桥体平衡时,N_d 中电流为 0,平衡方程为

$$I_1 N_x = I_s N_s / (1 + j\omega RC) \tag{3-19}$$

同时,有

$$I_1 = Ej\omega C_x (1 - jD_x) \tag{3-20}$$

$$I_2 = Ej\omega C_s \tag{3-21}$$

因此,有

$$C_x (1 - jD_x) N_x = C_s N_s / (1 + j\omega RC) \tag{3-22}$$

令实部和虚部分别相等并略去高阶小量,得到:

$$C_x = \frac{N_s}{N_x} C_s \tag{3-23}$$

$$D_x = \omega RC \tag{3-24}$$

注意,这里把试品看成是串联型介损模型。

QS30 电桥属于有源电流比较仪电桥,为四绕组电流比较仪,图 3-11 为有源电流比较仪电桥原理线路图。N_x 为被测电流线,N_s 和 N_t 为参考电流线圈,N_d 为零磁通检测线圈。当 $I_1 N_x = I_2 N_s + I_g N_t$ 时,电流比较仪铁芯中磁通为零,电桥指示平衡。通常 $N_t = m N_s$,同时让这两个线圈在联轴同步调节中也总是保持这一比例关系,有

$$I_2 N_s + I_g N_t = N_s(I_2 + m I_2) \tag{3-25}$$

桥体平衡时,平衡方程为

$$I_1 N_x = N_s(I_2 + m I_g) \tag{3-26}$$

即

$$I_1 / I_2 = (1 + m I_g / I_2) N_s / N_x \tag{3-27}$$

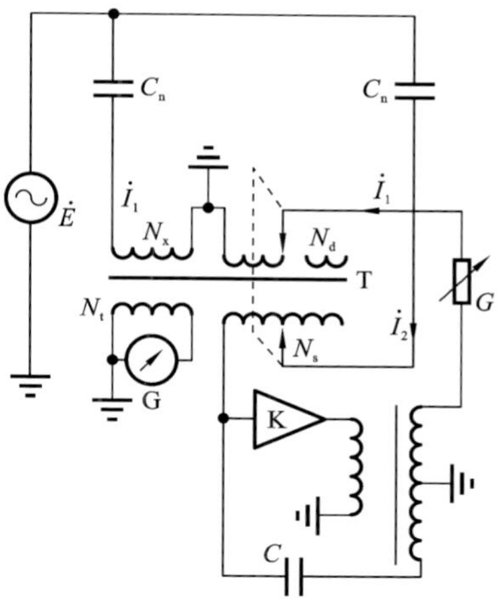

因为 $I_2 = U_2 G = I_2 jG/(\omega C)$,所以

$$K = N_x / N_s \tag{3-28}$$

$$D = mG/\omega C \tag{3-29}$$

图 3-11　有源电流比较仪电桥原理线路

适当选择 m 和 C 的值,可以直接通过电导箱"G"读取介质损耗因数值。注意,这里介质损耗因数是并联型介损模型。

西林电桥、无源电流比较仪电桥、有源电流比较仪电桥三种电桥的电容比率示值与介质损耗因数示值关系如表 3-3 所示。

表 3-3　电容比率示值与介质损耗因数示值的关系

等效电路类型	西林型	无源电流比较仪型	有源电流比较仪型
串联	$\dfrac{C_x}{C_s} = \dfrac{R_4}{R_3}$	$\dfrac{C_x}{C_s} = \dfrac{n_2}{N_1}$	$\dfrac{C_x}{C_s} = \dfrac{n_2}{N_1}(1 + D^2)$
并联	$\dfrac{C_x}{C_s} = \dfrac{R_4}{R_3} \dfrac{1}{1 + D^2}$	$\dfrac{C_x}{C_s} = \dfrac{n_2}{N_1} \dfrac{1}{1 + D^2}$	$\dfrac{C_x}{C_s} = \dfrac{n_2}{N_1}$

注:电容比率示值与介质损耗因数示值的关系为 $C_x/C_s = K_p R_4/R_3$ 或 $C_x/C_s = K_p n_2/N_1$。

3. 电流采样比较法

随着集成电路的飞速发展以及数字化技术在各个领域的广泛普及,与之相关的采样速率、采样分辨率以及数据处理能力等方面均实现了大幅度的提升,一系列数字化测量技术如雨后春笋般涌现出来。在测量介质损耗这一具体应用领域,主要运用的数字化测量技术包括过零比较法和傅里叶分析法。过零比较法在理论层面上是一种可用于测量介质损耗的方法,该方法对试验条件的要求较为苛刻,需要在近乎理想

的环境下进行操作,即要尽可能地排除一切可能干扰测量信号的因素,对所获取的测量信号依次进行滤波和整形处理,将原始信号转化为便于进行零点比较的形式,通过对处理后的信号进行零点比较,以此来尝试获取与介质损耗相关的信息;过零比较法在实际应用中干扰较多,效果并不理想。与之形成鲜明对比的是,傅里叶分析法目前已成为测量介质损耗领域的主流方法,通过采样信号后进行快速傅里叶变化得到基波分量、幅值和相位信息。依据所获取的这些信息,通过进行两相差值比较的方式,进而得到介质损耗因数值。这里所涉及的差值情况有两种:一种是电压和电流的相位差,在此种情况下,电压和电流是针对同一试品进行测量得到的;另一种是电流和电流的相位差,此时是在相同电压下对两个试品分别测量其电流得到的。傅里叶分析法的优点在于它能够获取到测量信号的频谱,通过对频谱的分析,可以清晰地分离出基波含量,这对于准确把握信号的本质特征具有极大的帮助。对于在实际测量环境中经常出现的谐波干扰,傅里叶分析法具有出色的滤除效果,能够有效地减少谐波干扰对测量结果的影响,从而提高测量的准确性。由于频率变换导致的频谱泄漏和栅栏效应,并且快速傅里叶变化是离散的而不是连续的,因此,傅里叶分析法计算过程中也会引入误差,影响测量准确性。

　　数字电路获取的是一系列的电压信号,因此需要借助电流电压变换电路来达成电流转换为电压的目的。可以运用反相运算放大电路,将试品电流和标准电流分别通过标准电阻转化为电压信号,再经过电压跟随器进行缓冲和隔离,接着通过双通道同步采样获得电压波形,经数值计算得到电容量比值及介质损耗因数值。负反馈电压跟随电路有效避免了直接在测量回路串联电阻导致的相位差。同时由于是同步采样同相电路,因此两路信号同时反相,不影响电流比和相位差。

　　电流采样比较法示意图如图 3-12 所示,其主要应用于数字电桥、高压介质损耗因数测试仪、电力电缆超低频介质损耗因数测试仪以及容性设备在线监测。数字电桥将模拟电路、数字电路与计算机技术结合在一起,为阻抗测试仪器开辟了一条新路。数字电桥的测量对象为阻抗元件的参数,包括交流电阻 R、电感 L 及其品质因数 Q、电容 C 及其损耗因数 D,其测量频率范围更广,覆盖 15~1000 Hz。数字式高压介

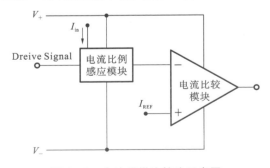

图 3-12　电流采样比较法示意图

质损耗测试仪采用便携式一体化结构,内部主要由变频调压电源、升压变压器、内置高稳定度标准电容器、介质损耗测试电路、计算机系统和其他外接辅助设备组合而成。

随着电力行业的快速发展,电力电缆作为电力系统的重要组成部分,其安全性和稳定性对电力系统的正常运行至关重要。然而,电力电缆在长期的运行过程中,由于各种原因可能会导致绝缘老化、损伤等问题,从而引发介质损耗,影响电缆的正常运行。交联聚乙烯电力电缆因其独特的物理和化学性质,如电容量大、高电压等级,对信号发生器的要求也相应提高。超低频介质损耗测试仪通过使用超低频信号进行测试,相比传统的高频测试方法,能够在保证测试效果的同时,提高测试的效率和精度。这种测试方法具有高精度、高分辨率和高可靠性的优点,特别适合用于对大型和长距离电缆进行测试,能够检测电缆的潜在隐患,如断裂、绝缘老化和损坏等问题,并提供准确的数据以指导维修和更换决策。

随着电力系统的不断发展,对于电网设备的管理要求也在逐步提升,全寿命周期管理的理念日益受到重视,容性设备在线监测装置开始在电力网络中大量使用。对容性设备进行在线监测,可以随时监测设备状态信息,包括电压、电流、频率等参数,通过数据分析和处理,了解电力系统的运行状态。这种监测不仅有助于及时发现设备潜在的问题,如电压波动、谐波等电能质量问题,还能通过实时数据反馈,为电力系统的维护和管理提供科学依据,确保电力系统的安全稳定运行。此外,容性设备在线监测还能通过实时监测和数据分析,评估设备的健康状态,预测设备的维护需求,从而优化检修计划,减少不必要的停机和维修成本。通过这种方式,可以提高电力系统的可靠性、稳定性和经济性,保障电气设备的安全稳定运行,提高用户满意度。

4. 介电频谱法

介电特性主要包括电介质的极化与损耗。在电介质两端施加某一方向的电压后,电介质内部会从原本的平衡状态经过一定时间转变到一个新的平衡状态,这个过程被定义为电介质的极化。在电介质极化的过程中,因为电介质内部发热等原因会产生损耗,所以电介质的极化与损耗具有很大的相关性,同时电介质损耗越大,其绝缘特性越差。电介质的极化程度也与内部入侵分子的极性具有很大关系,水分子属于极性分子,单位体积内水分子的个数会影响电介质的极化程度与极化损耗的大小,故可以通过测量介电特性来评估电介质在水分子入侵后的绝缘状态。而介电频谱法主要是研究绝缘系统的缓慢极化过程,测试介质正弦激励下的电流相位、幅值,然后通过测得的电容计算出设备中相对介电常数。

频域介电谱多用于评估油浸式套管的受潮程度和绝缘状态。电介质损耗也与不同的极化过程有关,极化过程共分为五大类,其极化原因、产生场合、有无能量损耗、极化时间如表 3-4 所示。

表 3-4　电介质极化过程的种类

	电子式	离子式	偶极子式	夹层介质界面	空间电荷
极化原因	束缚电荷的位移	电介质中正负离子出现相对偏移	电介质中偶极子出现定向排列	电荷自由移动	正负离子移动
产生场合	任何电介质	离子式电介质	极性电介质	多层介质交界面	非均匀电介质
能量损耗	无	极少	有	有	有
极化时间	10^{-15} s	10^{-13} s	$10^{-10} \sim 10^{-2}$ s	10^{-1} s 到数小时	10^{-1} s

不同的极化类型,极化建立的时间也不同。在电介质上施加交流电压时,电场的方向会按照一定的时间间隔交替改变,同时电介质极化方向也按照电场改变以相同的时间间隔进行交替变化。当电介质极化方向改变时,若此时极化还没有完全建立,则会发生电介质响应。施加交变电压后,电介质内部通过电场的总矢量和称为电通量密度 $D(t)$,电通量密度的大小与极化强度 $P(t)$ 和场强 $E(t)$ 相关,即

$$D(t) = \varepsilon_0 E(t) + P(t) \tag{3-30}$$

式中:ε_0 为真空介电常数。

根据复合电介质的串联模型方法分析可知,复合结构中的松弛极化比较明显。根据 Debye 模型分析可知,随着电介质绝缘性能的下降,松弛极化也会发生改变。由于瞬时极化的建立时间很短,所以复合电介质的极化强度 $P(t)$ 主要由离子位移中的瞬时极化强度 $P_\infty(t)$ 和热离子松弛极化中的极化强度 $P_r(t)$ 组成,两者可分别表示为

$$P_\infty(t) = \varepsilon_0 (\varepsilon_r - 1) + E(t) \tag{3-31}$$

$$P_r(t) = \varepsilon_0 \int_0^\infty f(\tau) \mathrm{d}\tau \tag{3-32}$$

由上述可知,$D(t)$ 可表示为

$$D(t) = \varepsilon_0 E_0 \left[(\varepsilon_\infty - 1) + l + \int_0^t f(\tau) \mathrm{d}\tau \right] \tag{3-33}$$

式中:ε_∞ 为高频介电常数;E_0 为激励电场场强;τ 为卷积参量。

在电介质外部施加交流电场后,在一定时间内电介质单位面积上流过的电荷矢量和称为电流密度。全电流密度 $J(t)$ 由位移电流密度和传导电流密度组成,即

$$J(t) = \sigma_0 E(t) + \partial D(t) / \partial t \tag{3-34}$$

式中:σ_0 为电导率。将式(3-34)进行傅里叶变换后代入式(3-35)可得式(3-36)。

$$J(\omega) = \mathrm{j}\omega\varepsilon_0 \left[\varepsilon'(\omega) - \mathrm{j}\varepsilon''(\omega) \right] E(\omega) \tag{3-35}$$

由式(3-35)可得电介质材料介质损耗值的表达式,即

$$\tan\delta=\frac{\varepsilon''(\omega)}{\varepsilon'(\omega)} \tag{3-36}$$

当在被测样品上施加一定大小的激励电压 U 后,测量并提取回路中的电流 I,当电介质发生介质损耗时,电压与电流之间会出现相位滞后的情况,滞后的相角称为介质损耗角,通过分析电压与电流在整个频率段幅值与相位的关系,得到被测试品的电容 C、介质损耗因数 $\tan\delta$、复电容 $C^*(\omega)$ 及复介电常数 $\varepsilon^*(\omega)$。通常情况下,流过电介质内部的电流与电介质两端电压有固定关系,即

$$I=j\omega CU_0 e^{j\omega t}=j\omega CU \tag{3-37}$$

当电介质产生极化损耗时,电压与电流的相位差会发生改变,通常会产生一个电导分量 GU,此时电介质的电流和电压的关系如下:

$$I=j\omega CU+GU=(j\omega C+G)U \tag{3-38}$$

将 $G=\omega C_0\varepsilon''$,$C=C_0\varepsilon'$ 代入式(3-38),推导复介电常数关系表达式,即

$$I=j\omega C_0 U(\varepsilon'-j\varepsilon'') \tag{3-39}$$

由式(3-39)可知,通过电压与电流的相位关系得到频域介电法中介质损耗角的计算公式与式(3-36)相同。

3.2　高压介质损耗因数量值溯源

高压介质损耗因数测试仪用于测量高压电力设备介质损耗因数大小,主要通过一系列的高压介质损耗因数标准器进行溯源。高压介质损耗因数标准器通过高压电容电桥和高压标准电容器进行比较开展量值溯源。高压电容电桥通过高压电容电桥整检装置进行量值溯源。高压标准电容器通过高压电容电桥向上溯源到更高等级的高压标准电容器。高压电容电桥整检装置则通过分体式校准溯源到电容、电阻和感应分压器。

3.2.1　高压介质损耗因数标准器的量值溯源

介质损耗因数的准确度分类为 0.1 级、0.2 级、0.5 级、1 级四个准确度级别。准确度低于 1 级的为工作计量器具,损耗因数计量标准器具复现的损耗因数 D 量值范围为 $1\times10^{-5}\sim1$,根据需要,设备制造厂商可扩大或缩小该量值范围。损耗因数计量标准器大部分为电容器和电阻器组合而成为一整体,所用电容元件的电容值可在 $1\ \text{pF}\sim100\ \mu\text{F}$ 范围内任选 1 个或几个标称值。被测损耗因数 $D\leqslant1\times10^{-4}$ 时,允许采用准确度高 1 级的计量标准器具,使测量不确定度为被测器具允许基本误差的0.5倍。当被测损耗因数 $D>1\times10^{-4}$ 时,须采用准确度级别高两级的计量标准器具,使测量不确定度为被测器具允许基本误差的 0.33 倍。

电容值和介质损耗因数使用图 3-13 所示的线路测量,高压电源可以使用试验变

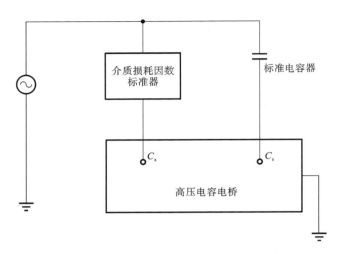

图 3-13　高压介质损耗因数标准器校准接线图

压器也可以使用调感式串联谐振装置，频率和波形应符合相关要求，其中：电源的实际频率应为 50 Hz±0.5 Hz(60 Hz±0.6 Hz)，电源电压的波形失真不大于 5%。试品介质损耗因数标准器和标准电容器的高压电极与高压电源的高压输出端子连接，低压测量端子分别用屏蔽电缆连接到高压电容电桥的 C_x 和 C_s 屏蔽输入端子。高压电容电桥的接地端子与高压电源的接地端连接。测量电压为介质损耗因数标准器的额定电压。在测量电压下调节电桥平衡，从电桥的测量盘读取表示电容比率的电阻比值(适用于西林电桥)或匝数比值(适用于电流比较仪电桥)，以及表示损耗因数的电容值(适用于西林电桥)或移相电阻值(适用于电流比较仪电桥)，可计算得到电容比率 K 和损耗因数 D，测量得到的电容值位数应保留到 0.01 pF。

3.2.2　高压电容电桥的量值溯源技术

高压电容电桥的校准方法有轮换法、等功率电桥法、低压导纳法等。轮换法是用来检定电桥 1/1 比率下的标准值，接线图如图 3-14 所示。该方法选用 2 台 1 nF 电容器，分别接在电桥 C_s 和 C_x 端，设 C_s 端电容为 C_2，C_x 端电容为 C_1，调节电桥平衡后记下读数 X_1 和 D_1，接下来交换 C_1 和 C_2，再次调平电桥后获得读数 X_2 和 D_2，则电桥 1/1 比率的测量误差为电容比率测量误差 $\Delta X = [(X_1+X_2)/2]-1$，介质损耗因数测量误差 $\Delta D = (D_1+D_2)/2$。

等功率电桥法是使用感应分压器提供确定比例关系的工作电压，接线图如图 3-15 所示，将电压施加在标准电容器上获得确定比例关系的电流比率，将电流注入高压电容电桥，由于标准电容器的比例值通过轮换法已获取，故可得该电流比率下高压电容电桥的测量误差。

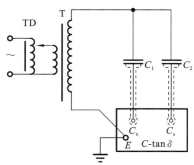

图 3-14　电容轮换法接线图

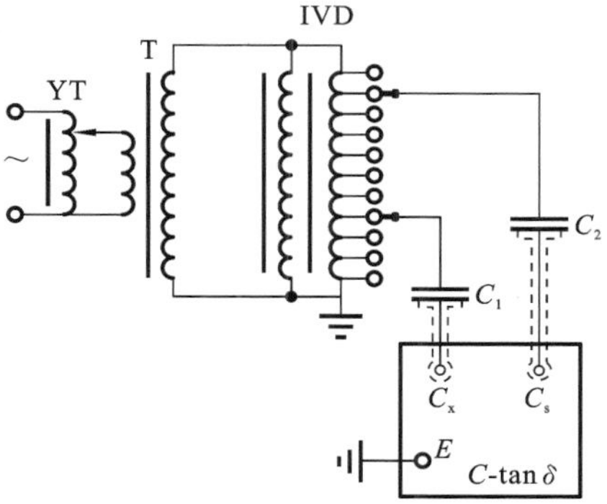

图 3-15　等功率电桥法检定高压电容电桥线路图

假设通过轮换法测得 $C_1/C_2 = X_0(1-jD_0)$，如果要检定电桥的 K 比率挡，设置感应分压器电压比例 $U_1/U_2 = K$，则由感应分压器和 C_1 及 C_2 组合后给出等效的电容比率为

$$KC_1/C_2 = KX_0(1-jD_0) \tag{3-40}$$

设电桥测量示值分别为 X 和 D，则电容比率和介质损耗因数测量误差分别为

$$\Delta X = X - KX_0 \tag{3-41}$$

$$\Delta D = D - D_0 \tag{3-42}$$

低压导纳法是一种用于检定高压电容电桥介质损耗因数的技术方法，采用并联型介质损耗因数标准器，通过测量电桥在低电压下的导纳特性来推算高电压下的介质损耗因数。其线路图如图 3-16 所示，使用的限制条件为 C_x 端对地的电位必须足够小，因此适用于电流比较仪型电桥的校准，对西林电桥校准时需要修正。

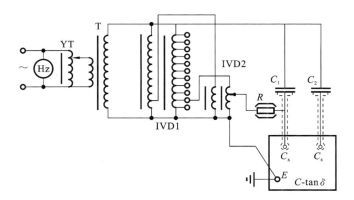

图 3-16　低压导纳法检定高压电容电桥线路图

低压导纳法等效的介质损耗因数 $D = 1/(K\omega RC_1)$，K 为感应分压器分压比。

　　图 3-17 所示的是中国电力科学研究院研制的 QSJ3 高压电容电桥整检装置。QSJ3 型检定装置用于整体检定带屏蔽电位的高压电容电桥,被检电桥的电容比率测量准确度从 0.005 级到 1 级,介质损耗因数测量准确度从 0.5 级到 2 级。西林型和电流比较仪型电桥 QSJ3 检定装置主要由调压电源、单盘感应分压器、高压标准电容器、介质损耗因数标准器四大部分组成,所有元件装入一个台体之中,而相关的操作转换可以在面板上便捷完成。

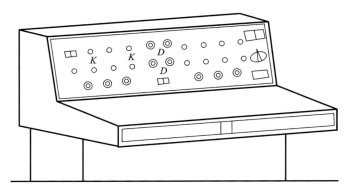

图 3-17　QSJ3 的外形图

　　其中,调压电源的作用是提供 $0 \sim 1000$ V 的工频试验电压,额定输出功率为 1 kV·A。为了减少输出电压的波形失真,除了使用接触式调压器外,升压器还按 0.1 级电压互感器设计,使整套装置的谐波失真不大于 0.5%。单盘感应分压器的作用是提供 2 个具有准确比率关系的工频电压,其主要电气结构为:首先在冷轧硅钢片卷环铁芯 T_1 上均匀绕制励磁线圈 W_1 共 2000 匝,在 1800 匝处抽头,然后在绕有励磁线圈的铁芯内腔再置入一只铁镍合金卷环铁芯 T_2,2 只铁芯套在一起绕制比例线圈 W_2,共 2000 匝,每 20 匝抽头。W_3 和 W_4 各 20 匝,用于向并联型介质损耗因数标准器供电,用分压器的十段和九段抽头可以得到 N/10 和 N/9 系列的电压比率。电压比率的相对误差不大于 0.001%,相位不大于 10 μrad,输出阻抗不大于 2 Ω。

　　QSJ3 检定装置配备有 6 台高压标准电容器,额定电压为 1 kV。其中的 5 台是气体介质电容器,电容量分别为 100 pF、1 nF、1 nF、3 nF 和 10 nF,电容量准确度为 0.1%,介质损耗因数小于 5×10^{-5}。另有一台固体介质电容器,电容量为 0.1 μF,准确度为 0.1%,介质损耗因数小于 5×10^{-4}。气体介质电容器的温度系数不大于 $3 \times 10^{-5}/℃$,固体介质电容器的温度系数不大于 $1 \times 10^{-4}/℃$。在工作电压范围内,它们的电压稳定性都优于 5×10^{-6}。为了消除电源频率不稳定对损耗因数检定结果的影响,QSJ3 配备了串联型和并联型两种不同频率特性的介质损耗因数标准器。它们与被检电桥配合使用后,可免去对检定结果作频率修正。串联型介质损耗因数标准器的主电容器是一台 3.183 nF 的固体介质电容器,准确度为 0.1%,温度系数不大于

$1 \times 10^{-4}/℃$。全部串联电阻组装成一台四盘十进式电阻箱,最大电阻为 111.1 kΩ,对应的介质损耗因数检定范围从 0.0001 到 0.1111。这种结构的多值介质损耗因数标准器里面的 1 kΩ 和 10 kΩ 两种数值下的电阻器有较大的分布参数。

　　实测结果表明,如果不采取措施,误差可达 1% 之多。为了提高标准器的准确度,设计有分段屏蔽结构。图 3-18 中标注 3.183 nF 的电容是主电容器,31.8 nF 的电容是辅助电容器,辅助电容器电容量为主电容器电容量的 10 倍,R_1、R_2、R_3 是主电阻,由漆包锰铜丝用无感绕法制成,准确度为 0.05%。R_{11}、R_{12}、R_{21}、R_{22}、R_{31}、R_{32} 是辅助电阻,选用金属膜电阻串联组成。

　　由于 $R_{11} + R_{12} = 0.1R_1$,$R_{21} + R_{22} = 0.1R_2$,…,当同轴转换开关 K_1 变换时,随着 K_{1a} 和 K_{1b} 触头的移动,主电阻和辅助电阻都按同样的比例变化,主电阻的金属屏蔽

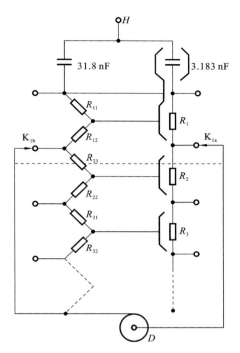

图 3-18　串联电阻分段屏蔽结构

罩总是带有与屏蔽电阻中间电位相等的电位,有效地消除了主电阻对地的电容电流,调整后的串联型介质损耗因数标准器的准确度达到 0.1 级。

　　并联型介质损耗因数标准器的主电容是一台 1000 pF 气体介质电容器。损耗电阻通过分压器和主电容器并联,如图 3-19 所示。这种接法也称为低压导纳法,该损耗标准器使用感应分压器的结构。为了获得从 1×10^{-6} 到 1×10^{-2} 的分压比,1 kV 单盘分压器中的 W_3 和 W_4 绕组上的 10 V 电压要通过 4 个十进分压盘分压,线路如图 3-19 所示。

　　图 3-19 所示的 T_1 是第一级分压器,包括 W_1、W_2、W_3 和 W_4 线圈。T_2 是第二级分压器,包括 W_5、W_6 和 W_7 线圈。

　　其中,线圈 W_5 共 200 匝,绕在一只冷轧硅钢片卷环铁芯上,然后在它的空腔中放入一只铁镍合金环,叠在一起绕制线圈 W_6 和 W_7。线圈 W_6 共 200 匝,分作十段。线圈 W_7 共 20 匝,也分作十段。T_3 是第三级分压器,线圈 W_8 和 W_9 绕在一只铁镍合金铁芯上,绕法与线圈 W_6 和 W_7 的相同。2×11 开关 K_1、K_2、K_3 的两个动触头总是接到某一段的上引出线上,这种接法有利于改善分压器的磁误差。K_4 是 1×11 开关,分压信号从 K_4 动触头输出。T_1 和 T_2 这种级联方式在很大程度上消除了励磁电流产生的误差,因此有很高的准确度,它的电压比误差不大于 0.05%,相位误差不大于

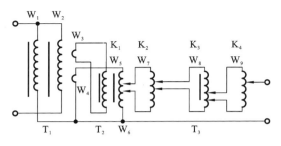

图 3-19 四盘分压器级联结构

0.0005 rad。通过分压器接入的电阻 $R = 31.83$ kΩ，使用精密金属膜电阻器，准确度为 0.05%。调整好的并联型介质损耗因数标准器整体准确度达到 0.1 级。

QSJ3 整体检定装置整机电路如图 3-20 所示，220 V 交流电源经过调压器、升压器，送到选择开关 K_1、K_2 和 K_3。K_1 是 2 位琴键开关，用以选择单盘感应分压器的接入方式。按下 N 键时升压输出接到第九段。按下 T 键时升压输出接到第十段。K_2 和 K_3 都是 1×11 开关，可分接到分压器的不同抽头上，输出通向 C_A 和 C_B 的两个电压支路。R_1 是高压补偿电阻，由 4 个十进电阻盘组成，步进值为 1 Ω，最大值为 11110 Ω。它通过支路选择开关 K_4 接到 C_A 或 C_B 的电压回路，用来补偿回路的介质损耗因数，C_A 支路接有 1 nF、10 nF 和 100 nF 等三台高压电容器，其中 100 nF 那台还可以通过开关 K_5 换接到 C_B 支路上。C_B 支路接有 100 pF、1 nF、3 nF 等三台高压

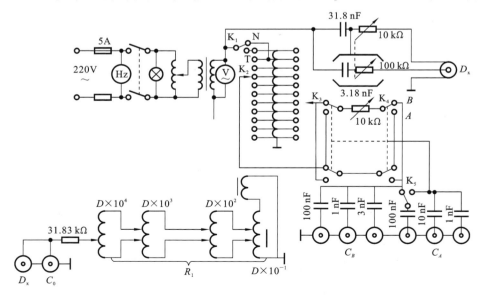

图 3-20 整体检定装置整机电路

电容器。

以上六台电容器的测量端都接到面板的屏蔽插座上。串联型和并联型介质损耗因数标准器的电压端与升压器输出端相连,测量端接到面板的屏蔽插座上,用"CD"标记。仪器备有一根短电缆,用来连接 1000 pF 高压电容器和并联型介质损耗标准器的 C_x 端口。

3.2.3　高压电容器的量值溯源技术

高压标准电容器最重要的计量性能表现为电容量及介质损耗因数与工作电压的相关性(简称为电压系数)极小,达到 10^{-5} 量级。因此,它们的电容量及介质损耗因数都可以在较低电压(如 10% 额定电压)下校准,然后在高电压下作为电容量和介质损耗因数的标准器使用。

对于 $1\sim10^4$ pF 的工频高压($\geqslant$1 kV)标准电容器的介质损耗因数值,可采用实测其介质损耗因数电压系数的方法,由低压标准电容器传递至高压标准电容器。

电容量的电压系数及介质损耗因数测量采用图 3-21 所示的比较线路,使用高压标准电容器为标准器,通过高压电容电桥测量。

其中,高压电源可以使用试验变压

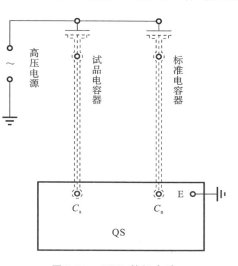

图 3-21　QSJ3 整机电路

器,也可以使用调感式串联谐振装置。试品电容器和标准电容器的高压电极与高压电源的高压输出端子连接,低压测量端子分别用屏蔽电缆连接到高压电容电桥(图 3-21 中用 QS 表示)的 C_x 和 C_n 屏蔽输入端子;高压电容电桥的接地端子(图 3-21 中用 E 表示)与高压电源的接地端连接。首次检定时,应在试验电压为 10 kV 以及 $10\%U_N$、$20\%U_N$、$50\%U_N$、$80\%U_N$、$100\%U_N$ 下测量电容比率及介质损耗因数(U_N 为试品的额定电压),如果测量点电压低于 10 kV,则取消该测量点。

3.3　高压介质损耗测试仪校准技术

国内对高压介质损耗测试仪的校准开展了大量研究[70-74],本节首先介绍高压介质损耗测试仪的工作原理及主要参数,以及高压介质损耗因数测试仪在高压电气设备额定电压下测量介质损耗因数的试验方法;然后介绍了高压介质损耗因数测试仪的校准方法;最后介绍了高压介质损耗因数的标准装置及其改进设计。

3.3.1　高压介质损耗因数测试仪工作原理及主要参数

1. 测试仪主要工作原理

现阶段电力系统中使用的介质损耗因数测试仪通常为数字式介质损耗因数测试仪,其工作原理框图如图 3-22 所示。介质损耗因数测试仪的测量回路有两路,分别为内置参考电容测量回路和测试对象测量回路。测量线路中取样电阻为一组电阻,根据输入电流大小进行切换,使峰值取样电压处于 A/D 采集卡测量电压合适范围内。进行多个周期多次采样后,微处理器进行数据计算,最后选择中位数或平均值作为输出结果。

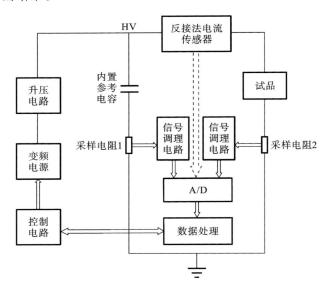

图 3-22　介质损耗因数测试仪工作原理框图

实际现场中部分试品单端接地,因此介质损耗因数测试仪有两种连接方式,即正接法和反接法(或称为非接地接线和接地接线)。反接法取样位于高压端,为保障数字电路安全,可采用光耦隔离。正接法针对未接地试品,反接法针对接地试品,分别如图 3-23 和图 3-24 所示。

2. 测试仪主要参数分析

关于测试仪的最大输出电压方面,高压介质损耗因数测试仪的输出电压为 10 kV,绝缘油介质损耗因数测试仪的输出电压为 2 kV,超低频介质损耗因数测试仪的输出电压为 80 kV。这主要还是受仪器设备体积影响,输出容量有限。西林电桥和电流比较仪由外部提供电源,主要受输入电流限制,标准电容输入电流不超过 15 mA,被测试品电流不超过 10 A,采用分流器。

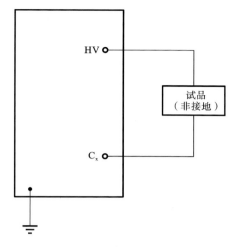

图 3-23　正接法接线方式　　　　　　图 3-24　反接法接线方式

关于测试仪的测量频率范围方面,高压介质损耗因数测试仪测量频率为 45～65 Hz,超低频介质损耗因数测试仪的频率为 0.01～0.1 Hz。从测量原理上看,西林电桥法适用于 0.1 MHz 以下,电流比较仪适用于 15 Hz～50 MHz,数字电桥主要受限于采样频率,最小测量频率需满足香农定理,采样率是被测频率的 2 倍。

关于测试仪能够测量的介质损耗因数范围和最小分辨率方面,西林电桥和电流比较仪的电容比率测量准确度级别为 0.001、0.002、0.005、0.01、0.02、0.05、0.1、0.2、0.5、1、2、5;介质损耗因数差值测量准确度级别为 0.5、1、2、5、10。数字式高压介质损耗因数测试仪电容准确度级别为 0.5、1、2、5、10;介质损耗因数差值测量准确度级别为 0.5、1、2、5、10。随着数字采样率和分辨率的提高,能够测得的介质损耗因数的有效位数得以增加。

关于测试仪的稳定性方面,西林电桥和电流比较仪应满足"在 2 年内符合原准确度级别基本误差"的规定,并且环境温度每变化 10 ℃所引起的电桥误差值的变化,应不大于电桥基本误差限值的 1/3。

3. 额定电压下介质损耗因素测量

高压电气设备额定电压下介质损耗因数测量系统由高压介质损耗因数测试仪、高压标准电容器及工频高压电源装置组成。高压标准电容器应满足额定工作电压不小于 $12U_m/\sqrt{3}$(U_m 为系统最高运行电压)。介质损耗因数应不大于 0.00005,电容量误差应不大于 0.2%。高压标准电容器电容量取值参照表 3-5。工频高压电源装置可采用谐振电源装置或高压试验变压器。无论采用何种方式都应满足输出电压测量误差不大于 2%,输出电压波形为正弦波,波形失真度不大于 3%。如果采用谐振电源装置,还应满足试验电压频率范围为 45～65 Hz,频率调节细度不大于 0.1 Hz。

表 3-5   高压标准电容器电容量取值

电压等级/kV	≤220	330	500	750	1000
高压标准电容器电容量/pF	100	50	50	50	20～30

测量过程中,应根据试品的接地状态选择测量回路的接线方式。不接地试品应优先选用正接线方式进行测量,也可以选用隔离反接线方式进行测量。试验电压从 10 kV 到 $U_\mathrm{m}/\sqrt{3}$ 的过程中,除 10 kV 和 $U_\mathrm{m}/\sqrt{3}$ 外,其他试验电压选点数不应少于 5 个。如果介质损耗因数-电压曲线出现拐点,应在拐点附近增加不少于 3 个测量点。对同一试品采用谐振电源装置作为工频高压电源装置进行试验时,试验频率和电压应尽量与上次试验频率和电压一致,或者将测量结果折算到同一频率下。进行试品试验结果判断时,应与试验初始值和前次值进行比较,必要时还应进行介质损耗因数-电压曲线的纵向比较。初始值可以是出厂值、交接试验值、早期试验值、设备核心部件或主体进行解体性检修之后的首次试验值。当试验结果异常时,应结合绝缘电阻试验、绝缘油分析和局部放电试验等结果进行综合判断。

1) 电力变压器套管/穿墙套管介质损耗因数测量

当测量装在三相变压器上的任一只电容型套管的介质损耗因数和电容量时,相同电压等级的三相绕组及中性点(若中性点有套管引出者)必须短接加压,非测量绕组各相短路接地。测量应采用非接地方式,将相应套管的末屏蔽引线接至高压介质损耗因数测试仪的"C"端逐相进行。变压器套管单相试验接线如图 3-25 所示。试验

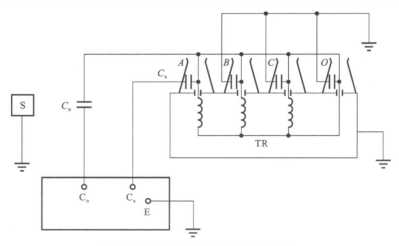

图 3-25   变压器套管单相试验接线图

S—工频高压电源装置;C_n—高压标准电容器;C_x—试品;TR—被试变压器;

C_n—高压介质损耗测试仪"C_n"端子;C_x—高压介质损耗因数测试仪"C_x"端子;

E—高压介质损耗因数测试仪"E"端子

电压应不超过变压器绕组中性点的额定电压。

如果高压介质损耗因数测试仪具有多通道测量功能,可以同时对三相或四相(含中性点)套管进行测量。变压器套管多通道测量试验接线如图 3-26 所示。试验电压应不超过变压器绕组中性点的额定电压。

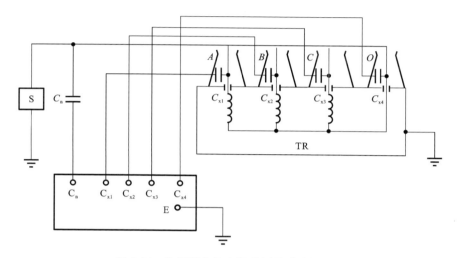

图 3-26　变压器套管多通道测量试验接线图

S—工频高压电源装置;C_n—高压标准电容器;C_{x1}、C_{x2}、C_{x3}、C_{x4}—试品;

TR—被试变压器;C_n—高压介质损耗因数测试仪"C_n"端子;

C_{x1}、C_{x2}、C_{x3}、C_{x4}—高压介质损耗因数测试仪"C_x"端子;E—高压介质损耗因数测试仪"E"端子

2) 电容型电流互感器介质损耗测量

当电容型电流互感器最外层有未屏蔽线引出时,将未屏蔽线接至高压介质损耗测试仪的"C"端,采用正接线进行一次绕组对未屏蔽线的介质损耗因数和电容量测量。电容型电流互感器试验接线如图 3-27 所示。

油浸式、倒置式电流互感器须采用接地方式测量,一次绕组短路加压,二次绕组短路及外壳接地。电流互感器反接线试验接线如图 3-28 所示。

3) 电容器介质损耗测量

电容器包括耦合电容器、电容式电压互感器的分压电容器和断路器均压电容器。测量耦合电容器和断路器均压电容器时,宜采用非接地方式进行,试验接线如图 3-29 所示。测量电容式电压互感器的分压电容器可采用非接地方式逐节进行。

多断口断路器均压电容器试验可采用单通道或多通道接线。单通道试验接线如图 3-30 所示,多通道试验接线如图 3-31 所示。

测量发电机应采用接地方式,发电机隔离反接线试验接线如图 3-32 所示。

额定电压下高压套管介质损耗因数(20 ℃)不应超过表 3-6 规定的值。

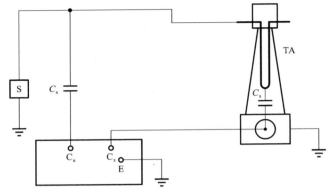

图 3-27　电容型电流互感器试验接线图

S—工频高压电源装置；C_n—高压标准电容器；TA—电容型电流互感器；C_x—试品；
C_n—高压介质损耗因数测试仪"C_n"端子；C_x—高压介质损耗因数测试仪"C_x"端子；
E—高压介质损耗因数测试仪"E"端子

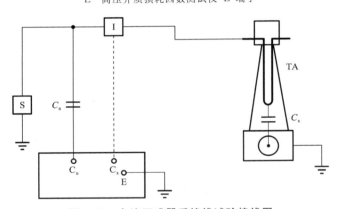

图 3-28　电流互感器反接线试验接线图

S—工频高压电源装置；I—隔离传感器；C_n—高压标准电容器；TA—电容型电流互感器；C_x—试品；
C_n—高压介质损耗因数测试仪"C_n"端子；C_x—高压介质损耗因数测试仪"C_x"端子；
E—高压介质损耗因数测试仪"E"端子

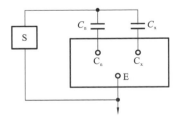

图 3-29　正接线方式原理图

S—工频高压电源装置；C_n—高压标准电容器；C_x—试品；C_n—高压介质损耗因数测试仪"C_n"端子；
C_x—高压介质损耗因数测试仪"C_x"端子；E—高压介质损耗因数测试仪"E"端子

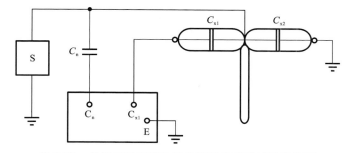

图 3-30　多断口断路器均压电容器单通道试验接线图

S—工频高压电源装置；C_n—高压标准电容器；C_{x1}、C_{x2}—断路器均压电容器；
C_n—高压介质损耗因数测试仪"C_n"端子；C_{x1}—高压介质损耗因数测试仪"C_{x1}"端子；
E—高压介质损耗因数测试仪"E"端子

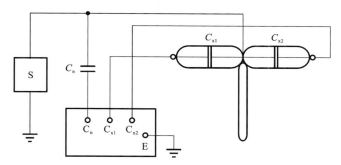

图 3-31　多断口断路器均压电容器多通道试验接线图

S—工频高压电源装置；C_n—高压标准电容器；C_{x1}、C_{x2}—断路器均压电容器；
C_n—高压介质损耗因数测试仪"C_n"端子；C_{x1}、C_{x2}—高压介质损耗因数测试仪"C_{x1}"和"C_{x2}"端子；
E—高压介质损耗因数测试仪"E"端子

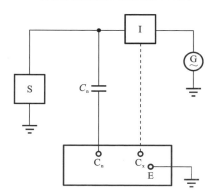

图 3-32　发电机隔离反接线试验接线图

S—工频高压电源装置；I—隔离传感器；C_n—高压标准电容器；
C_n—高压介质损耗因数测试仪"C_n"端子；C_x—高压介质损耗因数测试仪"C_x"端子；
G—发电机；E—高压介质损耗因数测试仪"E"端子

表 3-6　额定电压下高压套管介质损耗因数最大值(20 ℃)

电压等级/kV	额定电压下介质损耗因数最大值
126/72.5	0.01
363/252	0.008
≥500	0.007

注:测量电压从 10 kV 到 $U_m/\sqrt{3}$,介质损耗因数的变化量不大于±0.0015。电容量初始值差不超过±5%。

额定电压下电容型电流互感器介质损耗因数(20 ℃)不应超过表 3-7 规定的值。

表 3-7　额定电压下电容型电流互感器介质损耗因数最大值(20 ℃)

电压等级/kV	额定电压下介质损耗因数最大值
126/72.5	0.01
363/252	0.008
≥500	0.007

注:测量电压从 10 kV 到 $U_m/\sqrt{3}$,介质损耗因数的变化量不大于±0.0015。电容量的变化量不得大于 1%,如不满足,互感器不应继续运行。

额定电压下电容器介质损耗因数(20 ℃)不应超过表 3-8 规定的值。

表 3-8　额定电压下电容器介质损耗因数最大值(20 ℃)

绝缘介质类型	额定电压下介质损耗因数最大值
油纸绝缘	0.005
膜纸复合绝缘	0.002

注:(1) 电容式电压互感器分压电容器电容量与初始值之差不超过±2%;

　　(2) 耦合电容器和断线器均压电容器电容量与初始值之差不超过±5%。

环氧云母同步发电机额定电压下介质损耗因数试验结果应满足以下要求:整相绕组(或分支)的 $\Delta\tan\delta$ 值、$\tan\delta$ 值和电容增加率 ΔC 应小于表 3-9 规定的值;单根线棒的 $\Delta\tan\delta$ 值、$\tan\delta_N$ 值和电容增加率 ΔC 应小于表 3-10 规定的值。

表 3-9　整相绕组(或分支)的 $\Delta\tan\delta_N$ 值、$\tan\delta_N$ 值和电容增加率 ΔC

定子电压等级/kV	$\Delta\tan\delta_N$	$\tan\delta_N$	$\Delta C/(\%)$
10.5～24	0.04	0.06	8

表 3-10　单根线棒的 $\Delta\tan\delta$ 值、$\tan\delta_N$ 值和电容增加率 ΔC

定子电压等级/kV	$\Delta\tan\delta_N$	$0.8U_N$ 和 $0.2U_N$ 电压下 $\tan\delta$ 的差值	$\Delta C/(\%)$	
			$0.8U_N$ 电压下	$0.2U_N$ 电压下
10.5～24	0.04	0.06	8	10

3.3.2　高压介质损耗因数测试仪的校准方法

介质损耗因数测试仪校准项目包括输出电压示值校准、输出频率示值校准、电容量和介质损耗因数示值校准。其中电容量和介质损耗因数是最主要的计量参数,输出电压和输出频率的校准是为了保障测量获得的电容量和介质损耗因数为规定条件下的值。

校准过程按图 3-33 所示的方式进行接线,输出电压频率设置为 50 Hz,校准点为 1 kV、2 kV、5 kV、8 kV、10 kV,被校介质损耗因数测试仪输出电压有效值示值为 U_x,标准装置示值为 U_N。被校介质损耗因数测试仪的输出电压示值误差按式(3-43)计算:

$$\Delta U = U_x - U_N \tag{3-43}$$

式中:ΔU 为输出电压有效值示值误差,V 或 kV;U_x 为被校介质损耗因数测试仪电压有效值示值,V 或 kV;U_N 为标准装置的电压示值,V 或 kV。

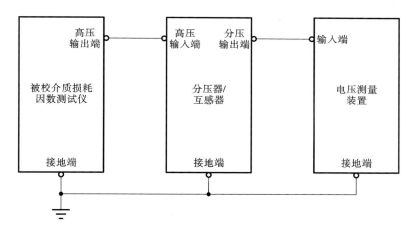

图 3-33　电压示值误差校准方法参考接线示意图

按图 3-34 所示的方式接线,被校介质损耗因数测试仪输出电压设定为 10 kV,输出频率 f_x 的校准点分别设置为最大输出频率、最小输出频率和 50 Hz,标准装置显示频率为 f_N,被校介质损耗因数测试仪的输出频率示值误差按式(3-44)计算:

$$\Delta f = f_x - f_N \tag{3-44}$$

式中:Δf 为输出频率示值误差,Hz;f_x 为被校介质损耗因数测试仪输出频率示值,Hz;f_N 为标准装置频率示值,Hz。

电容量和介质损耗因数分别按非接地方式(正接法)校准和接地方式(反接法)校准,图 3-35、图 3-36 所示的分别是非接地方式校准和接地方式校准。需要特别说明的是,现场测试中,被校介质损耗因数测试仪测量对象接地时,被校介质损耗因数测

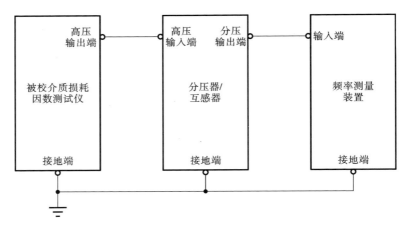

图 3-34　频率示值误差校准方法参考接线示意图

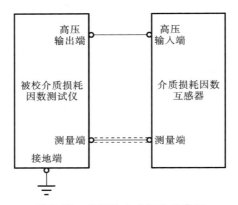

图 3-35　非接地方式校准示意图

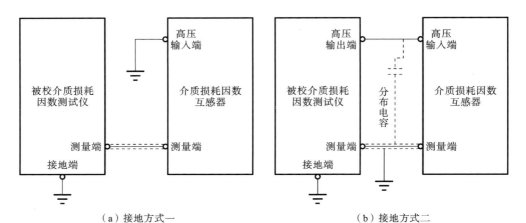

（a）接地方式一　　　　　　　　　　　（b）接地方式二

图 3-36　接地方式校准示意图

试仪采用接地方式接线测量,被校介质损耗因数测试仪测量对象非接地时,被校介质损耗因数测试仪采用非接地方式测量。接地方式校准接线根据介质损耗因数测试仪的原理可以选择图 3-36(a)或图 3-36(b)中的一种进行。

不同电容量的试验电压要求如表 3-11 所示。电容量校准点应包括 100 pF、500 pF、1 nF、5 nF、10 nF、50 nF、100 nF、500 nF。介质损耗因数校准点可按表 3-12 进行选取。

表 3-11 　不同电容量对应试验电压

电容量	100 pF	500 pF	1 nF	5 nF	10 nF	50 nF	100 nF	500 nF
试验电压	10 kV	10 kV	10 kV	8 kV	8 kV	8 kV	2 kV	1 kV

表 3-12 　介质损耗因数校准点

电压	电容量	介质损耗因数
10 kV	100 pF	0、0.0002、0.0005、0.001、0.002、0.005、0.01、0.02、0.05、0.1
10 kV	500 pF	0.001、0.002、0.005、0.01、0.02、0.05、0.1
10 kV	1 nF	0.001、0.002、0.005、0.01、0.02、0.05、0.1
8 kV	5 nF	0.001、0.002、0.005、0.01、0.02、0.05、0.1
8 kV	10 nF	0.001、0.002、0.005、0.01、0.02、0.05、0.1
8 kV	50 nF	0.001、0.002、0.005、0.01、0.02、0.05、0.1
2 kV	100 nF	0.001、0.002、0.005、0.01、0.02、0.05、0.1
1 kV	500 nF	0.001、0.002、0.005、0.01、0.02、0.05、0.1

被校介质损耗因数测试仪测得电容量为 C_x,标准装置设定电容量为 C_N,被校介质损耗因数测试仪的电容量误差按式(3-45)计算:

$$\Delta C = C_x - C_N \tag{3-45}$$

式中:ΔC 为电容量示值误差,pF 或 nF;C_x 为被校介质损耗因数测试仪电容量示值,pF 或 nF;C_N 为标准装置的电容量值,pF 或 nF。

被校介质损耗因数测试仪测得介质损耗因数为 D_x,标准装置设定介质损耗因数为 D_N,被校介质损耗因数测试仪的介质损耗因数误差按式(3-46)进行计算:

$$\Delta D = D_x - D_N \tag{3-46}$$

式中:ΔD 为介质损耗因数示值误差;D_x 为被校介质损耗因数测试仪介质损耗因数示值;D_N 为标准装置的介质损耗因数值。

传统的串联型高压介质损耗因数标准器如图 3-37 所示,由高压气体标准电容器和一系列不同阻值的电阻串联而成。首先通过介质损耗因数计算公式 $D = \omega RC$ 计算出每个介质损耗因数参考点对应电阻值的大致范围,然后使用高压电容电桥及标准电容器对该介质损耗因数标准器进行逐点标定,依据测量结果对电阻值进行增减,最后获得所需的介质损耗因数值。该结构的优点是结构比较简单,易于实现。

这种方法的缺点是介质损耗因数参考值 D 稳定性较差,首次制作后短时间内能满足技术指标要求,使用时间超过 1 年后大部分只能依赖于高压电容电桥和标准电容器重新标定每个挡位的量值。

早期有 DB-M10/100 介质损耗因数标准。该介质损耗因数标准器提供一个 100 pF 的标准电容值,以及 0.5%、1%、5% 三个介质损耗因数标准值,额定电压为 10 kV。该介质损耗因数标准器由壳、高压套管、高压标准电容器、串联电阻器组成,电路和面板布置如图3-38 所示。使用时应按三电极方式接线,DB-M10/100 的技术指标如下:环境温度 0~40 ℃,相对湿度 10%~80%,额定电压 10 kV,额定频率 50 Hz,电容量(100±1) pF。

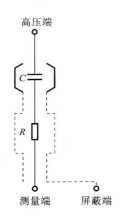

图 3-37 传统的串联型高压介质损耗
因数标准器结构示意图

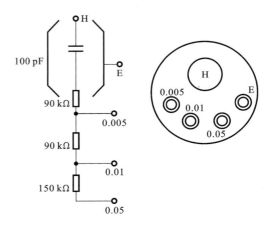

图 3-38 DB-M10/100 结构原理

3.3.3 高压介质损耗因数标准器改进设计

1. 传统模型

传统的串联型介质损耗因数标准器的优点是结构比较简单,易于实现。其缺点是能量损耗大,对电阻功率和散热要求高。同时由于不能很好地控制高压电容器及串联电阻的分布参数影响,造成介质损耗因数参考值 D 稳定性较差,只能依赖于实时标定。针对此结构的高压介质损耗因数标准器开展大量校准试验后,所得结果表明,出现超出其最大允许误差的情形是较为普遍的现象。

传统的串联型介质损耗因数标准器等效电路如图 3-39 所示,其可被视作一个三端网络,除主电容 C_{10} 和低压电阻 R 外,还有三个对地分布电容 C_{13}、C_g 和 C_{23}。

图 3-39 中 C_{13} 为"高压端 1"对地的分布电容；C_g 为电容和电阻的"连接点 0"对地的分布电容；C_{23} 为测量端对地的分布电容；$C_{10}(1-D_{10}j)$ 为介质损耗因数标准器主电容，电容量为 C_{10}，介质损耗因数为 D_{10}；R 为串联低压电阻。

C_g 是电容器和电阻的连接处对地总分布电容，是直接影响介质损耗因数标准器介质损耗因数值的重要因素，串联电导和各分布电容对标准器的电容值和损耗因数的影响可通过图 3-40 所示的等效电路来计算。将由标准电容器的电容 $C_{10}(1-D_{10}j)$、低压电阻器的电阻 R 以及连接器的电容 C_g 组成的 T 型网络，通过 Y-△ 网络变换，可进一步等效为由 G_{13}、G_{12} 和 G_{23} 组成的△电路。

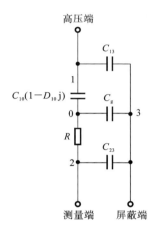

图 3-39　串联型介质损耗因数
标准器等效电路

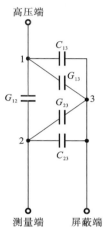

图 3-40　传统的串联型高压介质损耗
因数标准器分布参数示意图

2. 公式推导

设 G_1、G_2、G_3 分别为 $C_{10}(1-D_{10}j)$、R、C_g 的等效电导，分别由式（3-47）、式（3-48）、式（3-49）计算：

$$G_1 = j\omega C_{10}(1-jD_{10}) \tag{3-47}$$

$$G_2 = 1/R \tag{3-48}$$

$$G_3 = j\omega C_g \tag{3-49}$$

由此推导出高压端与测量段间的等效电导值，由式（3-50）计算：

$$G_{12} = \frac{j\omega C_{10}(1-D_{10}j)\dfrac{1}{R}}{j\omega C_{10}(1-D_{10}j)+\dfrac{1}{R}+j\omega C_g} = \frac{j\omega C_{10}(1-D_{10}j)}{j\omega R C_{10}(1-D_{10}j)+1+j\omega R C_g}$$

$$= \frac{j\omega C_{10}(1-D_{10}j)}{j\omega R C_{10}+\omega R C_{10}D_{10}+1+j\omega R C_g} \approx \frac{j\omega C_{10}(1-D_{10}j)}{j\omega R(C_{10}+C_g)+1} \tag{3-50}$$

设

$$D_{20} = \omega R(C_{10} + C_g) \tag{3-51}$$

代入式(3-50)得:

$$G_{12} = \frac{\mathrm{j}\omega C_{10}(1 - D_{10}\mathrm{j})}{1 + D_{20}\mathrm{j}} \approx \frac{\mathrm{j}\omega C_{10}[1 - \mathrm{j}(D_{20} + D_{10})]}{1 + D_{20}^2} \tag{3-52}$$

由于图 3-40 中 2、3 点在标准器使用时电位可以视为相等,因此可以忽略 G_{13} 和 G_{23} 对测量端电流值的影响。C_{23} 值极小,对测量端电流值的影响也可忽略不计,故串联型介质损耗因数标准器可等效为一个介质损耗因数 D 为 $(D_{20} + D_{10})$、电容量为 $C/(1 + D_{20}^2)$ 的电容器。

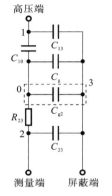

图 3-41　改进后的高压介质损耗因数标准器原理图

高压主电容器为三端结构,其对地分布电容 C_g 为 30~60 pF,在不同电压下该参数的实际值并不十分稳定,受环境因素影响较大,实测变化量 ΔC_g 为 5~15 pF。根据电路模型分析结果可知,C_g 变化(通常 10 pF 左右)对介质损耗因数值 D 的影响十分明显。

3. 改进方案设计

为消除 C_g 影响,并减小电阻 R 功耗,提高匹配电阻 R 的稳定性,在 C_g 两端并联一个大电容 C_{g2}。图 3-41 为改进后的高压介质损耗因数标准器原理图。为最大限度地控制分布电容 C_g 对标准介质损耗因数的影响,在主电容低压端与屏蔽输出端子之间并入分压电容 C_{g2},其电容量为 C_{10} 的 100 倍。

其特点在于通过增大合成分布电容 C_g 的电容量,有效地降低主电容原固有分布电容的对地分布电容 C_g 对整个测量支路的影响;同时通过阻抗分压作用降低匹配电阻 R_{23} 的工作电压,而且可以降低匹配电阻 R 的阻值,达到降低功耗、提高稳定性的目的。

$$D = \omega R_{23}(C_{10} + C_g) + D_0 \tag{3-53}$$

$$R_{23} = (D - D_0)/[\omega(C_{10} + C_g)] \tag{3-54}$$

此外随着分压电容 C_{g2} 的引入,结合式(3-53)和式(3-54)可以得到不同 D 对应的匹配电阻 R_{23} 的值,理论计算值如表 3-13 所示。

表 3-13　理论计算值

$D_{设计值}$	C_{10}/pF	C_g'/pF	C_{g2}/pF	R_{23}/Ω	C_g/pF	D'	$D' - D$
0.005%	99.65	44.00	1000	7.528	59.00	0.0050%	0.000%
0.010%	99.65	44.00	1000	23.210	59.00	0.0100%	0.000%
0.020%	99.65	44.00	1000	54.575	59.00	0.0200%	0.000%

续表

D设计值	C_{10}/pF	C_g'/pF	C_{g2}/pF	R_{23}/Ω	C_g/pF	D'	$D'-D$
0.050%	99.65	44.00	1000	148.669	59.00	0.0501%	0.0001%
0.100%	99.65	44.00	1000	305.49	59.00	0.1001%	0.0001%
0.200%	99.65	44.00	1000	619.14	59.00	0.2003%	0.0003%
0.500%	99.65	44.00	1000	1560.08	59.00	0.5007%	0.0007%
1.00%	99.65	44.00	1000	3128.4	59.00	1.0015%	0.0015%
2.00%	99.65	44.00	1000	6264.9	59.00	2.0030%	0.0030%
5.00%	99.65	44.00	1000	15674.6	59.00	5.0074%	0.0074%
10.00%	99.65	44.00	1000	31357.5	59.00	10.0148%	0.0148%

如表 3-13 所示,改进后的高压介质损耗因数标准器增大了合成分布电容值 C_g,将匹配电阻阻值降低了约两个数量级,大大降低了对匹配电阻的要求,有利于整体损耗值稳定性的提高。

4. 标准器虚拟法设计

标准器虚拟法的核心设计思路在于通过改变输入电压与输出电流的幅值比、相位差来模拟电容型设备的电容量和介质损耗因数。本书在设计过程中,摆脱了以往的实物模型的束缚,充分应用数字电路技术引入虚拟介质损耗因数装置,如图 3-42 所示。

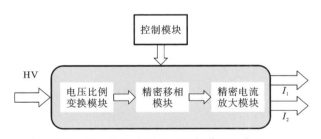

图 3-42　虚拟介质损耗因数装置示意图

被检介质损耗因数测试仪施加的电压首先进入电压比例变换模块,电压比例变换模块包括不同额定电压的 0.05 级精密电压互感器,可以根据被检介质损耗因数测试仪输出电压等级进行选择,将高压信号转化为低压信号。

低压信号进入精密移相模块,精密移相模块主要由云母电容和精密电阻组成,通过改变电阻阻值实现移相。

移相后信号进入精密电流放大模块,精密电流放大模块主要由 V-I 变换电路和精密电流放大器组成,信号流经基于仪表运算放大器的 V-I 变换电路、精密电流放大模块,最后以输出电流模式进入被检介质损耗因数测试仪的测量端,通过改变输入电压信号与输出电流的幅值比和相位差,获得不同的电容量和介质损耗因数。

设介质损耗因数测试仪的试验电压为 U,虚拟介质损耗因数标准器输出电流为 I,U 和 I 的相位差为 θ,模拟的电容量为 C,模拟的介质损耗因数为 D,则

$$C = \frac{|I|}{\omega|U|} \tag{3-55}$$

$$D = \tan(90° - \theta) \tag{3-56}$$

5. 量程标定和工艺设计

参考《高压电容电桥检定规程》(JJG 563—2004)中的建议,本书中研制的介质损耗因数标准器的容量和额定电压如表 3-14 所示。

表 3-14　介质损耗因数标准器配置

序　号	电　容　量	额　定　电　压	介质损耗因数量程
1	100 pF	10 kV	0～0.1
2	500 pF	10 kV	0.001～0.05
3	5000 pF	8 kV	0.001～0.05
4	50 nF	6 kV	0.001～0.05
5	500 nF	2 kV	0.001～0.05

大电容量电容器只能采用平板式结构,而绝缘介质材料最好采用云母或聚四氟乙烯。使用云母制作时,要有大面积云母片,达到一定厚度才能满足额定电压 10 kV 的要求。而聚四氟乙烯是有机材料,厚度和单片面积都能满足要求,唯一不足之处是 ε 比云母的小,必须加大电容器体积。

整体标准器的设计方案如下:

(1) 在选取介质材料后,首先详细测出介电常数 ε,要求其测量准确度达 $\pm 0.05\%$。用不锈钢板材按一定面积组成简易平板电容,极间距离为 1 mm,介质为空气。用能保证测量准确度的相应电桥,测量出其电容量 C_1。然后,用 1 mm 厚的介质材料放在两片极板之间,再次测得其电容量 C_2,那么可以近似认为:$\varepsilon = C_2/C_1$。

(2) 精确计算 100 pF、500 pF、5000 pF、50 nF、500 nF 各挡电容值(C_{12})相应的电极结构尺寸、极间距离、绝缘柱、连接柱等结构设计。

(3) 根据 C_{12} 电容量确定 C_{g2} 的电容量,本书中使用的是 1 nF、额定电压 200 V 的云母电容。

(4) 根据式(3-53)和式(3-54)计算各挡 $\tan\delta$ 名义值的相应电阻值。

(5) 电容器耐压、防潮工艺处理。

(6) 电阻器人工老化处理。

（7）总装配、精密调试。

6. 控制及显示电路设计

主控单元用于根据接收的指令向继电器模块发送控制信号，控制继电器模块实现不同介质损耗值的切换，同时通过 LED 发光二极管显示介质损耗值。主控单元选用 STC89C52 芯片，其工作电压为 3.3～5.5 V，存储空间包括 8 KB Flash，512 B RAM，32 位 I/O 口线（可复用）。

电源单元用于给主控电路和继电器切换电路进行供电。由于高压介质损耗因数测试仪输入电压高，可能来源于工频，进而对工频信号产生干扰，因此选用移动电源进行供电，从而减少工频电源可能带来的干扰以及实现数字电路和模拟电路的地隔离。移动电源由 USB 接口实现供电，通过稳压芯片后输出 5 V 供电，USB 接口不仅能够供电还能够烧写程序。图 3-43 为电源供电系统原理图。

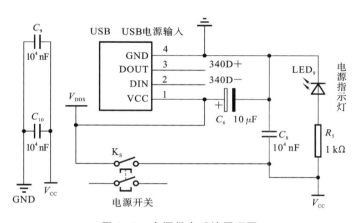

图 3-43　电源供电系统原理图

通信模块如图 3-44 所示，采用红外控制。红外通信具有抗干扰能力强、传输准确度高、体积小、功率低等特点，适合室内近距离通信。对于传统手动式切换介质损耗值，在 10 kV 的试验区域进行频繁操作存在极大的安全隐患，红外控制有效地解决这个问题，大幅提高了试验安全性。通过选择不同的按键来控制多种介质损耗值进行远程切换。红外通信包括信号发送和信号接收。红外通信的发送部分主要是

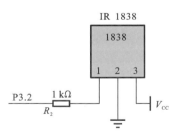

图 3-44　红外接收模块原理图

把待发送的数据转换成一定格式的脉冲，然后驱动红外发光管向外发送数据。接收部分则是完成红外线的接收、放大、解调，还原成"同步发射格式相同，高、低电位刚好相反"的脉冲信号，其主要输出 TTL 兼容电平。最后通过解码把脉冲信号转换成数

据,从而实现数据的传输。红外传输数据包括引导码、用户码、数据编码和数据反码。

显示单元采用 6 位数码管动态显示,显示介质损耗因数标准器当前状态的介质损耗因数标称值。动态显示相对静态显示占用 I/O 口少。动态显示的特点是将所有位数码管的段选线并联在一起,由位选线控制 1 位数码管有效,不需要每一位数码管配 1 个锁存器,从而大大地简化了硬件电路。动态显示的原理在于利用发光管的余辉和人眼视觉暂留作用,使人的感觉好像各位数码管同时都在显示。

继电器切换单元部分,通过主控电路输出控制室信号,控制继电器进行切换,实现介质损耗值挡位的切换。继电器有效地将强电和弱电隔离开来,保护控制电路。

综上,本节按照介质损耗测试仪的工作原理和工作方式,对串联型介质损耗因数模型中影响测量结果的各项参数进行了深入分析。针对传统介质损耗因数标准装置在原理、功能上的欠缺之处,开创性地推出了电压电流幅值比及相位差动态调节的虚拟法,并且还提出了组合式实物法这一高压介质损耗因数标准装置优化技术。由此,不仅解决了电容量挡位单一、介质损耗因数范围受限以及高电压与大电容相互制约等一系列难题,还降低了对地分布电容对电容量的影响,显著增强了标准装置的稳定性。同时,利用红外控制技术实现了非接触式切换挡位,从而大幅提升了试验操作的安全性。

3.4 小　　结

本章围绕介质损耗因数相关量值溯源体系进行了介绍,以高压介质损耗因数测试仪的校准实现为引子,并专门对介质损耗因数、高压电容电桥、高压电容器的量值溯源进行了介绍,阐述了介质损耗因数的测量原理及方法,全面分析了高压介质损耗因素量值溯源体系,进而探讨高压介质损耗因数测试仪校准方案。

第4章 典型高压试验仪器校准技术

在国内尚无研究机构就高压试验仪器计量装置和校验方法开展针对性、系统性研究的背景下,中国电力科学研究院系统梳理了典型的高压试验仪器校准需求,进行了测量原理分析、校准标准及方法的研究,形成一系列满足时代背景需求的科研成果,有效支撑了高压试验仪器设备的量值溯源工作。本章选取了部分典型高压试验仪器校准装置,对相关校准技术内容进行了介绍。

4.1 工频线路参数测试仪校准技术

工频线路参数测试仪的测量目的和工作原理具有一定的特殊性,本节从工频线路参数测试仪的工作原理、传统的工频线路参数测试仪检定方法(即实物阻抗法)、工频线路参数测试仪标准装置设计原理(即虚拟复阻抗法)三个方面出发,对工频线路参数测试仪校准技术涉及的理论背景和实践依据进行介绍。

4.1.1 工频线路参数测试仪校准方法

目前,输电线路参数的测量工作多采用工频法或异频法,工频线路参数测试仪在工作原理上也相应地分为工频法测量和异频法测量[74]。工频法测量是把工频电源施加到被测输电线路上,通过模拟采样、滤波,然后测量并计算出线路工频参数值;异频法测量是把异频电源施加到被测输电线路上,通过模拟采样、滤波,利用快速傅里叶变换(FFT)等算法得出异频电压、电流及相位,最后进行计算,得出归算到工频下的线路参数值。工频线路参数测试仪测量的主要参数包括输电线路的零序电容、正序电容、零序阻抗、正序阻抗。

1. 输电线路零序电容的测量方法

图 4-1 为工频线路参数测试仪对输电线路的零序电容进行测量的接线图。按图 4-1 所示的接线方式接线,由工频线路参数测试仪向输电线路注入单相激励电流,对注入电流 I_A 和反馈电压 U_A(相对 U_N 参考点)进行采集、计算,并根据关系式 $U_A = 3I_A(1/j\omega C_0')$ 计算出零序电容 C_0'。

2. 输电线路正序电容的测量方法

图 4-2 为工频线路参数测试仪对输电线路的正序电容进行测量的接线图。按图 4-2 所示的接线方式接线,由工频线路参数测试仪向输电线路注入三相激励电

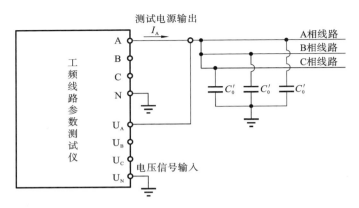

图 4-1　输电线路零序电容测量接线图

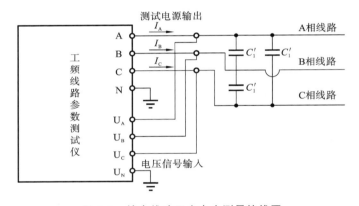

图 4-2　输电线路正序电容测量接线图

源,对注入电流 I_A、I_B、I_C 和反馈电压 U_{AB}、U_{BC}、U_{CA} 进行采集、计算,并根据关系式 $U=\sqrt{3}I(1/j\omega C'_1)$ 计算出正序电容 C'_1,其中,$U=(U_{AB}+U_{BC}+U_{CA})/3$,$I=(I_A+I_B+I_C)/3$。

3. 输电线路零序阻抗的测量方法

图 4-3 为工频线路参数测试仪对输电线路的零序阻抗进行测量的接线图。按图 4-3 所示的接线方式接线,由工频线路参数测试仪向输电线路注入单相激励电源,对注入电流 I_A 和反馈电压 U_A（相对 U_N 参考点）进行采集、计算,并根据关系式 $U_A=3I_A(j\omega L'_0+R'_0)$ 对零序阻抗的零序电感分量 L'_0 和零序电阻分量 R'_0 进行计算。

4. 输电线路正序阻抗的测量方法

图 4-4 为工频线路参数测试仪对输电线路的正序阻抗进行测量的接线图。按图 4-4 所示的接线方式接线,由工频线路参数测试仪根据当前接线向输电线路注入三

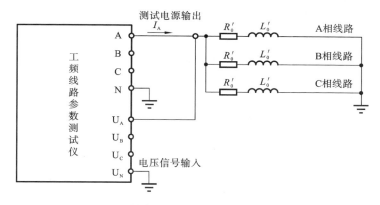

图 4-3　输电线路零序阻抗的测量接线图

相激励电源,对注入电流 I_A、I_B、I_C 和反馈电压 U_{AB}、U_{BC}、U_{CA} 进行采集、计算,并根据关系式 $U=\sqrt{3}I(j\omega L'_1+R'_1)$ 对"正序阻抗"的正序电感分量 L'_1 和正序电阻分量 R'_1 进行计算,其中,$U=(U_{AB}+U_{BC}+U_{CA})/3$,$I=(I_A+I_B+I_C)/3$。

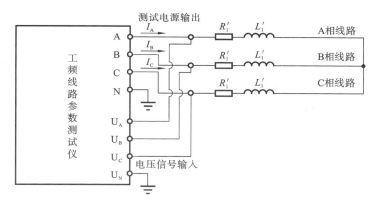

图 4-4　输电线路正序阻抗的测量方法

4.1.2　基于实物阻抗法检定方法

　　传统的工频线路参数测试仪检定方法,即实物阻抗法的主要特点是:以一组量值相对稳定的实物标准电容和实物标准电阻为基础,进行各种排列组合,模拟标准的工频线路参数,用于对工频线路参数测试仪的零序电容、正序电容、零序阻抗、正序阻抗测量功能进行检定。

1. 零序电容测量的检定

　　图 4-5 为传统实物阻抗法对被检工频线路参数测试仪的零序电容测量进行检定的接线图。传统实物阻抗法以经过量值溯源的精密电容 C_0 作为实物标准,提供给被

检工频线路参数测试仪进行测量,被检工频线路参数测试仪将会得到测量结果 $C_{0示值}$,通过上述过程可以计算出被检工频线路参数测试仪的零序电容测量误差 $C_{0误差}=C_{0示值}-C_0$,进而达到对被检工频线路参数测试仪的零序电容测量功能进行检定的目的。

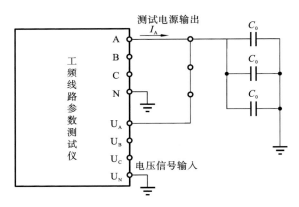

图 4-5 零序电容测量检定接线图

2. 正序电容测量的检定

图 4-6 为传统实物阻抗法对被检工频线路参数测试仪的正序电容测量功能进行检定的接线图。传统实物阻抗法以经过量值溯源的精密电容 C_1 作为实物标准,提供给被检工频线路参数测试仪进行测量,被检工频线路参数测试仪将会得到测量结果 $C_{1示值}$,通过上述过程可计算出被检工频线路参数测试仪的正序电容测量误差 $C_{1误差}=C_{1示值}-C_1$,进而达到对被检工频线路参数测试仪的正序电容测量功能进行检定的目的。

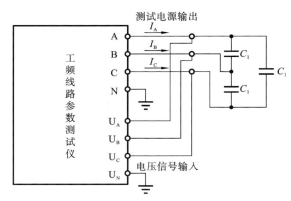

图 4-6 正序电容测量检定接线图

3. 零序阻抗测量的检定

图 4-7 为传统实物阻抗法对被检工频线路参数测试仪的零序阻抗测量功能进行检定的原理图。传统"实物阻抗法"仅以经过量值溯源的精密电阻 R_0 作为实物标准，提供给被检工频线路参数测试仪进行测量，被检工频线路参数测试仪将会得到测量结果 $R_{0示值}$，通过上述过程可计算出被检工频线路参数测试仪的零序阻抗测量误差 $R_{0误差} = R_{0示值} - R_0$，进而达到对被检工频线路参数测试仪的零序阻抗测量功能进行检定的目的。需要说明的是，图 4-7 所示的方法不能对被检工频线路参数测试仪的零序电感分量测量功能进行检定。

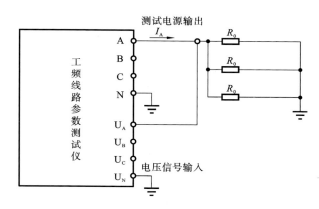

图 4-7　零序阻抗测量检定接线图

4. 正序阻抗测量的检定

图 4-8 为传统实物阻抗法对被检工频线路参数测试仪的正序阻抗测量功能进行检定的原理图。传统实物阻抗法仅以经过量值溯源的精密电阻 R_1 作为实物标准，提供给被检工频线路参数测试仪进行测量，被检工频线路参数测试仪将会得到测量结果 $R_{1试品}$，通过上述过程可计算出被检工频线路参数测试仪的正序阻抗测量误差 $R_{1误差} = R_{1试品} - R_1$，进而达到对被检工频线路参数测试仪的正序阻抗测量功能进行检定的目的。需要说明的是，图 4-8 所示的方法不能对被检工频线路参数测试仪的正序电感分量测量功能进行检定。

5. 传统实物阻抗法的不足分析

如上所述为采取实物阻抗法开展零序电容、正序电容、零序阻抗、正序阻抗检定工作的主要工作原理。采用传统的实物阻抗法不能满足对工频线路参数测试仪全面检定的需求，其原因主要在于以下两个方面。

（1）传统实物阻抗法开展工频线路参数测试仪的检定工作时，是以经过量值溯源的精密电阻和精密电容作为实物标准，其不足主要在于：检定工作需要多个实物精

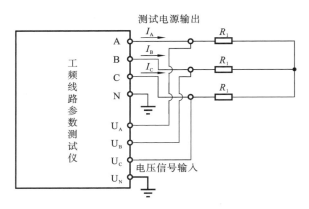

图 4-8 正序阻抗测量检定接线图

密电阻和精密电容以组成不同的标准值,这样对实物标准的数量需求较大,所以实际检定工作中实物标准的取值范围很难满足检定工频线路参数测试仪的需要;由于被检工频线路参数测试仪的输出电流较大(往往会大于 1 A),在这种情况下,相应地需要选择大容量的精密电阻和精密电容作为实物标准,而大容量的精密电阻和精密电容是不容易获得的,主要体现在大容量电阻和电容的准确度、稳定性不易保证,所以实际检定工作中实物标准的准确度也不能很好地满足检定工频线路参数测试仪的需要。

(2)通过传统的实物阻抗法对工频线路参数测试仪的零序阻抗和正序阻抗测量功能进行检定时(见图 4-7、图 4-8),往往仅能对被检工频线路参数测试仪的零序阻抗分量、正序阻抗分量测量功能进行检定,而不能对其零序电感分量、正序电感分量进行检定。其原因主要在于:如果进一步开展零序电感、正序电感分量测量功能的检定工作,按照传统的实物阻抗法的设计思路,需要添加经过量值溯源的精密电感作为实物标准,而大容量的实物精密电感相对于实物精密电阻和实物精密电容在技术上更难实现,不仅量值覆盖范围很难满足检定工频线路参数测试仪的需要,而且在大容量前提下,其准确度、稳定性相对于精密电阻和精密电容更难保证。

4.1.3 基于虚拟复阻抗法校准方法

1. "四端法"测量原理

工频线路参数测试仪多采用四端法,其测量原理如图 4-1 至图 4-4 所示,以图 4-1 为例进行说明:图 4-1 中测试电流 I_A 从工频线路参数测试仪的电源激励端子 A 输出,经输电线路零序电容回路后经大地流回到 N 端子,而输电线路零序电容回路两端的电压信号则分别经另外两条回路反馈到工频线路参数测试仪的电压输入端子 U_A 和 U_N,上述测量过程即采用了四端法测量原理,也就是,尽管被测输电线路零序电容回路整体上看进去为二端口网络,但是工频线路参数测试仪的电流输出回路和电压测量回路分别设计了相互电气隔离的测量端子,即电流输出端子 A 和 N、电压测量端子 U_A 和 U_N 是两组相互电气隔离的测量回路。工频线路参数测试仪的四端法测量原理是设计基于虚拟复阻抗法的工频线路参数测试仪标准装置的必要前提条件。

2. 基于虚拟复阻抗法的工频线路参数测试仪标准装置

目前大多数工频线路参数测试仪是基于四端法测量原理,虚拟复阻抗法针对这一特点来模拟工频电路参数,并基于该原理研制工频线路参数测试仪标准装置[75][76]。

所谓虚拟复阻抗法,其核心思路就是:针对被检工频线路参数测试仪电源端子输出的电流,本标准装置利用模拟电子技术等对该电流信号进行调理,并反馈输出电压信号,该电压和输入电流的函数关系能合理等效为工频线路参数,也就是该函数关系符合电容、电感、电阻的混合电路的输入与输出关系。虚拟复阻抗法和传统的实物阻抗法既具有等效性,也具有差别性。

两种方法的等效性在于:均可以实现标准复阻抗的输入与输出函数关系,也就是针对来自被检工频线路参数测试仪的电流激励,两种方法的输出电压和电流之间的函数关系均能体现为容抗、感抗、电阻或复阻抗函数关系,并且两种方法实现的标准复阻抗均能经上级计量机构进行量值溯源。

两种方法的差别性在于:虚拟复阻抗法并不像实物阻抗法那样从被检工频线路参数测试仪吸收实际的视在功率,而且在具体实现上更加灵活方便,准确度更高。

虚拟复阻抗法相对于传统的实物阻抗法的优点主要在于:可以有效解决传统的实物阻抗法的不足,不仅可以对工频线路参数测试仪的零序电容、正序电容、零序阻抗、正序阻抗测量功能进行全面检定,而且实现的工频线路参数测试仪标准装置相对于传统的实物阻抗法准确度更高、量值覆盖范围更宽、量值调节步进更细,更好地满足了目前开展工频线路参数测试仪检定工作的紧迫需要。

4.1.4　工频线路参数测试仪标准装置

1. 总体设计要求

工频线路参数测试仪标准装置采取上位机和下位机的结构,能基于虚拟复阻抗法模拟出标准的工频线路参数,包括零序电容、正序电容、零序阻抗、正序阻抗。该标准装置可以代替实物阻抗法中实物标准电容、电阻网络的组合,对基于四端法的工频线路参数测试仪进行检定。标准装置需进行相应的安全设计,如过流保护和提示灯等。标准装置需要进行相应的上位机软件设计,包括标准参数、通信参数设置等。本书研制的工频线路参数测试仪标准装置外观图如图 4-9 所示。

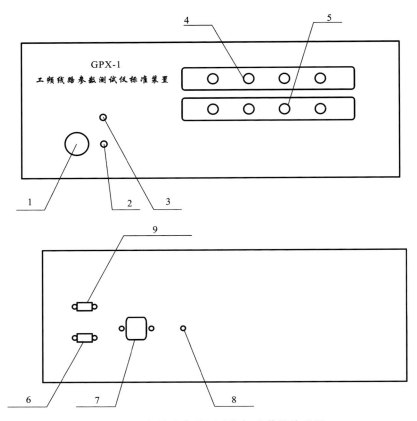

图 4-9　工频线路参数测试仪标准装置外观图

1—电源开关;2—电源指示灯;3—工作状态指示灯;4—电流输入端子;5—电压输出端子;
6—调试用接口;7—电源插座(内含保险);8—接地端子;9—上位机与下位机通信接口

2. 主要技术指标

(1) 测量范围(即模拟的标准阻抗范围):电容为 0.1～50 μF;阻抗为 0.1～400 Ω;阻抗角为 0°～360°。

(2) 分辨率(即模拟的标准阻抗调节细度):电容为 0.01 μF;阻抗为 0.01 Ω;阻抗角为 0.02°。

(3) 最大允许误差:±(0.2%读数＋0.04%量程);角度最大允许误差为 0.1°。

(4) 其他参数:电压输出范围(实际为电压反馈输出范围)为不小于 450 V;电流输入范围(实际为电流接收范围)为不小于 40 A;频率响应范围(即可以接受的试品变频范围)为 40～60 Hz;供电电源电压为 220(1±10%) V;供电电源频率为 50(1±2%) Hz;供电电源波形失真度不大于 10%。

3．标准方法

基于虚拟复阻抗法设计的工频线路参数测试仪标准装置，其检定时的接线如图 4-10 所示。在检定过程中，将被检工频线路参数测试仪的电流输出端子 A、B、C、N 分别和标准装置的电流输入端子 A_{in}、B_{in}、C_{in}、N 连接，将被检工频线路参数测试仪的电压输入端子 U_A、U_B、U_C、U_N 分别和标准装置的电压输出端子 U_{Aout}、U_{Bout}、U_{Cout}、U_N 连接。

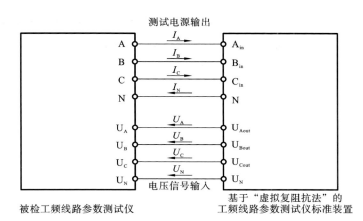

图 4-10　工作接线图

1）零序电容测量功能检定

如图 4-10 所示，本标准装置接收来自被检工频线路参数测试仪的电流信号 I_A，并根据关系式 $U_A = 3 I_A (1/j\omega C_0)$ 在 U_A 端子反馈出电压信号（相对 U_N 参考点），此时被检工频线路参数测试仪将测量 I_A 和 U_A 信号并计算出零序电容测量值 $C_{0试品}$，通过上述过程可计算出被检工频线路参数测试仪的零序电容测量误差 $C_{0误差} = C_{0试品} - C_0$，进而达到对被检工频线路参数测试仪的零序电容测量功能进行检定的目的。

2）正序电容测量功能检定

参考图 4-10 所示的工作接线图，本标准装置接收来自被检工频线路参数测试仪的电流信号 I_A、I_B、I_C，并根据关系式 $U = \sqrt{3} I (1/j\omega C_1)$ 在 U_A、U_B、U_C 端子反馈出相应电压信号（相对 U_N 参考点），上述关系式和反馈电压信号满足 $U = (U_{AB} + U_{BC} + U_{CA})/3$，$U_A = U_B = U_C = U/\sqrt{3}$，$I = (I_A + I_B + I_C)/3$。此时被检工频线路参数测试仪将测量 I_A、I_B、I_C 和 U_A、U_B、U_C 信号并计算出正序电容测量值 $C_{1试品}$，通过上述过程可计算出被检工频线路参数测试仪的正序电容测量误差 $C_{1误差} = C_{1试品} - C_1$，进而达到对被检工频线路参数测试仪的正序电容测量功能进行检定的目的。

3）零序阻抗测量功能检定

参考图 4-10 所示的工作接线图，本标准装置接收来自被检工频线路参数测试仪

的电流信号 I_A，并根据关系式 $U_A = 3I_A(j\omega L_0 + R_0)$ 在 U_A 端子反馈出电压信号（相对 U_N 参考点），此时被检工频线路参数测试仪将测量 I_A 和 U_A 信号并计算出零序电阻分量测量值 $R_{0试品}$ 和零序电感分量测量值 $L_{0试品}$，通过上述过程可计算出被检工频线路参数测试仪的零序电阻测量误差 $R_{0误差} = R_{0试品} - R_0$ 及零序电感测量误差 $L_{0误差} = L_{0试品} - L_0$，进而达到对被检工频线路参数测试仪的零序阻抗测量功能（含零序电阻分量和零序电感分量）进行检定的目的。

4）正序阻抗测量功能检定

参考图 4-10 所示的工作接线图，本标准装置接收来自被检工频线路参数测试仪的电流信号 I_A、I_B、I_C，并根据关系式 $U = \sqrt{3}I(j\omega L_1 + R_1)$ 在 U_A、U_B、U_C 端子反馈出相应电压信号（相对 U_N 参考点），上述关系式和反馈电压信号满足 $U = (U_{AB} + U_{BC} + U_{CA})/3$，$U_A = U_B = U_C = U/\sqrt{3}$，$I = (I_A + I_B + I_C)/3$。此时被检工频线路参数测试仪将测量 I_A、I_B、I_C 和 U_A、U_B、U_C 信号并计算出正序电阻分量 $R_{1试品}$ 和正序电感分量 $L_{1试品}$，通过上述过程可计算出被检工频线路参数测试仪的正序电阻测量误差 $R_{1误差} = R_{1试品} - R_1$ 以及正序电感测量误差 $L_{1误差} = L_{1试品} - L_1$，进而达到对被检工频线路参数测试仪的正序阻抗测量功能（含正序电阻分量和正序电感分量）进行检定的目的。

4. 标准装置设计实现

1）工频线路参数测试仪标准装置的内部框图

图 4-11 是本标准装置的内部框图。本标准装置按三相回路设计，每相回路工作原理相同，下面以 A 相回路为例进行工作原理说明。

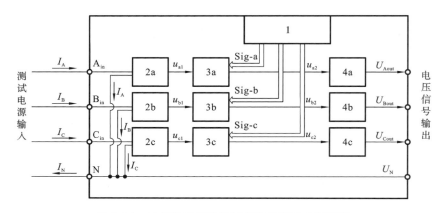

图 4-11　工频线路参数测试仪标准装置内部框图

1—控制模块；2a—A 相回路 I-V 变换模块；2b—B 相回路 I-V 变换模块；2c—C 相回路 I-V 变换模块；
3a—A 相回路虚拟复阻抗模块；3b—B 相回路虚拟复阻抗模块；3c—C 相回路虚拟复阻抗模块；
4a—A 相回路电压输出模块；4b—B 相回路电压输出模块；4c—B 相回路电压输出模块

在 A 相回路中，本标准装置通过输入端子 A_{in} 接收被检工频线路参数测试仪的

输入电流信号 I_A，该信号首先经过 $I\text{-}V$ 变换模块 2a 并输出电压信号 u_{a1}，电压信号 u_{a1} 满足关系式 $u_{a1}=k_{CT}I_A$，其中 k_{CT} 为该模块中仪表型精密电流互感器 CT 的固定比例系数；然后电压信号 u_{a1} 经过虚拟复阻抗模块 3a 并输出电压信号 u_{a2}，电压信号 u_{a2} 满足关系式 $u_{a2}=[j\omega k_L+1/(j\omega k_C)+k_R]u_{a1}$，其中 k_L、k_C、k_R 为可调比例系数，该可调比例系数由来自控制模块的 A 相回路控制信号 Sig-a 分别进行控制；然后电压信号 u_{a2} 经过电压输出模块 4a 进行信号放大并最终输出电压信号 U_{Aout}，U_{Aout} 满足关系式 $U_{Aout}=k_{PT}u_{a2}$，其中 k_{PT} 为该模块中精密升压电压互感器 PT 的固定比例系数。

通过上述回路，产生的输出电压信号 U_{Aout} 和输入电流信号 I_A 可满足复阻抗函数关系，即 $U_{Aout}=k_{PT}k_{CT}[j\omega k_L+1/(j\omega k_C)+k_R]I_A$，其中 A 相回路可调比例系数 $k_A=k_{PT}k_{CT}[j\omega k_L+1/(j\omega k_C)+k_R]$ 即本标准装置实现的 A 相回路的虚拟复阻抗，该虚拟复阻抗幅值准确且灵活可调。

在 B 相回路和 C 相回路中，工作原理与 A 相回路完全相同。通过上述过程，本标准装置可以模拟出三相虚拟复阻抗，并且各个阻抗分量的量值由控制模块灵活配置，设置范围广，准确度高。

通过本标准装置实现的三相虚拟复阻抗不仅可用于对被检工频线路参数测试仪的零序电容和正序电容测量功能进行检定，而且也能对该类试品的零序阻抗和正序阻抗测量功能进行全面检定。

2）控制模块原理图设计

图 4-12 为"控制模块"原理图，本标准装置在该模块中以数字控制器件为核心，该模块的主要工作任务包括：接收检定人员通过人机交互界面录入的有关控制信息（例如，选择检定的功能，包括零序电容、正序电容、零序阻抗、正序阻抗；设定具体检定参数，包括复阻抗中的电容分量、电阻分量、电感分量）。

图 4-12　控制模块原理图

在检定人员选择好检定功能并设定好具体检定参数后，数字控制器件将进行相应的计算并产生比例系数控制信号 Sig-a、Sig-b、Sig-c，其中，Sig-a 用来控制 A 相回路虚拟复阻抗模块 3a 中电感分量比例系数 k_L、电容分量比例系数 k_C、电阻分量比例系数 k_R；Sig-b 用来控制 B 相回路虚拟复阻抗模块 3b 中相应的电感分量比例系数、电容分量比例系数和电阻分量比例系数；Sig-c 用来控制 C 相回路虚拟复阻抗模块 3c 中电感分量比例系数、电容分量比例系数、电阻分量比例系数。图 4-13 为控制模块的具体电路原理图。

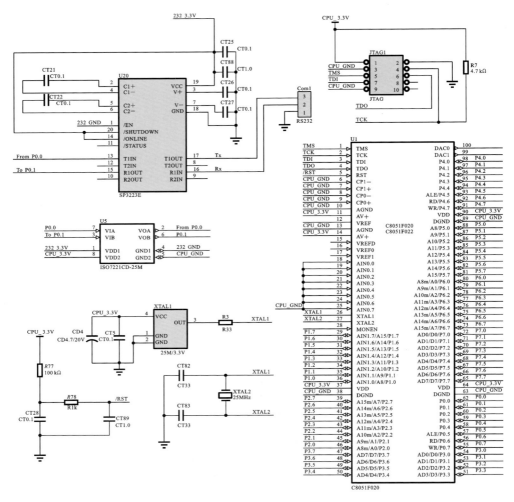

图 4-13　控制模块电路原理图

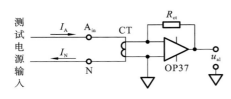

图 4-14　I-V 变换模块原理图

3）I-V 变换模块原理图设计

图 4-14 为 I-V 变换模块原理图（该图以 A 相回路为例进行说明，B 相回路和 C 相回路的工作原理与 A 相回路的相同）。本标准装置在该模块中通过 A_{in}、N 两个端子接收被检工频线路参数测试仪产生的 A 相电流信号 I_A，电流信号 I_A 经过由仪表型精密电流互感器 CT、无感精密电阻 R_{ct}、精密运放 OP37 组成的 I-V 变换电路后输出电压信号 u_{a1}，并且电压信号 u_{a1} 满足关系式 $u_{a1}=k_{CT}I_A$。B 相回路的 I-V 变换模块 2b 和 C 相

回路 *I-V* 变换模块 2c 的原理与 A 相回路的完全一致。

图 4-15 为 *I-V* 变换模块的具体电路原理图。

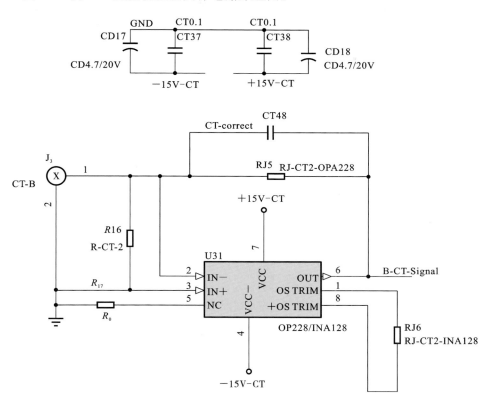

图 4-15　*I-V* 变换模块电路原理图

4）虚拟复阻抗模块原理图

图 4-16 为虚拟复阻抗模块的原理图（该图以 A 相回路为例进行说明，B 相回路和 C 相回路的工作原理与 A 相回路的相同）。本标准装置在该模块中主要包括：电感分量的产生及幅值选择电路、电容分量的产生及幅值选择电路、电阻分量的产生及幅值选择电路。

在电感分量的产生及幅值选择电路中，来自前级 A 相 *I-V* 变换模块 2a 的电压信号 u_{a1} 输入由云母精密电容 C_L、无感精密电阻 R_L 和精密运放 OP37 组成的精密微分电路，其输出电压信号为 $u_{a\text{-}L1}$，并且 $u_{a\text{-}L1}$ 满足关系式 $u_{a\text{-}L1} = -\mathrm{j}\omega C_L R_L u_{a1}$，电压信号 $u_{a\text{-}L1}$ 经过精密数字分压电路 AD5543 进行精密分压，分辨率可达 16 位，该回路精密数字分压电路 AD5543 的可调分压比例由来自控制模块 1 的 A 相回路比例系数控制信号 Sig-a 进行控制，分压后的输出信号为 $u_{a\text{-}L2}$，电压信号 $u_{a\text{-}L2}$ 经过基于 OP37 组成的电压跟随器后输出电压信号 $u_{a\text{-}L3}$。由于该回路的可调分压比例系数可在控制信

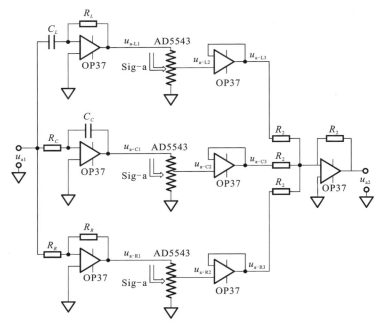

图 4-16　虚拟复阻抗模块原理图

号 Sig-a 作用下任意设置,得到关系式 $u_{a\text{-}L3} = -\mathrm{j}\omega k_L u_{a1}$,其中 k_L 为电感分量可调分压比例系数,该比例系数与 C_L、R_L 相关并受比例系数控制信号 Sig-a 控制,由于 C_L、R_L 是固定值,所以 k_L 在 Sig-a 控制下可任意设置。

在电容分量的产生及幅值选择电路中,来自前级 A 相 I-V 变换模块 2a 的电压信号 u_{a1} 输入由云母精密电容 C_C、无感精密电阻 R_C 和精密运放 OP37 组成的精密积分电路,其输出电压为 $u_{a\text{-}C1}$,并且 $u_{a\text{-}C1}$ 满足关系式 $u_{a\text{-}C1} = -(1/\mathrm{j}\omega C_C R_C)u_{a1}$,电压信号 $u_{a\text{-}C1}$ 经过精密数字分压电路 AD5543 进行精密分压,分辨率可达 16 位,该回路精密数字分压电路 AD5543 的可调分压比例仍由来自控制模块 1 的 A 相回路比例系数控制信号 Sig-a 进行控制,分压后的输出信号为 $u_{a\text{-}C2}$,电压信号 $u_{a\text{-}C2}$ 经过基于 OP37 组成的电压跟随器后输出电压信号 $u_{a\text{-}C3}$。由于该回路的可调分压比例系数可在控制信号 Sig-a 作用下任意设置,得到关系式 $u_{a\text{-}C3} = -(1/\mathrm{j}\omega k_C)u_{a1}$,其中 k_C 为电容分量可调分压比例系数,该比例系数与 C_C、R_C 相关并受比例系数控制信号 Sig-a 控制,由于 C_C、R_C 是固定值,所以 k_C 在 Sig-a 控制下可任意设置。

在电阻分量的产生及幅值选择电路中,来自前级 A 相 I-V 变换模块 2a 的电压信号 u_{a1} 输入由 2 个等值的无感精密电阻 R_R 和精密运放 OP37 组成的精密反相放大电路,其输出电压为 $u_{a\text{-}R1}$,并且 $u_{a\text{-}R1}$ 满足关系式 $u_{a\text{-}R1} = -u_{a1}$,电压信号 $u_{a\text{-}R1}$ 经过精密数字分压电路 AD5543 进行精密分压,分辨率可达 16 位,该回路精密数字分压电路

AD5543 的可调分压比例仍由来自控制模块 1 的 A 相回路比例系数控制信号 Sig-a 进行控制,分压后的输出信号为 $u_{\text{a-R2}}$,电压信号 $u_{\text{a-R2}}$ 经过基于 OP37 组成的电压跟随器后输出电压信号 $u_{\text{a-R3}}$。由于该回路的可调分压比例系数可在控制信号 Sig-a 作用下任意设置,得到关系式 $u_{\text{a-R3}} = -k_R u_{\text{a1}}$,其中 k_R 为电阻分量可调分压比例系数,k_R 在 Sig-a 控制下可任意设置。

上述 3 路电压信号 $u_{\text{a-L3}}$、$u_{\text{a-C3}}$、$u_{\text{a-R3}}$ 同时输入给由 4 个等值的无感精密电阻 R_2 和精密运放 OP37 组成的精密反相加法电路,其输出电压为 u_{a2},并且 u_{a2} 满足关系式:

$$u_{\text{a2}} = -(u_{\text{a-L3}} + u_{\text{a-C3}} + u_{\text{a-R3}}) = -[-j\omega k_L u_{\text{a1}} - (1/j\omega k_C) u_{\text{a1}} - k_R u_{\text{a1}}]$$
$$= [j\omega k_L + (1/j\omega k_C) + k_R] u_{\text{a1}} = [j\omega k_L + (1/j\omega k_C) + k_R] k_{\text{CT}} I_A \qquad (4\text{-}1)$$

图 4-17 为虚拟复阻抗模块中实际微分电路的具体电路原理图,图 4-18 为虚拟复阻抗模块中实际积分电路的具体电路原理图,图 4-19 为虚拟复阻抗模块中实际精密数字分压电路的具体电路原理图,图 4-20 为虚拟复阻抗模块中精密反相加法电路的具体电路原理图。

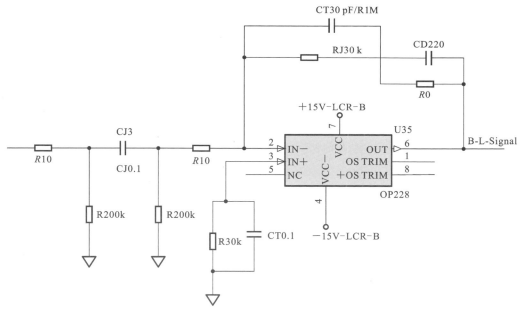

图 4-17　虚拟复阻抗模块中微分电路原理图

5) 电压输出模块原理图

图 4-21 为电压输出模块的原理图(该图以 A 相回路为例进行说明,B 相回路和 C 相回路的原理与 A 相回路的相同)。来自前级 A 相回路虚拟复阻抗模块 3a 的信号 u_{a2} 首先经过功率运放组成的电压跟随器提高带负载能力,并输出电压为 u_{a3},电压信号 u_{a3} 经过精密升压电压互感器 PT 进行电压放大,精密升压电压互感

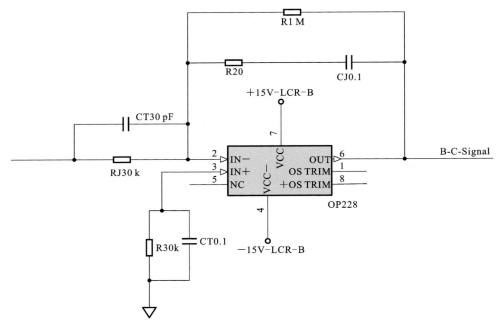

图 4-18   虚拟复阻抗模块中积分电路原理图

器 PT 的电压放大倍数为 k_{PT}，输出电压信号为 U_{AN}（即本标准装置电压输出端子 U_{Aout}、U_N 之间的电压），电压信号 U_{AN} 满足关系式：$U_{AN} = k_{PT} u_{a2} = k_{PT} k_{CT} [j\omega k_L + 1/(j\omega k_C) + k_R] I_A$。

如上所述，本标准装置在 U_{AN} 和 I_A 之间建立了虚拟复阻抗函数关系，也就是模拟出了 A 相虚拟复阻抗，该虚拟复阻抗即 $k_{PT} k_{CT} [j\omega k_L + 1/(j\omega k_C) + k_R]$，其中 k_{PT}、k_{CT} 是固定比例系数，k_L、k_C、k_R 是在 Sig-a 控制下独立可调的比例系数。上述过程为 A 相回路的原理，B 相回路和 C 相回路的原理与 A 相回路的完全一致。通过上述原理，实现了三相虚拟复阻抗，该虚拟复阻抗的电感分量、电容分量、电阻分量可独立设定，准确度高，操作便捷，可代替传统的实物阻抗法开展工频线路参数测试仪的检定工作。

该标准装置的创新性主要体现在：首次提出并实现了虚拟复阻抗法设计思路，基于该方法研制的工频线路参数测试仪标准装置可以有效地解决传统的实物阻抗法的不足，不仅可以对工频线路参数测试仪的零序电容、正序电容、零序阻抗、正序阻抗测量功能进行全面检定，而且本标准装置相对于传统的"实物阻抗法"准确度更高、量值覆盖范围更宽、量值调节步进更细，较好地满足了目前开展工频线路参数测试仪检定工作的紧迫需要，对促使电力测试仪器向标准化、规范化方向发展有积极推动作用。

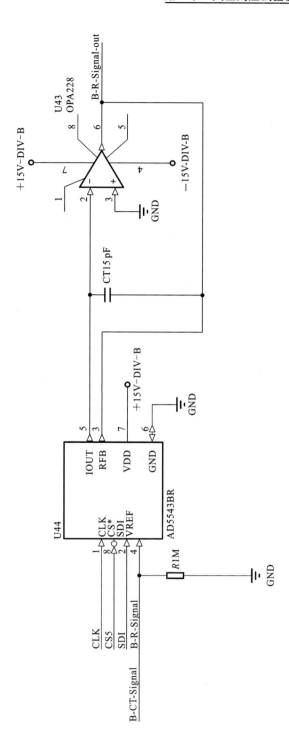

图 4-19　虚拟复阻抗模块中精密数字分压电路原理图

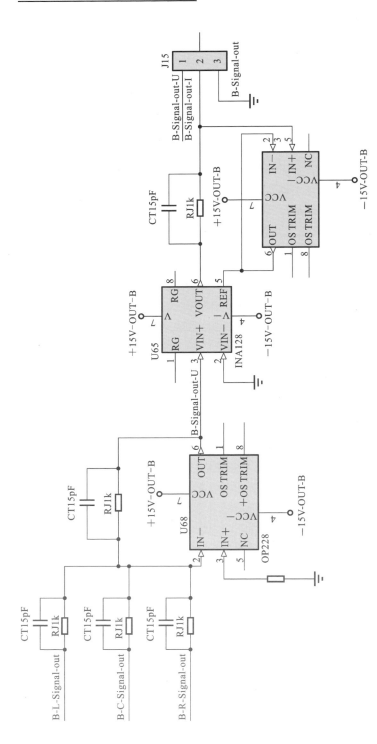

图 4-20 虚拟复阻抗模块中精密反相加法电路原理图

5. 软件程序设计

1）上位机控制界面及操作方法设计

图 4-22 所示的为设计的上位机控制界面，程序设计采用 C♯语言编写，界面简洁友好，操作简便明了。上位机和下位机采取 RS-232 串行

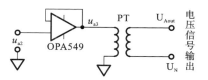

图 4-21　电压输出模块原理图

通信方式，上位机界面共有两个功能区和三个功能按钮，在"线路参数方式设定"栏中可以选择正序电容、零序电容、正序阻抗、零序阻抗四种参数设定方式，该选项具有唯一性，不可以多项选择。在"线路参数幅值设定"栏中可以选择或任意设置具体的参数幅值，包括：电容值、电感值和电阻值。当"线路参数方式设定"选择正序电容方式或零序电容方式时，"线路参数幅值设定"仅电容值一栏可由检定人员进行设置；当"线路参数方式设定"选择正序阻抗方式或零序阻抗方式时，"线路参数幅值设定"仅电感值和电阻值一栏可由检定人员进行设置。

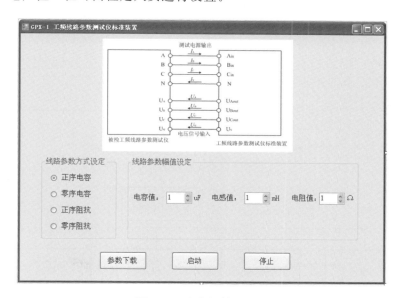

图 4-22　上位机控制界面

检定人员利用本标准装置开展工频线路参数测试仪的检定工作时，首先在标准装置前面板上按照提示连接好工频线路参数测试仪的测量线，在后面板上连接好接地线、电源线以及上位机与下位机间的通信电缆，打开下位机电源按钮，即可以开始测试前设置。

检定人员在测试前应先设置好检定点，然后单击"参数下载"按钮，上位机将发送指令判断上位机与下位机是否通信正常。若通信不正常，则上位机界面显示"串口通信错误"的提示；若通信正常，则上位机将设置的检定参数转换成具体的字节

传送到下位机。参数下载成功后,单击"启动"按钮,此时前面板"状态指示"绿灯将点亮,即表示标准装置的参数设置完毕。此时再启动被检工频线路参数测试仪的测量功能,试品即可获得相应的测量数据,用该测量结果减去标准装置设定的标准阻抗值,即可得到被检工频线路参数测试仪在当前检定点的示值误差。检定工作完成后单击"停止"按钮,"状态指示"绿灯将熄灭,此时已恢复到开机时的状态,可以在上位机程序中重新设置有关标准量值,并单击"启动"按钮进行下一次的校准。

2)上位机、下位机的程序流程图设计

图 4-23 和图 4-24 分别为上位机主程序流程图和下位机主程序流程图。总之,根据本章提供的方案,其样机已经研制成功,并在国内开始应用,性能参数达到预期要求。目前基于虚拟复阻抗法研制的工频线路参数测试仪标准装置样机研制已经成功,经国家高电压计量站校准,本装置成果的性能参数满足设计要求,标准装置核心功能的示值误差满足最大允许误差要求,即 $\pm(0.2\%$读数$+0.04\%$量程)。

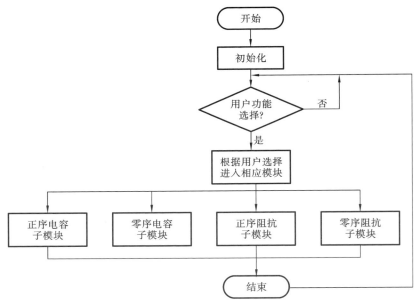

图 4-23 上位机主程序流程图

利用本成果可以有效地克服传统的实物阻抗法的不足,不仅可以对工频线路参数测试仪的零序电容、正序电容、零序阻抗、正序阻抗测量功能进行全面检定,而且实现的工频线路参数测试仪标准装置相对于传统的实物阻抗法准确度更高、量值覆盖范围更宽、量值调节步进更细,更好地满足了目前开展工频线路参数测试仪检定工作

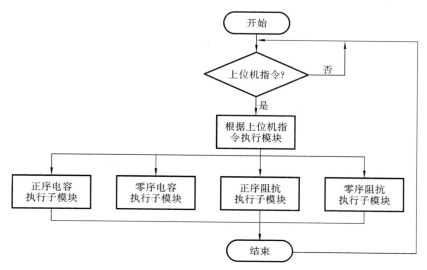

图 4-24　下位机主程序流程图

的紧迫需要。

此外,本成果完善了工频线路参数测试仪检定方法,弥补了传统的实物阻抗法的不足,提高了检定能力,研究了工频线路参数测试仪标准装置的溯源方法,确保了量值溯源链的完整性和有效性,同时编制了工频线路参数测试仪标准装置校准规范,为进一步完善电力系统高压计量检定系统打下坚实基础,对促进电力系统高压绝缘预防性测试仪器向标准化、规范化方向发展起到积极作用。

4.2　变压器油介电强度测试仪校准技术

变压器油是填充于电气设备内部的一种介质,因具有绝缘、散热和灭弧等特点,故而被广泛应用于各类输变电设备。变压器油介电强度是指变压器油在规定试验条件下(即交流场作用下)逐渐升高电压至被击穿失去绝缘性所能承受的最高电压,是衡量变压器油质量好坏的重要指标,介电强度越高,绝缘性能越好。

变压器油介电强度通过绝缘油介电强度测试仪进行测定。首先把需要测量的绝缘油倒入绝缘油介电强度测试仪的油杯中,然后根据试验标准确定油杯电极形状和电极之间的距离,最后打开测试仪开关进行升压直至绝缘油击穿,通过读取测试仪测量值完成绝缘油介电强度测定[77]。变压器油介电强度测试仪是一种能够测量绝缘油具体击穿电压数值的自动化设备。在测量变压器油击穿电压时,仪器中用于装载测试油样的油杯容积、电极形状、电极间距、仪器升压速率等都依据标准而设定。

4.2.1 变压器油介电强度测量原理

1. 变压器油介电强度测试仪工作原理及参数分析

通过对变压器油介电强度测试仪工作原理的分析得知,大多数变压器油介电强度测试仪的典型工作方式是通过步进电机带动调压器,产生 0～220 V 的交流电压,然后经过两个高压变压器产生两个反相的交流高压,并将其施加到试验油杯的高压电极上。输出电压采集的典型方式是调压器的次级输出电压经隔离降压变压器变为交流低电压,后经全波精密整流滤波后得到直流电压,该电压输入 A/D 转换器的模拟量输入端。击穿电压采集所采用的典型方式是运用光电耦合器,以此实现对高压与低压电路部分的光电隔离,若油杯在任意时刻发生击穿现象,则会产生 10 mA 左右的击穿(突变)电流,该电流可作为触发切断继电器的信号。

通过对变压器油介电强度测试仪工作原理的分析,有衡量测试仪性能的三个重要参数,即击穿电压、升压速度以及波形畸变,对测试仪的这三个参数的溯源可以有效地判定变压器油介电强度测试仪测量数据的可靠性,从而判定变压器油介电强度测定的结果是否准确。

2. 变压器油介电强度测试仪及其校验方法分析

目前,市场上变压器油介电强度测试仪按用途和结构分为两类:一类为单油杯式,单油杯式一般采用整体台式结构,重量轻,携带方便;另一类为多油杯式,多油杯式有三杯和六杯等,分台式和分体式两种。不论是单油杯式还是多油杯式,一般均采用微处理器进行升压控制和自动检测。从测试仪器的发展看,它经历了模拟仪器、数字仪器、智能仪器的发展过程。变压器油介电强度测试仪作为测量仪器的一种,同样经历了以上几个过程。在模拟和逻辑电路的设计阶段,仪器功能简单、自动化水平低,升压控制、击穿电压记录、计算算术平均值均采用人工操作,使得测试易受人为因素影响,精度不高。而且手动控制高压输出,易对人身安全造成威胁,仪器的响应速度也比较慢。

随着微型计算机技术的发展,单片机在自动化仪器仪表中得到越来越广泛的应用。目前,采用单片机进行控制的变压器油耐压测试仪也越来越普及,它基本上实现了变压器油的自动检测、自动搅拌、数据自动处理、自动打印等功能,摒弃了传统电子线路测量方法的弊端。而且,随着虚拟仪器技术的发展,采用直接控制测量的变压器油耐压测试仪也已经逐渐出现。但由于仪器工作在高压静电和大电流突变的强电磁干扰环境下,有些型号仪器在测试过程中出现了单片机死机现象,影响测试工作的正常进行,测试仪器性能不稳定,测试数据精确度低,可靠性差。

在设计变压器油介电强度测试仪校准装置时,除了要考虑正常功能和自动化、智能化之外,还要保证测试系统的抗干扰性和测试数据的可靠性。

变压器油介电强度测试仪多采用稳态校验方法,校准结果用代数和的方式计算,而非矢量测量获得,必然会给校准数据带来附加误差。另外,由于大多数测试仪的功率很小,普通高压分压器的输入阻抗值已经远大于其额定功率下的阻抗值,因此校准过程很可能会发生电压跌落现象。在非击穿模式下获得的数据和真实击穿瞬间数据存在误差,且稳态校验模式没有考虑击穿放电干扰对测量的影响,忽略了波形畸变对测量结果的影响。

目前国内主要采用单端校准法和双路输出校准法。单端校准法仅对其中一个高压端子对地电压进行校准,中间抽头的目的是降低变压器油介电强度测试仪输出的对地电压等级,从而降低对地的绝缘等级。但是中间抽头很难做到完全对称,所以为了减小误差,双路输出校准法采用了同时测量变压器油介电强度测试仪两个高压输出端子的对地电压。我国使用的是基于 IEC 60156 而派生的 GB/T 507 测试标准,两个标准在测试条件和方法上完全等效,标准规定加在油样电极两侧的交流高压升压速度为 2 kV/s,电极间距为 2.5 mm,电极形状为蘑菇头。变压器油介电强度测试仪的击穿电压测量数据需要利用变压器油介电强度测试仪标准装置进行计量和检测,其原理是通过两个交流高压纯电容分压器实时测量变压器油介电强度测试仪两个输出高压的矢量和,以准确反映加载在测试油杯两个电极上的高压数值,还需具备实测变压器油介电强度测试仪的输出高压升压速度和波形畸变的能力,以核实变压器油介电强度测试仪的测试方法、条件、精度等是否满足标准要求。

3. 变压器油介电强度测试仪计量标准装置功能需求分析

通过对变压器油介电强度测试仪测量的分析,击穿电压、升压速度以及波形畸变是测试仪的三个重要参数,为保证变压器油介电强度测试仪测量数据的可靠溯源,必须对这三个参数进行校准。根据市场调研及文献分析,市场上对变压器油介电强度测试仪的溯源方式主要是对测试仪耐压模式下的输出电压进行校准,即在测试仪耐压模式下,试验员设定测试仪的输出电压,通过两个数字高压表读取两个电极的输出电压差值来完成测试仪输出电压的测量。这种校准方法只能对测试仪的稳态输出电压进行校准,而不能对符合实际需要的击穿电压进行测量,同时也不能对测试仪的升压速度和波形畸变进行测量分析[78][79]。基于此,本章提出了变压器油介电强度测试仪测量范围内任意击穿点可调的主动击穿式暂态电压校准方法,研制了基于此种电压校准方法的变压器油介电强度测试仪计量标准装置。

本书研制的标准装置主要包括如下功能和特点:一是本装置可对变压器油介电强度测试仪的击穿电压、升压速度进行校验,并能对输出电压进行波形畸变分析;二是本装置可自定义校验点个数和校验点值,并能对试验结果实现自动判定,自动生成报告;三是本装置分为上位机和下位机两大部分。上位机以人机交互方式给用户提供友好的控制界面,用于设置校验点和校验点个数等,能实时显示被试品的输出电压波形,记录试品击穿瞬间的电压波形图,可以方便地分析试品的切断时间,并能对试验结果进行分析,生成报告;下位机包括高压分合终端、两个高压分压器、隔离模块和采集终端,主要实现电压信号的采集并实现上位机的主动击穿功能。

4.2.2 变压器油介电强度测试装置校准方法

1. 变压器油介电强度测试仪计量标准装置框图

变压器油介电强度测试仪计量标准装置能实现对测试仪击穿电压、升压速度的校准,并且能同时对测试仪输出电压波形畸变进行分析,装置框图如 4-25 所示。变压器油介电强度测试仪计量标准装置主要由高压测量单元(两个高压电容分压器)、采集、控制及显示单元和变压器油击穿电压模拟单元组成。

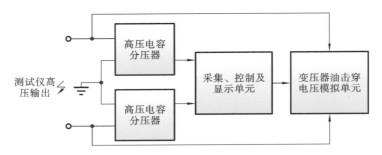

图 4-25　变压器油介电强度测试仪计量标准装置框图

2. 变压器油介电强度测试仪计量标准设计原理

根据变压器油介电强度测试仪的实际工作状况,试验过程中需要对试验对象两个高压电极间输出的击穿电压进行准确测量,通过外接变压器油主动击穿的方式进行击穿电压测量的方法是符合试品工况的测量方式,具有较高的准确度。根据标准装置设计框图可确定标准装置对测试仪进行校准的校准接线图,如图 4-26 所示。

在测试仪升压过程中,标准装置能实时对被检仪器产生的电压进行采样和分析,并在被检仪器电压升至预置检定点值时由标准装置发出"主动击穿"命令,通过等效于开关闭合方式使得被检仪器的高压输出端子产生油击穿过程,从而构造出被检仪器的击穿判据。先在上位机上设置校验点和校验点个数,然后设置变压器油介电强度测试仪并开始升压,当上位机显示采样数据达到预置检定点时,发出"主动击穿"命令,通过高压开关使高压连接到高压分合终端中油杯的两端,实现主动击穿;同时标准装置的软件可以对测试仪的升压速度进行计算并显示测试仪输出电压波形,完成对测试仪输出电压波形畸变的分析。

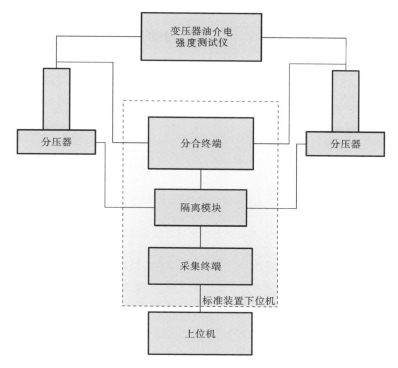

图 4-26　变压器油介电强度测试仪校准接线图

4.2.3　基于主动击穿方法的测试仪标准装置

1. 硬件电路设计

在高压取样上,本书采取了双高压电容分压器的方案,在低压取样上,采取双端差分输入。高压电容分压器采用 50 kV/5V 即 10000/1 的分压比,在低压端则可以采到双 5 V 差分交流电压信号,先进入信号调理阶段,通过减法电路实现矢量合成,经合成后送入 A/D 采样芯片,最后通过单片机/CPLD(复杂可编程逻辑器件)实现高速数据处理,维持采样/保持过程,在此过程中分别通过 FFT 变换测量失真度、有效值等参数。其设计功能框图如图 4-27 所示。

在高压采样的过程中,高压器件参数的选择和控制是非常重要的,考虑到试品的工作状况,试品是通过测量其升压器低压绕组的电流值大小来判断油样状态的,若高压电容分压器的高压臂电容过大,则导致试品输出电流较大,造成试品作出油样击穿的误判而不能继续升压的状况。由 $|Z|=1/(\omega C)$ 可知,当高压臂电容量等于 50 pF 时,其等效阻抗 $|Z|=63.7$ MΩ,试品升压到 30 kV 时,其高压输出电流 $I=\omega CU\approx 0.94$ mA,接近试品认为的油样击穿状态,从而产生电压升不上去的情况。而高压臂

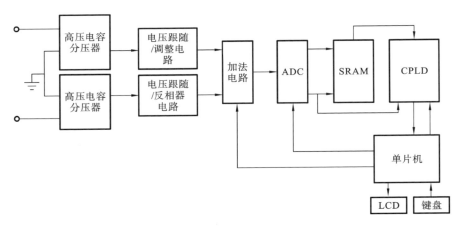

图 4-27 基于主动击穿方法的测试仪标准装置原理框图

电容量等于 10 pF 时,其等效阻抗 $|Z|=318.3$ MΩ,当试品升压到 30 kV 时,其高压输出电流为 $I=\omega CU\approx0.19$ mA≪0.94 mA,不会造成试品对工作状态的误判。与此同时,两个高压电容分压器的相位差对矢量测量法的测量效果也有着不能忽略的影响。矢量法测量原理如图 4-28 所示。

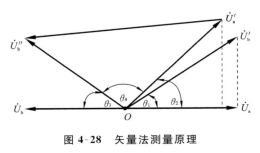

图 4-28 矢量法测量原理

若两个高压电容分压器存在相位差,如图 4-28 所示,在高压电容分压器的制作过程中,通过对元件的选择,将两个高压电容分压器的相位差 δ 控制在 5×10^{-4} rad 以内,以达到总体误差控制在 0.1% 的要求。在从高压电容分压器取出电压信号之后,进入信号的调整阶段,由于采用的是双端差分信号输入,则需要解决两信号端子的输入阻抗匹配的问题,因此我们使用具有高输入阻抗的仪表放大器(AD8202)作为前级放大,采用标准电压源的双端输入方式,显示低压部分的校验结果,确保整体设计满足测量准确度方面的要求。经过整体校验,装置的整体准确度在 0.2% 以内。

本装置需要测量试品的击穿电压,该功能的实现是本装置的难点和重点,在此功能的设计上采用单片机控制与 CPLD 高速采样相结合的方法来捕获击穿电压的数据。具体设计思想为:鉴于单片机在整个测量系统中需要用于控制、计算以及液晶屏的显示等,为保证准确捕获放电现象发生后的数据,采用单片机和 CPLD 配合控制,系统将电压模拟信号进行调理后,由 A/D 芯片转换为数字信号,送往 CPLD,并利用 SRAM(静态随机存储器)实时存储采集数据。CPLD 产生 A/D 芯片的控制时序,以及 SRAM 的读/写控制时序。AVR 单片机输出控制 A/D 转换的原始信号,并通过 CPLD 读取 SRAM 中的采样数据,然后进行测量分析。系统的低压原理框图如图 4-29 所示。

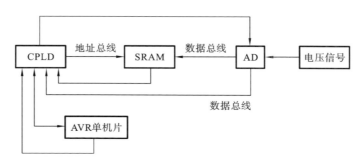

图 4-29　系统的低压原理框图

具体按以下几个环节实施:① AD 采样时序由 CPLD 控制;② 单片机可以通过控制 CPLD 实现对 AD 采样启动和停止的控制;③ AD 采样的启动信号由 CPLD 内部的分频计数脉冲控制;④ 每启动一次 AD 采样,地址计数器加一,并将地址数据送至 SRAM 地址总线;⑤ 送至 SRAM 的地址数据可以通过 CPLD 传送给单片机;⑥ SRAM 的容量为 64K×16 bit,这样按照每个周期采样 300 个数据计算,SRAM 至少可以连续保存 4 s 内的 AD 采样数据,足够测量过程的使用;⑦ AD 采样数据可以通过 CPLD 后送给单片机;⑧ 单片机可以通过 CPLD 访问到 SRAM 的数据。

通过上述设计和实施步骤可完成击穿电压测量功能。需要说明的是,本装置采取了基于单片机/CPLD 测量和存储方式,其优势在于,通过 MCU/CPLD 的高速采样和存储试验波形及电压数据,一旦发生击穿,可对放电时存储的数据进行访问,从而实现对击穿电压信号的采集和存储。这种基于单片机/CPLD 测量和存储应用给绝缘油介电强度测试仪的误差校验工作提供了新的校验方法和硬件解决方案,填补了绝缘油介电强度测试仪在校验击穿电压功能领域的空白。

模拟信号采样部分核心 AD976 是 AD 公司生产的模数转换器,它是采用电荷重分布技术的逐次逼近型模数转换器,其结构比传统逼近型模数转换器简单,且不再需要完整的模数转换器作为核心。由于电容网络直接使用电荷作为转换参量,而且这些电容已经起到了采样电容的作用,因而不必另加采样保持器。特别是由于使用电容网络代替电阻网络,消除了电阻网络中因温度变化及激光修调不当所引起的线性误差。AD976 的内部校准功能可在用户不做任何调整的情况下,消除芯片内部的零位误差和由于电容不匹配造成的误差。

本标准装置的 SRAM 采用 Integrated Silicon Solution 公司的 IS61LV6416。它是 64K×16 bit 高速静态 RAM。在所设计的高速采集系统中,IS61LV6416 的读/写

控制时序由 CPLD 产生。本装置的 CPLD 选择为 EPM7256AETC144-10。EPM7256AE 有五种封装类型：100Pin-TQFP、144Pin-TQFP、100Pin-fineline BGA、208Pin-PQFP、256Pin-fineline BGA。根据系统的需要，这里选择了 144Pin-TQFP 封装形式，它包括 256 个宏模块、120 个通用管脚，最高工作频率为 227.3 MHz，工作电源为 3.3 V。

此外，在所设计的高速采集系统中，利用 EPM7256A 完成的主要功能包括：① 产生控制时序，为高速 A/D 芯片 AD976 提供控制脉冲，并将采样数据读入 CPLD 中；② 产生写控制时序，为 IS61LV6416 提供写控制脉冲，并将采样数据写入其中；③ 产生读控制时序，为 IS61LV6416 提供读控制脉冲，并将 SRAM 中存储的采样数据读入单片机中。

整形脉冲捕获方案：未发生放电情况下，需要检测的电压是频率为 50 Hz 左右的正弦信号，设计一个比较触发电路，正弦信号在上升沿时产生一个触发信号 T。

电压的检测：未发生放电情况下，在检测到信号 T 后，单片机通过 CPLD 从 AD 读取采样数据，用于电压频率显示和失真度计算，直到检测到第二次上升沿，表明该周期结束，停止单片机从 AD 读取采样数据。

放电现象的捕获过程：在检测到信号 T 后，单片机控制 CPLD 启动 AD 采样数据，并将采样数据实时存放到 SRAM 中，同时启动 CPLD 内部的 200 ms 定时器，如果在检测到一个上升沿 200 ms 后还未检测到第二个上升沿，认定放电现象已经发生，此时 CPLD 停止 AD 采样，并且停止地址计数器计数，然后 CPLD 将当前计数器地址送给单片机，这样单片机可以通过 CPLD 读取 AD 在放电现象发生后采集并保存到 SRAM 中的数据，就可以得到放电前的波形数据，实现捕获；如果能够连续检测到两个上升沿，则清零地址计数器，重复上述过程。

2. 校准及溯源过程

针对传统校验方法的不足，本书采用了电压矢量合成及主动击穿的校验方法。试品采用两个变压器进行升压，由于升压变压器自身在生产制作方面的原因，不可避免地存在铁损耗和负载损耗，从测量的角度反映出存在着较大的比差和相位差的问题，与此同时，试品通过一个隔离降压变压器来实现对高压的测量过程，其实质上是单边的电压测量，对于测量高压电极间的电压差显然是困难的。

如图 4-30 所示，两个升压变压器输出对地电压分别 U_a、U_b，令 $U_a = a$，$U_b = b$，但实际上由于存在铁损耗和负载损耗的影响，其输出电压实际值分别为 U'_a、U'_b，令 $U'_a = a'$，$U'_b = b'$，可以分别得到：$a = a' \cos\theta_1$，$b = b' \cos\theta_2$。

$$U_{a'b'} = \sqrt{a'^2 + b'^2 - 2a'b'\cos(180° - \theta_1 - \theta_2)} = \sqrt{a'^2 + b'^2 + 2a'b'\cos(\theta_1 + \theta_2)}$$

$$(4\text{-}3)$$

假设在两个升压变压器同时输出对地电压 40 kV，两升压变压器之间无比差，但

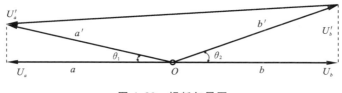

图 4-30　损耗矢量图

存在表 4-1 所示的相位差时,可以通过理论计算得到相对误差值。分析表 4-1 中的数据可知,即便在不考虑比差的情况下,随着相位差的增大,$|U_a|$＋$|U_b|$ 与 $|U_{a'b'}|$ 之间差值都达到 0.50％ 之多,考虑到单边测量 $U_{a'}$ 及 $U_{b'}$ 实际上与 $|U_{a'b'}|$ 有着实质性的差异,所以直接测量两高压电极差压的电压矢量合成方法有着明显的优势。

表 4-1　理论计算值

U_n /kV	f (×10^{-3})	Δ (×10^{-3}) /rad	f (×10^{-3})	δ (×10^{-3}) /rad	U_{ab} /kV	$U_{a'}$ /kV	$U_{b'}$ /kV	$U_{a'b'}$ /kV	相对误差 /(％)
40	0	10	0	−10	80.00	40.00	40.00	80.00	0.01
40	0	20	0	−20	80.00	39.99	39.99	79.98	0.02
40	0	50	0	−50	80.00	39.95	39.95	79.90	0.13
40	0	80	0	−80	80.00	39.87	39.87	79.74	0.32
40	0	100	0	−100	80.00	39.80	39.80	79.60	0.50

　　总之,根据绝缘油介电强度测试仪的实际状况,校准过程中要对实验对象——两个高压电极间输出的电压进行准确测量,本书提出的矢量合成的测量方法具有较高的准确度。

　　针对耐压模式下的稳态电压校准不足以完善评价测试仪性能的问题,创造性地提出基于主动击穿的暂态电压测量方法,提出了测量范围内任意击穿点可调的校准技术,研制了具备主动击穿功能的绝缘油介电强度测试仪标准装置,电压范围为 10 ~100 kV,不确定度达 $U_{rel}＝3.3×10^{-3}(k＝2)$。解决了击穿电压、升压速度、波形畸变的测量难题,实现了绝缘油介电强度测试仪工况下全量程的击穿电压量值溯源。

4.3　变压器空负载损耗参数测试仪校准技术

　　变压器的损耗是变压器的重要性能参数,一方面表示变压器在运行过程中的效率,另一方面表明变压器在设计制造环节的性能是否满足要求。其中,变压器空载损耗和空载电流测量、负载损耗和短路阻抗测量都是变压器的例行试验[80]。

　　变压器空负载损耗参数测试仪通过对变压器空载、负载试验中的三相电压、电流、功率、频率等参数进行测量与换算,得出变压器空载损耗、负载损耗、空载电流、负载电流、短路阻抗、阻抗电压、功率、功率因数、频率等技术参数值。

4.3.1　变压器空负载损耗参数测试仪工作原理

传统的标准源法进行变压器空负载损耗参数测试仪校验工作的接线图如图 4-31 所示。其工作原理是:检定人员进行变压器空负载损耗参数测试仪校验工作时,首先需将空载损耗、负载损耗、空载电流、负载电流、短路阻抗、阻抗电压、功率、功率因数等标准值换算成相应的电压、电流、相位或功率等传统的标准信号源可以直接设置的标准值,然后输入被检变压器空负载损耗参数测试仪。该方法的不足是:校验工作针对性差、工作烦琐、计算复杂、容易出错、量程和准确度不完全适应等。

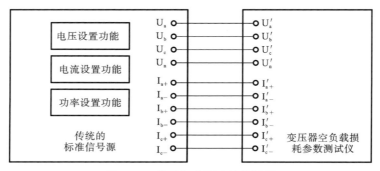

图 4-31　传统标准源法的接线图

针对传统的标准源法的不足,本书设计了一种变压器空负载损耗参数测试仪标准装置,标准装置的校准接线图如图 4-32 所示。

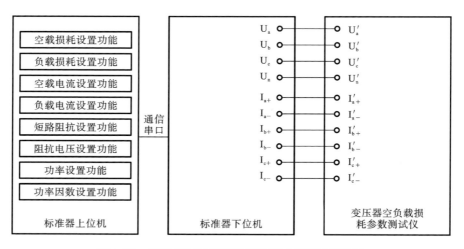

图 4-32　变压器空负载损耗参数测试仪校准接线图

检定人员通过标准装置上位机界面有针对性地直接进行空载损耗、负载损耗、空载电流、负载电流、短路阻抗等标准值的设置,设置参数经过自动计算,换算成相应的电压、电流、相位等基本信息,按照通信协议经过通信串口下传给标准装置下位机,标准装置下位机为具体执行机构,将检定人员的下传数据转换成具体的电压、电流、相位信号并输入被试变压器空负载损耗参数测试仪。

检定人员在上位机设置标准参数后即可直接针对性地对变压器空负载损耗参数测试仪进行检验,而不用再将这些参数进行人工计算并分解为相应的电流、电压、相位等基本信息,该方式在大大提高工作效率的同时,减少出错概率。

4.3.2 变压器空负载损耗参数测试仪校准方法

变压器空负载损耗参数测试仪标准装置原理框图如图 4-33 所示,标准装置由用户界面、控制模块、信号产生模块、信号隔离电路、精密恒流源模块、精密电压源模块构成。

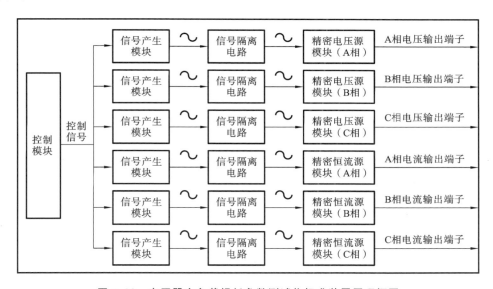

图 4-33 变压器空负载损耗参数测试仪标准装置原理框图

用户界面用于接收检定人员预置的参数信息,并将参数信息自动换算成相应的电流、电压、相位等基本信息并传递给控制模块,控制模块的输出控制信号分别连接6 路信号产生模块的控制信号输入端,其中有 3 路信号产生模块的输出分别连接相应的 3 路精密恒流源模块的输入,另外 3 路信号产生模块的输出分别连接相应的 3 路精密电压源模块的输入,3 路精密恒流源模块可直接作为三相电流输出,3 路精密电压源模块可直接作为三相电压输出。在用户界面的信息输入以及控制模块的控制作用下,每个信号产生模块可以产生独立的幅值、频率、相角可调的高度平滑的正弦信号单元,这些正弦信号单元可用于激励后级相互独立的精密恒流源模块、精密电压源模块,从而形成相互独立的三相电流和三相电压,三相电流和三相电压可直接作为标准信号输出。

变压器空负载损耗参数测试仪标准装置主要是针对当下市场中主流的变压器空负载特性测试仪的各项主要测量功能展开校验工作,这些功能涵盖了空载损耗、负载损耗、空载电流、负载电流、阻抗电压、功率、功率因数以及频率等,且校验过程能够实现高效率与高准确度。此外,该标准装置还依据变压器空负载损耗参数测试仪测量功能的特点精心设计了用户界面,用户借助此界面可直接针对性地预置相关标准值,无需另外再人工将其换算成诸如电流、电压、角度等相应的值,这对于提升校验工作的效率与可靠性大有裨益。具体涉及的参数包括:空载损耗、负载损耗,基本测量范围为 0~30 kW(三相);相电压测量范围为 0~500 V;线电压测量范围为 0~866 V;电流测量范围为 0~20 A;功率因数(感性)设置范围为 0~1;空载损耗、负载损耗测量最大允许误差为 0.2%RG;相电压、线电压测量最大允许误差为 0.2%RG;电流测量最大允许误差为 0.2%RG;相位角最大允许误差为 0.1°。

4.3.3 变压器空负载损耗参数测试仪标准装置设计

1. 精密信号单元设计

本标准装置的信号产生模块电路原理图如图 4-34 所示,U8 为 DDS 信号产生芯片,U8 型号为 AD9951,U8 在控制芯片的控制下,在 CH1 和 CH1/引脚间产生差分正弦信号,该差分正弦信号通过精密仪表运放 U2 放大为单端正弦信号 Sig_in,U2型号为 INA128;经过 6 路信号产生模块总共得到 6 路放大后的单端正弦信号,分别输入后级的 6 路信号隔离电路。

2. 电气隔离电路设计

本标准装置的信号隔离电路原理图如图 4-35 所示,U2 输出的单端正弦信号 Sig_in,经过一个串联精密电阻 RJ2,输入精密电压互感器 T1 的原边,T1 为 0.05 级精密电流型电压互感器,T1 的副边电流信号接入由精密运放 U35 和 RJ49 组成的电流/电压变换电路,U35 型号为 OPA228,U35 的输出信号 Sig_out 和 U2 的输出信号 Sig_in成线性比例关系,并且信号电气隔离;经过 6 路信号隔离电路总共得到 6 路经过电气隔离的单端正弦信号,分别输入后级的 3 路精密恒流源模块和 3 路精密电压源模块。

3. 精密恒流源模块和精密电压源模块设计

本标准装置的精密恒流源模块电路原理图如图 4-36 所示,由输入/输出端口、电流放大电路、直流钳位电路、高频滤波电路构成。

如图 4-36 所示,运算放大器 U1、变压器 T_1 和电流互感器 T_2 组成交流电流负反馈电路。在交流工作频段内,运算放大器输出电流能力为 I_m,变压器 T_1 输出与输入

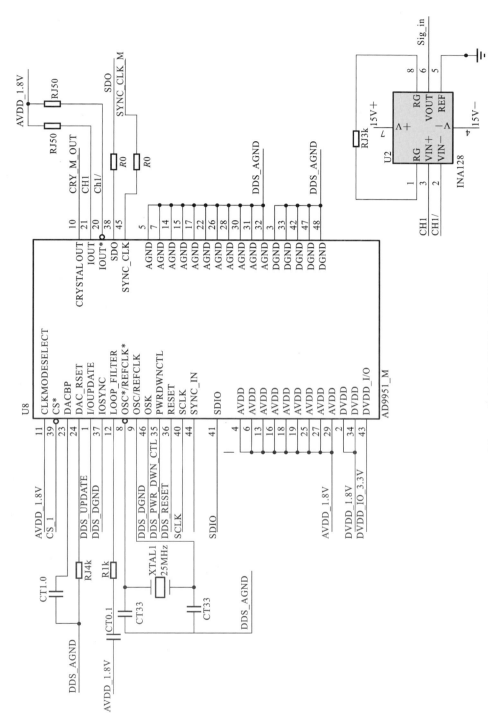

图 4-34　信号产生模块的电路原理图

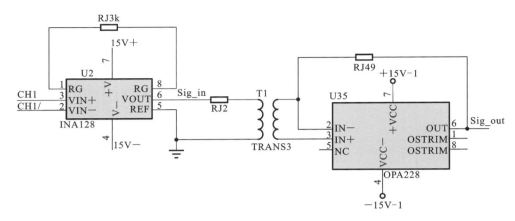

图 4-35 信号隔离部分的电路原理图

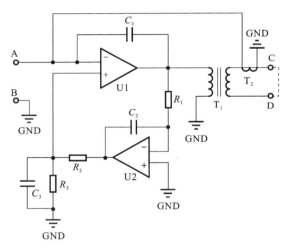

图 4-36 精密恒流源模块的电路原理图

电流比值为 N，则放大器电流输出能力为 NI_m；电流互感器输出与输入电流比值为 K，则放大器输出电流 I_o 与输入电流 I_i 的关系式为：$I_o = I_i/K$。因变压器 T_1、电流互感器 T_2 均为非线性元件，直流信号无法通过，高频信号则会产生高附加相移，因而需要增加直流反馈和高频反馈回路，以保障放大器电路正常工作，为此增加直流钳位电路和高频滤波电路。直流钳位电路由积分电路和低通滤波电路组成，使得运算放大器 U1 输出端直流电平钳位在地电位点，而工作频段内交流信号则几乎不受影响。高频滤波电路使高频分量直接通过电容 C_1 反馈回运算放大器 U1 反向输入端，以避免放大器电路振荡。

除升流变压器输出回路为大电流外，电路其他部分元件（包括电源）均工作在低电流状态,功率利用率高,成本低;输出电流随输入电流实时变化,输出电流波形和相位主要由精密电流互感器决定,准确度高;电流输出回路与电路中其他元件电气隔离,既能有效保护电路元件,又不存在与负载共地的问题。

本标准装置的精密电压源模块电路原理图如图 4-37 所示,由输入/输出端口、电压放大电路、直流钳位电路、高频滤波电路构成。

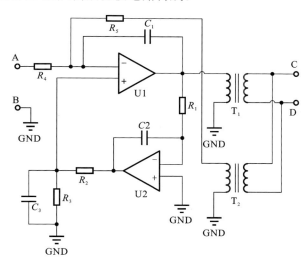

图 4-37　精密电压源模块的电路原理图

其中,运算放大器 U1、电阻 R_4、电阻 R_5、变压器 T_1 和电压互感器 T_2 组成交流电压负反馈电路。在交流工作频段内,运算放大器输出电压能力为 U_m,变压器 T_1 输出与输入电压比值为 N,则放大器电压输出能力为 NU_m;电压互感器输出与输入电压比值为 K,则放大器输出电压 U_o 与输入电压 U_i 的关系式为:$U_o=U_i/K$。因变压器 T_1、电压互感器 T_2 均为非线性元件,直流信号无法通过,高频信号则会产生高附加相移,因而需要增加直流反馈和高频反馈回路,以保障放大器电路正常工作,为此增加直流钳位电路和高频滤波电路。直流钳位电路由积分电路和低通滤波电路组成,使得运算放大器 U1 输出端直流电平钳位在地电位点,而工作频段内交流信号则几乎不受影响。高频滤波电路使高频分量直接通过电容 C_1 反馈回运算放大器 U1 反向输入端,以避免放大器电路振荡。

除升压变压器输出回路为大电压外,电路其他部分元件(包括电源)均工作在低电压状态,功率利用率高,成本低;输出电压随输入电压实时变化,输出电压波形和相位主要由精密电压互感器决定,准确度高。电压输出回路与电路中其他元件电气隔离,既能有效保护电路元件,又不存在与负载共地的问题。

4. 控制模块设计

本标准装置的控制模块电路原理图如图 4-38 所示,其核心为控制芯片 U1,型号为

C8051F020。其工作模式为：向 6 路信号产生模块发送控制字，然后启动 6 路信号产生模块工作以产生相应的正弦信号；控制字的内容主要包括幅值、频率、相位等信息。

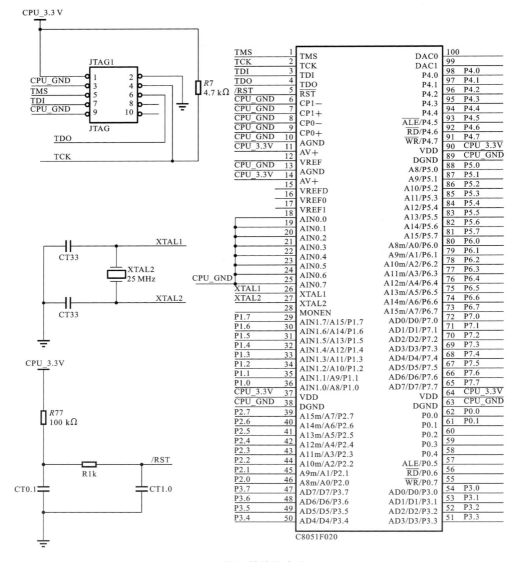

图 4-38　控制模块的电路原理图

5. 软件程序设计

变压器空负载损耗参数测试仪校验装置的上位机程序界面如图 4-39 所示，程序基于 C♯ 开发，可对电压值、电流值、功率因数值等参数进行设置，也可以在"试验方案选择"窗口中自动选择预置好的一些参数设置方案。程序可自动计算出相关标准参数，如三相线电压（相电压）算数平均值、感性相位角、实测有功损耗、实测空载电流、折算后的空载电流、折算后的空载损耗等参数。

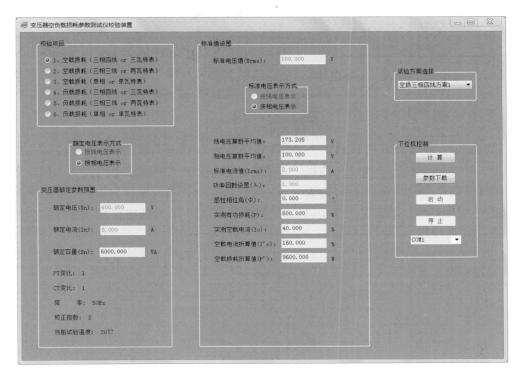

图 4-39　变压器空负载损耗参数测试仪校验装置上位机程序界面

　　检定人员通过上位机界面可以进行参数设置，既可以通过参数录入窗口人工设置，也可以在"试验方案选择"窗口中自动选择预置好的一些参数设置方案。当选择人工录入参数时，首先在校验项目中选择校验内容和接线方式，如选择对试品的空载损耗测量功能进行校验还是对负载损耗测量功能进行校验，是按照三相四线模式、三相三线模式还是单相模式进行校验。接着，在"变压器额定参数预置"窗口里面预留有关背景参数，如额定电压、额定电流、额定容量、变比、频率、校正指数、当前试验温度等信息，其中仅红色窗口标识数据可以录入，黑色窗口为计算结果，不能录入。经过设置的参数根据需要作为背景信息提供（录入）给试品。在"标准值设置"中的红色窗口填入标准电压值、标准电流值、功率因数值等信息，程序会自动计算出相关标准参数，如三相线电压（相电压）算数平均值、感性相位角、实测有功损耗、实测空载电流、折算后的空载电流、折算后的空载损耗等参数。

4.4 变压器有载分接开关测试仪校准技术

变压器有载分接开关测试仪是用于测量和分析电力系统中电力变压器及特种变压器有载分接开关电气性能指标的综合测量仪器[80][81]。变压器有载分接开关测试仪将恒流源测试信号输入变压器有载分接开关,通过捕捉和显示有载分接开关过渡过程中引起的端电压和电流变化波形,可实现对有载分接开关的过渡时间、过渡波形、过渡电阻、三相同期性等参数的测量。本节主要阐述变压器有载分接开关测试仪计量技术及标准装置。

4.4.1 基于动态虚拟阻抗技术的变压器有载分接开关 测试仪校验方法

传统的变压器有载分接开关测试装置量值溯源方法是对被试仪器的过渡电阻测量功能采用标准电阻器进行校验;对被试仪器的过渡时间测量功能采用标准方波进行校验。该校验方法对变压器有载分接开关的过渡电阻和过渡时间分别进行模拟,具有一定的局限性,不能充分地评价变压器有载分接开关测试仪对过渡电阻和过渡时间的现场测量能力[82-84]。

针对传统的量值溯源方法的不足,本书采用"同步校验"的方法对变压器有载分接开关测试装置进行校验,"同步校验"方法的原理图如图 4-40 所示。

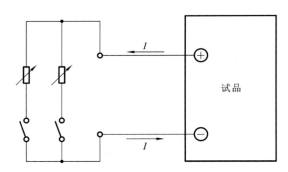

图 4-40 "同步校验"方法原理图

使用若干实物标准电阻和若干开关切换器件组成电阻切换装置(或者是电阻切换网络),通过开关器件的快速切换和组合而在短时间内配置出不同的阻值,继而达到模拟出过渡过程(过渡过程是过渡电阻和过渡时间的同步体现)的作用。与"分别校验"的方法相比,对变压器有载分接开关测试仪的过渡电阻和过渡时间测量功能进行"同步校验"明显更加合理,模拟效果更加接近于模拟实际的变压器有载分接的工作特征,即在短时间内给出实物电阻的变化。但该方法仍是以实物电阻的形式进行模拟,仅能提供一些离散的过渡电阻值,且对元器件自身老化等因素导致的阻值变化不能方便地进行修正。因此,本书进一步通过动态虚拟阻抗法对变压器有载分接开关过渡电阻和过渡时间进行同步校验,动态虚拟阻抗法原理框图如图 4-41 所示。

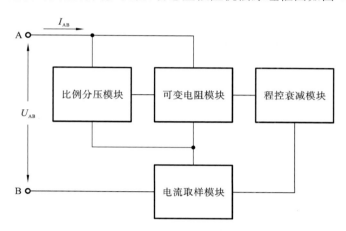

图 4-41　动态虚拟阻抗法原理框图

　　动态虚拟阻抗模块由可变电阻模块、电流取样模块、程控衰减模块及比例分压模块构成,其工作原理是:电流取样模块对流经第一端口 A 与第二端口 B 之间的电流进行取样转换,所得电压信号由程控衰减模块按控制器设定的比例衰减后,与比例分压模块输出电压一起送入可变电阻模块积分电路输入端,积分电路输出电压控制场效应管工作点变化,以模拟出电阻的外特性。整体电路构成负反馈网络,使得比例分压模块输出电压始终与程控衰减模块输出电压保持一致。

　　变压器有载分接开关测试装置的校准接线如图 4-42、图 4-43 所示,分为两端法和四端法两种试验方式。试验人员使用本标准装置开展变压器有载分接开关测试仪试验时,两端法和四端法分别按照图 4-42、图 4-43 所示连接好测试线,打开下位机电源开关和上位机软件界面。试验前,先设置好过渡过程(包括过渡电阻、过渡时间)、

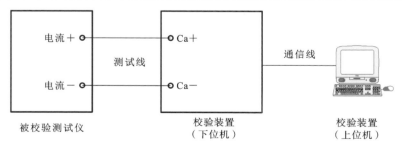

图 4-42　变压器有载分接开关测试仪试验接线图(两端法)

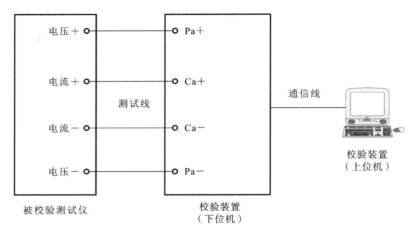

图 4-43　变压器有载分接开关测试仪试验接线图（四端法）

三相同期性、纹波系数、分离角等测试点，然后单击"启动"按钮，若通信不正常，则会提示通信错误，若通信正常，则上位机将设置好的参数发送到下位机，启动成功后，下位机模拟出变压器分接开关过渡过程，开始试验，读取试品变压器有载分接开关测试仪的测量结果，将试品变压器有载分接开关测试仪的过渡过程（包括过渡电阻、过渡时间）、三相同期性、纹波系数、分离角等测量结果与变压器有载分接开关测试仪标准装置的设置值进行比较，即可获得当前测量点的误差。试验完成后单击上位机"停止"按键，然后再根据需求开始下一次试验。

　　变压器有载分接开关测试仪标准装置的原理框图如图 4-44 所示，标准装置由上位机、下位机、分离角发生装置三大部分构成。标准装置可在模拟标准电阻（过渡电阻）的同时模拟电阻变化时间（过渡时间），其中模拟过渡过程的两个主要参量（阻值和时间）均可溯源；标准装置具有三相相互电气隔离的模拟通道，可以同步模拟出三相过渡过程；标准装置可对基于恒流源测试方法的变压器有载分接开关测试仪的恒流源纹波系数进行测量，同时显示出直流分量、交流分量（真有效值）和纹波系数；标准装置具有一个分离角发生装置，可对变压器有载分接开关测试仪的分离角测量功能进行校验。

　　下位机核心控制部分是高速单片机，该高速单片机通过 RS-232 串行通信接口和上位机进行通信，响应上位机的指令，同时将纹波系数和分离角等数据反馈给上位机。下位机在模拟三相过渡过程时，首先由高速单片机将三相过渡电阻切换指令经过光电隔离电路与驱动电路发送给过渡电阻模块，分别控制 A、B、C 三相过渡电阻进行相应组态，进而达到同步模拟三相过渡电阻和过渡时间的目的，过渡过程通过接线端子提供给被试变压器有载分接开关测试仪的相应测试回路。

　　下位机在进行纹波系数测量工作时，首先由高速单片机经过光电隔离电路操作

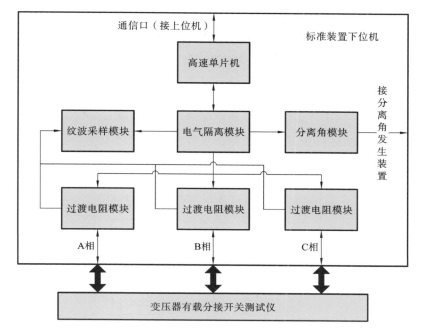

图 4-44 变压器有载分接开关测试仪标准装置原理框图

三相交直流信号采样模块,并通过三相交直流信号采样模块对经过 A、B、C 三相过渡电阻模拟端子的恒流源的电流方向、直流分量、交流分量进行采样和计算,进而可以对被试仪器恒流源的纹波系数进行采样和计算,并可对被试仪器恒流源的方向、大小进行判断,从而达到保护本标准装置不被超过额定电流范围的试品损害的目的。

下位机在控制分离角装置产生分离角时,首先由高速单片机经过光电隔离电路操作分离角通信接口,进而达到控制分离角发生装置并且获取分离角角度的目的。

4.4.2 变压器有载分接开关测试仪校验装置设计

本书参考《测量不确定度评定与表示》(JJF 1059.1—2012)、《时间间隔测量仪检定规程》(JJG 238—2018)、《直流标准电阻器检定规程》(JJG 166—2022)、《高电压测试设备通用技术条件 第 8 部分:有载分接开关测试仪》(DL/T 846.8—2017)、《测量不确定度要求的实施指南》(CNAS-GL05)和《电器领域不确定度的评估指南》(CNAS-GL08)来开展变压器有载分接开关测试仪校准方法设计。

1. 主要功能和性能参数

变压器有载分接开关测试仪标准装置是针对目前市场上主流的(基于恒流源原理)变压器有载分接开关测试仪的过渡电阻、过渡时间、三相同期性等测量功能进行校准检定的专用装置。本标准装置主要包括如下功能、特点:

（1）标准装置可对变压器有载分接开关测试仪的过渡电阻、过渡时间测量功能进行校验；本装置有三相过渡过程模拟通道，可在模拟标准电阻值（过渡电阻）的同时模拟出电阻变化时间（过渡时间），其中模拟过渡过程的两个主要参量（阻值和时间）均可溯源。

（2）标准装置可对变压器有载分接开关测试仪的三相同期性测量功能进行校验。装置具有 A、B、C 三相相互电气隔离的模拟通道，可以同步模拟出三相过渡过程。

（3）本装置主要适用于基于恒流源测试方法的变压器有载分接开关测试仪，且使用本标准装置模拟过渡电阻、过渡时间等功能时，需要首先分清被试仪器的恒流源电流方向。

（4）标准装置分为上位机和下位机两大部分，两部分通过 RS-232 串口通信。上位机以人机交互方式给用户提供友好的控制界面，用于选择校验的内容、方式、参数等；下位机是响应上位机各种命令参数、实施校验工作的具体部件。下位机处理器采用高速单片机，数据处理速度快，性能稳定，控制功能丰富，能够快速、实时地响应上位机指令。

变压器有载分接开关测试仪标准装置的设计参数：过渡电阻范围为 $0.01\sim120$ Ω；过渡电阻最大允许误差为 $\pm(0.1\%$ 读数 $+2\ \mathrm{m}\Omega)$；单段过渡时间范围为 $1\sim250$ ms；过渡时间最大允许误差为 $\pm(0.01\%$ 读数 $+0.02\ \mathrm{ms})$。

2. 硬件电路设计

基于上一小节对虚拟阻抗技术的研究，动态虚拟阻抗电路原理示意图如图 4-45 所示。

由运算放大器虚短、虚断概念可知：

$$U_{1-}=U_{1+}=0 \tag{4-2}$$

$$U_2=-I_{AB}R_2 \tag{4-3}$$

程控衰减模块衰减系数 k_1 由控制信号设定，$-1\leqslant k_1<0$，有：

$$U_3=k_1U_2 \tag{4-4}$$

联立式（4-3）和式（4-4），得：$U_3=-k_1I_{AB}R_2$，比例分压模块分压系数为 k_2，有：

$$U_4=k_2U_{AB} \tag{4-5}$$

可变电阻模块通过调节场效应管工作点，使得积分电路输入端电压 U_3 与 U_4 相等。例如，当 $U_3>U_4$ 时，积分电路输出端电压上升，使得场效应管导通能力增强，若 I_{AB} 恒定，则 U_{AB} 下降，由式（4-5）可知，U_4 下降；若 U_{AB} 恒定，则 I_{AB} 上升，U_3 上升。同理，当 $U_3<U_4$ 时，为上述逆过程。所以

$$U_3=U_4 \tag{4-6}$$

又

$$R_{AB}=\frac{U_{AB}}{I_{AB}} \tag{4-7}$$

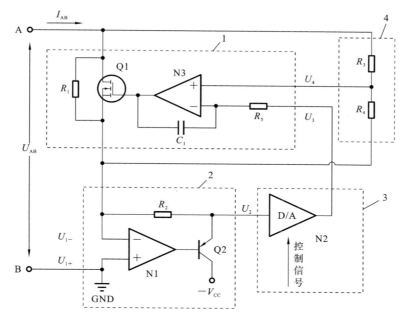

图 4-45　动态虚拟阻抗模块的电路原理图

联立式(4-3)、式(4-5)、式(4-6)、式(4-7),得:

$$R_{AB} = -\frac{k_1}{k_2} R_2 \tag{4-8}$$

改变 k_1,即可达到改变 R_{AB} 的目的。

除场效应管外,所有有源器件工作在低电压状态,无需配置高电压电源即可满足高达 100 V 的电压输入。大功率电阻 R_1 可在模拟装置模拟大阻值电阻时吸收部分功率,减小场效应管 Q1 工作负担;三极管 Q2 增强运算放大器 N1 驱动能力,以保障电流取样模块在 2 A 输入电流情况下依然能够正常工作。可模拟出的最小过渡电阻仅由场效应管最低导通电阻决定,与采样电阻无关,使得采样电阻可选用较大阻值,省掉前置放大环节,配合过渡电阻阻值的数字式快速控制,实现过渡电阻和过渡时间的同步高准确度模拟。

纹波系数测量回路如图 4-46 所示,当试品对标准装置的每相过渡电阻回路施加恒流源后,会相应在过渡电阻接线端子形成相应的直流电压。

如图 4-46 所示,其中直流电压的交流分量通过隔直电容 C 提取并送至程控增益放大器 PGA,经过调理后的交流分量信号送至 ADC,转换后得到的交流分量对应的数据经过基于高速光耦芯片的光电隔离电路送至高速单片机;直流电压的直流分量通过分压回路分压电阻送至多路模拟开关 MUX,不同的分压抽头连接多路模拟开关 MUX 的不同输入端,直流分量经过多路模拟开关 MUX 后送至精密仪表放大器

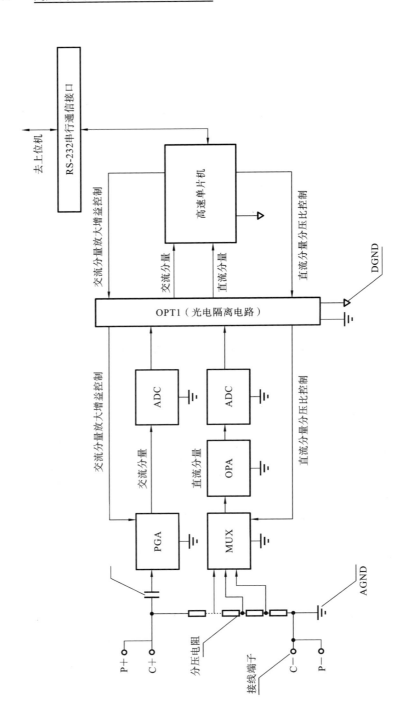

图 4-46　纹波系数测量回路

OPA,经过调理后送至 ADC,转换后得到的直流分量对应的数据经过基于高速光耦芯片的光电隔离电路送至高速单片机。高速单片机将采样得到的数据通过 RS-232 串行通信接口传递给上位机进行处理。

分离角测量设计部分,标准装置在执行分离角输出工作时,首先由上位机通过 RS-232 串行通信接口命令下位机进入工作状态,此后,驱动分离角发生装置中的旋转编码器旋转,转动角度的数据通过下位机的分离角通信接口和光电隔离接口传递给高速单片机,经高速单片机预处理后将数据上传至上位机提供给校验人员。标准装置在执行分离角测量工作时,旋转编码器选取了增量式编码器。分离角是由与旋转编码器轴向连接的转动轴提供给被试变压器有载分接开关测试仪的分离角测试仪回路。旋转编码器可以对正反两个方向的角度分别测量,并将数据上传。光电隔离电路将分离角发生回路和下位机的高速单片机相关回路进行电气隔离,有助于提高标准装置的电气安全性。

3. 软件程序设计

本装置上位机控制界面如图 4-47 所示。控制界面上半部分为过渡过程图形显示区,下半部分为参数设置区,两者是对同一个过渡过程波形的不同描述。

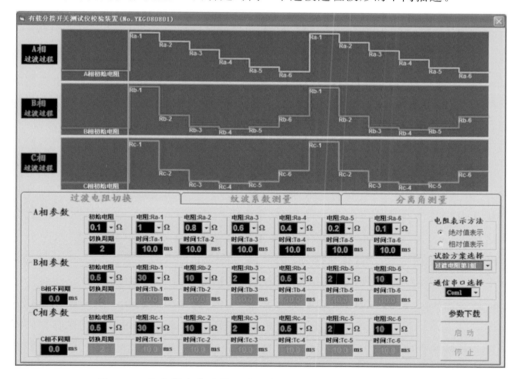

图 4-47　变压器有载分接开关测试仪校准装置上位机控制界面

图 4-48 所示波形的横坐标为过渡时间,纵坐标为过渡电阻阻值。$R_{初始}$ 为过渡过程开始前及完成后的有载分接开关内部回路的电阻。R_1、R_2、R_3、R_4、R'_1、R'_2、R'_3、R'_4 分别是过渡过程中出现的 8 个阻值,这些阻值可以不同,其持续的时间 t_1、t_2、t_3、t_4、t'_1、t'_2、t'_3、t'_4 也可不同。假设用户将需要模拟该过渡波形,参数可设置为 $R_1 = R'_1 =$ 8 Ω;$R_2 = R'_2 = 4$ Ω;$R_3 = R'_3 = 8$ Ω;$R_4 = R'_4 = 4$ Ω;$t_1 = t'_1 = 20$ ms;$t_2 = t'_2 = 5$ ms;$t_3 = t'_3 = 5$ ms;$t_4 = t'_4 = 10$ ms。$R_1 - R_2 - R_3 - R_4$ 的波形变化与 $R'_1 - R'_2 - R'_3 - R'_4$ 的波形变化是相同的,相当于连续模拟了 2 个周期的 $R_1 - R_2 - R_3 - R_4$ 波形。用户在模拟上述参数的过渡波形时,即可按图 4-22 所示输入参数。例如,R_1 选择 8 Ω、t_1 输入 20。R_2 选择 4 Ω、t_2 输入 5;R_3 选择 8 Ω、t_3 输入 5;R_4 选择 4 Ω、t_4 输入 20;切换周期输入 2,即重复输出 2 个周期的波形。通过以上参数设置,当用户命令下位机输出过渡波形时,就能在下位机 A 相端子间得到图 4-48 所示的波形。

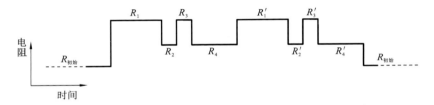

图 4-48 过渡波形图

当用户进行参数选择、输入时,控制界面上部的图形窗口会实时绘出一个周期的波形情况,便于用户参考。过渡电阻范围是 0.1~100 Ω,过渡电阻最大允许误差为 ±(0.1%读数+2 mΩ),单段过渡时间范围为 1~250 ms,总过渡时间范围为 4 ms~50 s,过渡时间最大允许误差为 ±0.02 ms,U_{DC} 的纹波系数测量范围为 0~120 V,U_{AC} 的纹波系数测量范围为 0~4 V,U_{DC} 的纹波系数测量最大允许误差为 ±(0.2%读数+2 mV),U_{AC} 的纹波系数测量最大允许误差为 ±(0.5%读数+3 mV)。当过渡电阻在 0.1~60 Ω 时额定电流为 2 A,当过渡电阻在 70~100 Ω 时额定电流为 1 A,分离角测量范围为 ±100 圈,0~2 圈时分离角最大允许误差为 ±0.3°,2~20 圈时分离角最大允许误差为 ±0.5°,20~100 圈时分离角最大允许误差为 ±0.7°。变压器有载分接开关能在变压器励磁或负载状态下连续进行操作,用于调换线圈的分接连接位置。通常它由一个带过渡阻抗的切换开关和一个分接选择器组成。变压器有载分接开关测试仪是一款专门用于精准测试变压器有载分接开关动作的过渡过程的专用测试仪。其测试原理有着独特的设计与运行机制。首先,恒流源会从变压器的 A、B、C 三端稳定地输入电流;随后,变压器内部的有载分接开关便会依照设定好的程序开启动作,从左到右或者从右到左完成一次完整的切换动作,测试仪凭借着其高度精密的传感器以及先进的检测系统,能够敏锐地捕捉到这些变化,并对其进行细致入微地分析与记录。

变压器有载分接开关测试仪的校验方法是一种直接比较的方法,将需要测试的试品电流端子与标准装置的 Ca＋和 Ca－两个电流端子串联在一起,如图 4-49 所示。当需要测量过渡电阻值和过渡时间值时,通过标准器程序给出一个或一组标准过渡电阻及标准过渡时间,然后预置,等待试品给出一个恒定的直流电流,并进入等待触发状态。然后单击标准器程序的"启动"按键,标准器就按照预先设定的过渡电阻及过渡时间来模拟变压器分接开关的动作过程。通过这种方法,就可以根据标准器给出的标准值与试品测量的实际值进行比较进而求得误差。

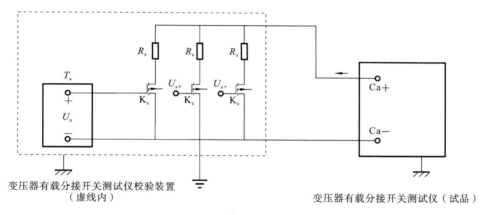

图 4-49　变压器有载分接开关测试仪校验装置接线原理图

4.5　高压开关动作测试仪标准装置研制

4.5.1　主要功能和性能参数

高压开关动作测试仪的标准装置主要功能要求与性能参数:一是能对各种高压开关动作测试仪的时间测量功能进行校验,具体包括分闸时间、合闸时间和弹跳时间等;二是能对各种高压开关动作测试仪的速度测量功能进行校验,具体包括刚分速度、刚合速度和平均速度等;三是能对各种高压开关动作测试仪的行程测量功能进行校验,具体包括总行程、开距、超程等。

因此,本书研制的高压开关动作测试仪标准装置的技术参数:时间标准量的测量范围为 0.01～999.99 ms,最大允许误差为±0.02 ms;速度标准量的测量范围为 0～5.0 m/s,最大允许误差为±0.2%(5.0 m/s);行程标准量的测量范围为 10～600

mm,最大允许误差为±(0.05％设定值＋0.1 mm)。

4.5.2　高压开关动作测试仪标准装置基本设计原理

1. 高压开关动作测试仪的工作原理

高压开关动作测试仪的时间测量是通过监视断口电平实现的,测试原理如图 4-50 所示,通常情况下,高压开关动作测试仪在现场进行高压开关动作特性进行测试时,开关设备处于停电状态[82-85]。测试仪器在断口上施加电压激励信号,同时测量断口两端的电压。当开关处于分状态时,开关断口两端的电压为施加的电压;当开关处于合状态时,开关断口两端的电压基本上为零。图 4-50 中 t_0 时刻,高压开关动作测试仪产生触发信号到高压开关分合闸线圈,控制高压开关开始合闸动作,测试仪检测开关断口电压 U,当 t_1 时刻开关完成合闸时,断口电压电平突变,测试仪记录此时刻 t_1,与产生触发信号时刻 t_0 相减得到开关合闸时间。同理可计算出高压开关分闸时间等其他时间参量。

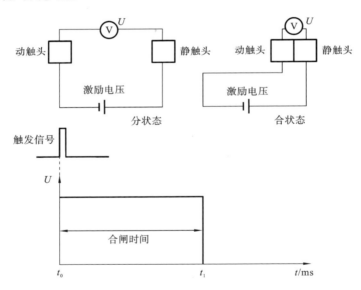

图 4-50　高压开关动作测试仪时间测量原理示意图

测试仪行程及速度参量主要的测量方法是滑动电阻器法。滑动电阻器行程测量原理示意图如图 4-51 所示,滑动电阻器法采用滑动电阻器作为测试仪的位移传感器,其基本的工作原理为:滑动电阻器的滑动端与动触头连接,确保滑动触头与动触头运动状态相同。测试仪在滑动电阻器的两端施加稳定的电压 U,同时测量滑动电阻器滑动端在初始位置时的滑动端电压 u_1。高压开关运动时,滑动电阻器的滑动端与触头同步运动,测试仪测量不同时刻滑动端的电压,由于滑动端电压信号的变化量与滑动电阻器变化的长度成正比,而电阻器长度 l 已知,所以通过测量滑动触头端的电压变化即可计算得到高压开关的行程参量。如图 4-51 所示,开关运动到图中虚线位置,此时测试仪读取滑动电阻器端电压 u_2,则开关运动的行程 s 可按 $s=(u_1-u_2)l/U$ 计算。

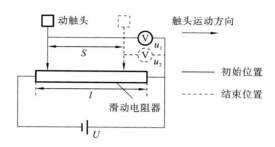

图 4-51 滑动电阻器法行程测量原理示意图

滑动电阻器价格便宜,现场接线简单,不过测量的准确度较低,一般行程测量准确度不高的测试仪器多采用滑动电阻器作为行程测量传感器。

2. 高压开关动作测试仪标准装置的设计原理

根据高压开关动作测试仪的测量原理,本标准装置的原理框图如图 4-52 所示。本标准装置由上位机和下位机组成,标准装置的上位机软件包括时间标准量设置界面、行程及速度标准量设置界面,可根据需要设定时间标准量、速度标准量和行程标准量。标准装置的下位机由时间同步模块、时间标准信号输出模块和行程/速度控制模块组成,时间同步模块根据设定的同步触发方式检测或产生同步触发信号,启动时间标准信号输出模块和行程/速度控制模块,时间标准信号输出模块将上位机设定的时间标准量转换成标准时间信号 t,标准装置的时间标准信号输出模块可产生 16 路相互独立的标准时间信号,模拟 16 组高压开关的分/合闸时间等时间参数;行程/速度控制模块将上位机设定的行程及速度标准量转换成标准行程量 s、标准速度量 v,

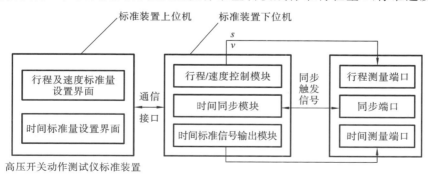

图 4-52 标准装置原理框图

模拟高压开关的开距、超程等行程参量和刚分速度、刚合速度等速度参量[86][87]。电机运行示意图如图 4-53 所示。

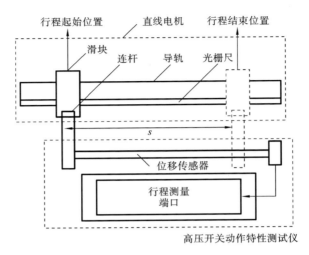

行程起始位置　　直线电机　　行程结束位置

滑块　连杆　导轨　光栅尺

s

位移传感器

行程测量
端口

高压开关动作特性测试仪

图 4-53　电机运行示意图

　　电机运行时安装在电机导轨上的光栅尺产生正交脉冲,标准装置采集并存储此脉冲信号获得电机运行的行程-时间曲线,再对行程-时间曲线进行微分计算获得速度-时间曲线,并根据高压开关相关行程和速度参数的定义计算得到开距、超程等行程标准量和刚分速度、刚合速度等速度标准量。被检测试仪时间测量端口连接于标准装置的时间标准信号输出模块的输出端口,测量标准装置产生的标准时间量;测试仪的位移传感器连接于标准装置的行程/速度控制模块的输出端口,测量标准装置产生的行程标准量和标准速度量。获得标准装置的标准量和测试仪测量值后,依据误差计算模型和校验规范,即可计算得到测试仪的误差,实现对测试仪的校验工作。

4.5.3　核心模块设计

1. 时间同步模块设计

　　时间同步模块通过电子线路准确控制内部端口的分合信号,模拟高压开关的动静触头分合,输出标准分闸、合闸时间。时间标准信号输出模块实现分合闸时间标准量的工作原理框图如图 4-54 所示。

　　时间同步模块接收到触发信号后,模块按设定的时间进行分闸或合闸操作。标准装置的触发方式按分(合)闸指令的提供方式可分为外同步触发和内同步触发。标准装置采用外同步触发时,触发信号由测试仪提供,标准装置检测此触发信号;标准装置采用内同步触发时,触发信号由标准装置提供,测试仪检测此触发信号。标准装置的触发方式按触发信号类型可分为电压触发、电流触发和空接点(开关量)触发。

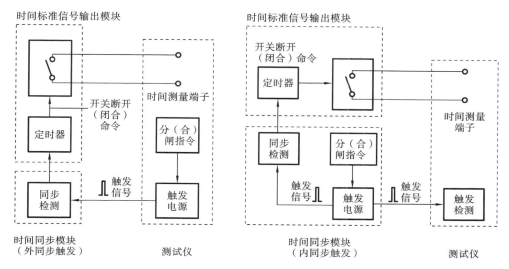

图 4-54 时间标准信号输出模块工作原理

标准装置采用电压触发时,触发信号一般为 100～220 V 的电压信号;采用电流触发时,触发信号一般为 3～20 A;采用空接点触发时,触发信号为一个开关量闭合产生的阶跃电平信号。

标准装置采用外同步触发方式时,由测试仪提供触发所需要的直流电压,并产生触发的分(合)闸命令信号。标准装置的外同步检测电路通过检测回路的电流(或回路阻性负载上的直流电压),通过高速光电隔离器将信号传输到控制单元。标准装置外同步电路和检测单元的设计响应时间小于 1 μs。外同步检测电压范围能够覆盖检测测试仪产生的触发电压范围,当输入电压幅值在 20～250 V 时,控制单元可准确地检测到逻辑高电平;当输入电压幅值小于 20 V 时,控制单元可准确地检测到逻辑低电平。

标准装置的内同步方式即为被检的测试仪的外同步方式,一般被检测试仪只有当其内同步方式不能满足现场测试要求(如继电器触点容量不够)时才使用。标准装置采用内同步触发方式时,标准装置提供 30～240 V 直流电源,并产生分(合)闸命令,确保测试仪能检测到实际工况下的分(合)闸触发信号。本装置内同步输出单元中采用 N 沟道高速功率开关场效应管(IRFP460),最高工作电压为 500 V,电流为 20 A,开关频率大于 10 MHz。从触发信号发出到输出单元的时间延时设计不超过 1 μs。

2. 时间标准信号输出模块设计

时间标准信号输出模块的原理框图如图 4-55 所示,时间标准信号输出模块由控制单元、信号产生单元、隔离单元、端口信号输出单元组成;标准装置上位机软件完成时间标准量的设置,通过 USB 电缆下传到标准装置下位机的时间标准信号输出模块。

图 4-55 时间标准信号输出模块原理框图

时间同步模块接收到触发信号后,控制单元根据上位机设置的分闸或合闸时间标准量控制信号产生单元产生标准时间长度的高电平或低电平信号;隔离单元用来实现信号产生单元和端口输出单元间的电气隔离;端口信号输出单元与被检测试仪器的时间测量端口连接,输出标准时间信号,模拟高压开关分合闸时间。

控制单元采用 ARM9 为主控制器,FPGA 为从控制器,ARM9 主要完成上位机的配置数据接收,定时数据下传到 FPGA,同步地控制、检测和复位;FPGA 主要完成端口定时输出。时间标准信号输出模块可产生 16 路相互独立的标准时间信号,模拟 16 组高压开关的分/合闸时间等时间标准量。

端口信号输出单元中,端口电路的主要工作原理为:FPGA 按照上位机设置的定时参数通过 I/O 口控制输出端口状态的信号;通过双通道电容隔离数字隔离器 ISO 7220 完成信号的隔离传输,隔离输出的电源由各自的电源模块 DCP0215 提供,实现了控制定时信号到端口开关输出的隔离;功率型场效应管 IRFP460 的栅极在 MOS 驱动器 IR2110 的控制下,漏极完成端口的开关状态输出。

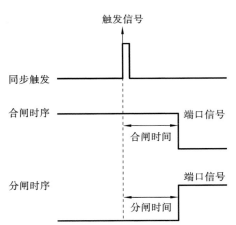

图 4-56 时间标准信号输出模块时序

其中,电子模拟开关由内同步或外同步触发信号控制,时间标准信号输出模块的时序如图 4-56 所示。为保证标准装置的时间准确度,装置采用高稳定度的有源恒温晶振,温度稳定度优于 $\pm 1.00 \times 10^{-8}$,并外接频率微调电路,精确提供系统的工作主频和时间计数频率。标准装置对外提供 16 路动作时间独立的端口信号,每个端口的状态(通或断)变化时刻完全由主控制器(FPGA)统一管理并执行。FPGA 采用 50 MHz 外部晶振频率,内部通过锁相环 2 倍频到 100 MHz,即 FPGA 的处理能力达到 10 ns。同时处理 16 路端口状态变化时,FPGA 的最小循环处理时间小于 2 μs,确保标准装置产生的时间标准信号分辨力达到 0.01 ms 的要求。标准装置执行一次输出后,保持各种状态不变;当需要进行下一次输出控制操作时,首先要复位各种输出状态。该复位命令只是复位各种输出状态,而不能复位主控制器(ARM),主控制器由上电来复位。内同步按键用来校验被检测试仪的外同步测试方式。标准装置使用内同步按键时,相当于人工给标准装置一个时间量输出的起始时刻,同时由标准装置输出一个同步信号给被检测试仪(延时小于 0.5 μs)。

3. 行程/速度控制模设计

行程/速度控制模块的原理框图如图 4-57 所示。行程/速度控制模块的主要功能为模拟实际的开关设备动作,产生不同的速度和行程。行程/速度控制模块由直线电机、控制单元、驱动单元、光栅反馈单元等组成。标准装置上位机软件设置行程及速度参数,上位机通过 CAN 卡数据通道 1 完成设置参数的配置和下传,数据通道 2 (TTL 电平)向控制单元发出"快速"启动命令。

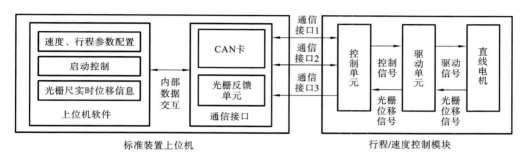

图 4-57　行程/速度控制模块原理框图

直线电机的导轨上安装有光栅尺,电机运行时会产生正交脉冲输出。驱动单元采集此反馈脉冲,并用 PID 的方式调节输出驱动电压的大小和相位,控制直线电机按照上位机设定的行程、速度工作。光栅反馈单元通过数据通道 3 采集反馈脉冲获得光栅尺实时位移信息,标准装置采集并存储此脉冲信号以获得电机运行的行程-时间曲线,再对行程-时间曲线进行微分计算获得速度-时间曲线,并根据高压开关相关行程和速度参数的定义计算得到开距、超程等行程标准量和刚分速度、刚合速度等速度标准量。

行程/速度控制模块的直线电机采用 COPLEY 直线电机模组 TBX-2504,该模组本身是一个闭环 PID 自动控制系统。通过上位机电机控制软件设置速度、行程参数,然后通过 PCI 驱动 CAN 卡将参数下传到电机驱动器,电机驱动器按照设定的参数控制 UVW 驱动电压输出到电机线圈,电机即开始运行。电机上安装有光栅反馈尺,在电机运行的过程中会有正交脉冲输出,驱动器采集此反馈脉冲,并用 PID 的方式调节输出驱动电压的大小和相位,直到调节到设定的参数为止。

电机驱动器向外提供了一些 I/O 信号口和反馈信号口,系统设计时利用其提供的 I/O 口来启动电机运行,然后通过采集反馈信号得到行程信息,再通过微分计算获得速度信息和一些与高压开关相关的速度参数。

行程/速度控制模块上位机设置行程、速度等标准参量,单击"运行"按钮,电机将处于等待同步信号状态,当时间部分收到同步信号时,电机按照设定参数运行并带动测试仪采样尺运行,从而控制测试仪测量行程、速度量。

4.5.4 标准装置的校准数据分析

标准装置的时间标准量经国家法定计量检定机构国家高电压计量站校准,校准结果如表 4-2、表 4-3 所示。可以看出,标准装置在 1～1000.00 ms 的输出范围内,时间参量的示值误差均小于最大允许误差±0.02 ms 的规定,速度参量的准确度满足设计要求。

表 4-2 校准结果——合闸时间校准数据

合闸时间校准数据				
输出通道	设定值/ms	标准值/ms	示值误差/ms	最大允许误差/ms
A1	1.00	1.0078	−0.0078	±0.02
	10.00	10.0081	−0.0081	±0.02
	100.00	100.0103	−0.0103	±0.02
	1000.00	1000.0145	−0.0145	±0.02
A2	1000.00	1000.0146	−0.0146	±0.02
A3	1000.00	1000.0119	−0.0119	±0.02
A4	1000.00	1000.0128	−0.0128	±0.02
B1	1000.00	1000.0149	−0.0149	±0.02
B2	1000.00	1000.0150	−0.0150	±0.02
B3	1000.00	1000.0122	−0.0122	±0.02
B4	1000.00	1000.0121	−0.0121	±0.02
C1	1000.00	1000.0153	−0.0153	±0.02
C2	1000.00	1000.0155	−0.0155	±0.02
C3	1000.00	1000.0132	−0.0132	±0.02
C4	1000.00	1000.0123	−0.0123	±0.02
D1	1000.00	1000.0153	−0.0153	±0.02
D2	1000.00	1000.0154	−0.0154	±0.02
D3	1000.00	1000.0128	−0.0128	±0.02
D4	1000.00	1000.0123	−0.0123	±0.02

表 4-3 校准结果——分闸时间校准数据

分闸时间校准数据

输出通道	设定值/ms	标准值/ms	示值误差/ms	最大允许误差/ms
A1	1.00	1.0081	-0.0081	±0.02
	10.00	10.0087	-0.0087	±0.02
	100.00	100.0086	-0.0086	±0.02
	1000.00	1000.0153	-0.0153	±0.02
A2	1000.00	1000.0072	-0.0072	±0.02
A3	1000.00	1000.0065	-0.0065	±0.02
A4	1000.00	1000.0085	-0.0085	±0.02
B1	1000.00	1000.0093	-0.0093	±0.02
B2	1000.00	1000.0066	-0.0066	±0.02
B3	1000.00	1000.0087	-0.0087	±0.02
B4	1000.00	1000.0053	-0.0053	±0.02
C1	1000.00	1000.0076	-0.0076	±0.02
C2	1000.00	1000.0093	-0.0093	±0.02
C3	1000.00	1000.0054	-0.0054	±0.02
C4	1000.00	1000.0056	-0.0056	±0.02
D1	1000.00	1000.0071	-0.0071	±0.02
D2	1000.00	1000.0080	-0.0080	±0.02
D3	1000.00	1000.0091	-0.0091	±0.02
D4	1000.00	1000.0089	-0.0089	±0.02

在 1000 ms 测试点,各通道之间输出的合闸时间最大差异为 0.0036 ms,分闸时间的最大差异为 0.0055 ms,说明标准装置各通道输出的时间参量一致性高,满足三相不同期时间参量的测试要求。

标准装置的行程标准量经国家法定计量检定机构湖北省计量测试技术研究院校准,校准结果如表 4-4 所示。

表 4-4 校准结果——行程校准数据

速度/(m/s)	合 闸 行 程		分 闸 行 程	
	试品设定值/mm	标准值/mm	试品设定值/mm	标准值/mm
0.2	10	10.015	10	10.015
	600	600.192	600	600.204

速度/(m/s)	合闸行程		分闸行程	
	试品设定值/mm	标准值/mm	试品设定值/mm	标准值/mm
0.5	600	600.192	600	600.204
1.0	600	600.196	600	600.205
2.0	600	600.197	600	600.208
3.0	600	600.199	600	600.210
4.0	600	600.199	600	600.211
5.0	600	600.204	600	600.215

从表 4-4 可以看出,标准装置在速度输出范围 $0.2\sim5.0$ m/s 内,速度参量的示值误差均小于最大允许误差 $\pm(0.5\%$ 读数 $+0.01$ m/s)的规定,速度参量的准确度满足设计要求。合闸速度示值误差最大值为 0.0031 m/s,分闸速度示值误差最大值为 0.0055 m/s,说明标准装置速度参量的准确性高。标准装置设定速度和实际速度的最大偏差为 0.0559 m/s,说明标准装置设定速度和实际速度的一致性较高。

标准装置的速度标准量经国家法定计量检定机构湖北省计量测试技术研究院校准,校准结果如表 4-5 所示。

表 4-5　校准结果——速度校准数据

合闸速度		分闸速度	
试品示值/(m/s)	标准值/(m/s)	试品示值/(m/s)	标准值/(m/s)
0.1994	0.201	0.1996	0.201
5.0559	5.059	5.0505	5.056

从表 4-5 所示的校准结果可以看出,标准装置在速度输出范围 $0\sim5.0$ m/s 内,速度参量的示值误差均小于最大允许误差 $\pm0.2\%(5.0$ m/s)的规定,速度参量的准确度满足设计要求。合闸速度示值误差最大值为 0.0070 m/s,分闸速度示值误差最大值为 0.0090 m/s,说明标准装置速度参量的准确性高。标准装置设定速度和实际速度的最大偏差为 0.0559 m/s,说明标准装置设定速度和实际速度的一致性较高。

4.6　氧化锌避雷器测试仪标准装置研制及校准方法

避雷器可以保证电力设备安稳运行,一旦发生过电压等不正常的情况,避雷器就会发挥作用,担负起保护电网的作用。若是被保护的电力设备在正常的工频电压下运转时,避雷器和地面之间是断开的,则不具备任何的保护作用。当遭受到雷击或者有高电压入侵时,这时被保护设备的绝缘性将会受到危害,避雷器就会产生相应的动作,将高电压引入地面,从而使得加载在被保护设备上的大电压快速变小,使得电力设备的绝缘性不被破坏。当大电压消除后,电力设备恢复正常运行状态,保障电网的安全稳定运转。

随着氧化锌避雷器被广泛应用,电力系统的安全性得到了极大提高,并且逐步取代了传统碳化硅避雷器。但是由于氧化锌避雷器工作环境恶劣,容易产生老化等现象,所以对氧化锌避雷器进行定期检测十分必要。在《氧化锌避雷器阻性电流测试仪通用技术条件》(DL/T 987—2017)中,要求氧化锌避雷器测试仪对避雷器的阻性电流、容性电流、全电流等参量进行测试。鉴于这种情况,国内很多的电力测试制造厂家开始研制、生产氧化锌避雷器测试仪。据调查,国内市场上的氧化锌避雷器测试仪质量参差不齐,对这类测试仪进行校验并向用户提供可靠的校验数据是一项必需的工作,也有较好的市场需求。

但在依据现有的阻容网络试验方法对氧化锌避雷器测试仪开展校准检测工作时发现几个问题:① 在检测输入阻抗较大(大于 10 Ω)的氧化锌避雷器测试仪时,用该检测线路存在较大的系统误差;② 线路无法对谐波分量的影响进行评价;③ 线路比较复杂,对标准器件参数的要求很高,标准器性能对测量结果影响大。因此,为了保证校验数据准确、可靠,必须改进试验方法,针对氧化锌避雷器测试仪的特点设计专门的校验装置。

在这种背景下,国内相关研究机构研发设计了具有良好可溯源性、准确度高、可有效验证的氧化锌避雷器测试仪校验装置。

4.6.1　主要功能和性能参数

避雷器测试仪标准装置可以针对目前市场上主流的避雷器测试仪的全电流、阻性电流、容性电流、相位角、参比电压、谐波电流、基波有功功率等性能进行校准检定。本书研制的避雷器测试仪标准装置的技术参数如下:全电流的输出范围为 0～20 mA,最大允许误差为 ±(0.2%读数＋2 μA);参比电压的输出范围为 20～100 V,最大允许误差为 ±0.2%;相位角的输出范围为 0～90°,最大允许误差为 ±0.1°;谐波电流分量的输出范围为 0～20 mA,最大允许误差为 ±(0.2%读数＋2 μA)。

传统的 RC 阻容网络法是在工频电压的激励下,通过阻容网络的配置产生与参比电压具有一定相位差的电流信号,产生的参比电压和全电流可以用于氧化锌避雷器测试仪的校验。该方法的缺点是回路中使用的标准电阻、标准电容受环境影响较大,接线烦琐,操作复杂,对测量结果的影响较大,且测试数据单一,相位角问题不易解决。校验工作必需的谐波电压和谐波电流无法产生,且受试品影响导致标准值变化较大,进而影响对氧化锌避雷器测试仪的校准结果。普通标准信号源方法是利用电子电路等技术,产生标准信号源即一路参比电压信号和一路全电流信号,用于对氧化锌避雷器测试仪的校验。利用该方法产生的参比电压和全电流能够达成含有各次谐波电压和谐波电流分量的效果。该方法的不足是通过这种思路设计的校验装置本身的量值溯源很难得到保证,比如采取普通标准信号源法给出全电流时,各次谐波电流的幅值、相位、频率等参数很难高准确度的溯源,难以验证。

4.6.2 标准装置的基本原理

1. 避雷器测试仪的工作原理

目前避雷器测试仪的主要测量方法有全电流法、补偿法、零序电流法、3 次谐波分析法和基波法,这几种方法适用场景情况如下[88][89]:

(1)全电流法就是直接在避雷器接地端串接交流毫安表,平时将闸刀短路,读数时将闸刀打开,流过毫安表的电流可以视为总泄漏电流,通过总泄漏电流的大小变化对氧化锌避雷器的运行状况进行判别。该方法的优点在于原理简单、易于实现,适合在现场大量监测使用,能够及时发现氧化锌避雷器的显著劣化现象。

(2)补偿法是利用全电流中阻性电流分量和容性电流分量正交点乘为零的特点,完全补偿掉全泄漏电流中的容性电流分量,从而得到避雷器阻性电流分量来判断氧化锌避雷器运行状况。

(3)零序电流法是通过三相接地线上的小电流传感器测量零序电流,然后从避雷器三相总泄漏电流中检测出 3 次谐波阻性分量。当系统电压不含谐波分量时,三相电流中的基波分量相互抵消,接地线中只剩下 3 次谐波零序电流,它等于各相 3 次谐波阻性电流之和,即根据避雷器 3 次谐波总的阻性电流的比例关系可以得出总阻性电流的大小。带电检测中避雷器正常时的数值较小,当一相或三相避雷器出现问题时,三相电流不平衡,数值较大,其中含有基波分量,因此能发现故障。

(4)3 次谐波分析法是基于补偿的原理,通过消除由系统电压产生的 3 次谐波中容性电流分量,获得由避雷器电阻非线性产生的 3 次谐波阻性电流。通过建立 3 次谐波阻性电流和全阻性电流的关系获得流过避雷器的阻性电流分量。

(5)基波法的基本原理是采用数字谐波分析技术从总泄漏电流中分离出阻性电流的基波分量,然后由此判断避雷器的工作状况,它克服了电网电压中的谐波干扰,且有利于排除相间干扰对测量值的影响。

2. 避雷器测试仪标准装置的设计原理

本书严格参照电力行业标准《氧化锌避雷器阻性电流测试仪通用技术条件》(DL/T 987—2017)设计了各个功能模块,涉及阻性电流、容性电流、全电流、相位角、谐波电流、参比电压等。标准装置设计涵盖单片机技术、直接数字合成技术、互感器技术、模拟技术、数字通信技术、上下位机软件编程、机械结构设计等。在设计思想上采取了模块化、信号源线性叠加等技术,力求装置性能稳定,功能丰富,能对氧化锌避雷器测试仪进行校验。这些技术的有机结合保证了功能实现上的可完成性。

氧化锌避雷器测试仪标准装置的原理框图如图 4-58 所示,校验装置分为上位机和下位机两大部分。其中,上位机是提供人机交互界面的计算机,实现标准装置的操作。通过友好的人机界面,用户可以方便地配置全电流和参比电压的幅值、频率和相位角等参数。下位机通过通信接口响应上位机的各种命令参数,生成全电流和参比电压。

下位机在单片机控制下,每个 DDS 模块产生独立的幅值、频率、相位可调的正弦信号单元,这些正弦信号可对后级精密恒流源模块和精密电压调理模块进行激励,进而形成独立的电流分量和电压驱动信号,各次电流分量进一步通过并联线性叠加,最终输出含各次谐波分量的全电流信号,而电压驱动信号最终通过驱动精密电压互感器升压并输出参比电压信号,全电流和参比电压相互电气隔离。

氧化锌避雷器是由压敏电阻构成的。在正常的工作电压下,压敏电阻值很大,氧化锌避雷器处于绝缘状态。但在冲击电压作用下,压敏电阻呈低值被击穿,相当于短路状态。因此,氧化锌避雷器在遭遇雷击时压敏电阻被导通,雷电流经压敏电阻流入大地。氧化锌避雷器测试仪主要采用微电脑控制模拟采样,通过测量氧化锌避雷器雷击计数器端的全电流及电压互感器二次端的参比电压和它们的相位角,并通过氧化锌避雷器测试仪内部的数字处理电路及程序算法测量出氧化锌避雷器的阻性电流和容性电流。

如图 4-58 所示,氧化锌避雷器测试仪的校验方法是一种直接比较的方法。将需要测试的试品电流端子与标准装置的 A、B、C 三项电流端子和 N 端子串联在一起,同时把试品参比电压端子与标准装置的 A、B、C 三项参比电压端子和 N 端子并联在一起。当测量全电流、阻性电流、容性电流、参比电压值时,通过标准器程序设置一个全电流值、参比电压值和相位角,然后启动测量,待完成试品测量后,装置直接给出全电流、阻性电流、容性电流、参比电压值。通过这种方法,就可以根据标准器给出的标准值与试品测量的实际值进行比较,进而求得误差。

4.6.3　核心模块设计

1. 正弦信号单元模块设计

避雷器测试仪标准装置首先需要生成若干基本的正弦信号单元,这些正弦信号单元将用来激励后置的恒流源电路和恒压源电路并产生相应的标准参比电压和标准全电流。正弦信号单元幅值需要稳定可调,幅值分辨率高于 0.1%,频率稳定可调,可产生基波和各次谐波所需要的各次频率,正弦曲线高度平滑,基本无阶梯。其中,对于幅值稳定可调的要求,按照常规设计思路较容易实现,如用普通单片机按照正弦表对高分辨的 ADC 芯片操作即可实现。但是这种常规设计方式不利于正弦信号的频率稳定可调,尤其是信号的曲线平滑,其原因主要在于,单片机等处理器和 ADC

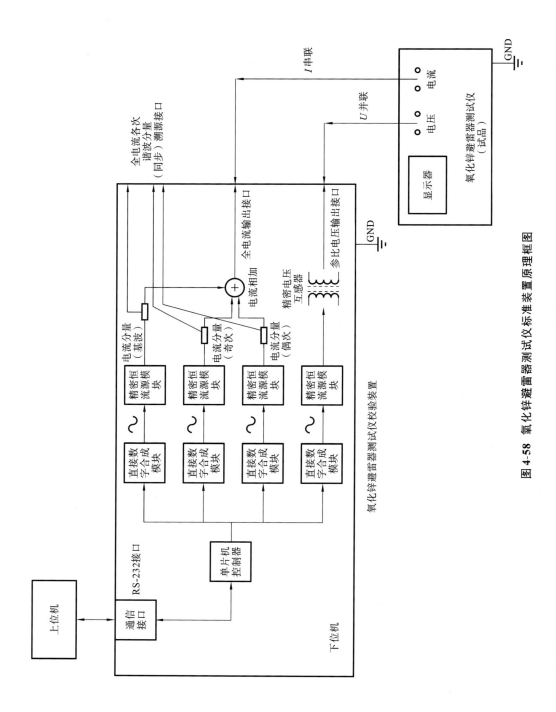

图 4-58 氧化锌避雷器测试仪标准装置原理框图

芯片的工作速度有限,在单片机等处理器控制下利用 ADC 芯片产生正弦信号一般仅能达到数十微秒产生一点,这样下来,产生的正弦波形会有较明显的"阶梯",也就是曲线不平滑。为了取得平滑效果,往往需要在后续调理电路中添加滤波电路,而滤波电路又必然对输入的"阶梯"正弦信号产生幅值衰减和相移,并且这种幅值衰减和相移受滤波电路器件以及输入信号频率的影响而引入较大的不确定性,从而不利于标准装置参比电压和全电流的幅值、频率、相位这三个最关键参数的准确度的提升。

为了获得幅值和频率稳定可调且曲线平滑的正弦信号单元,设计时选用了 DDS (直接数字合成技术)芯片来产生基本的各次差分正弦信号。在单片机 C8051F020 控制下,该芯片能产生一路幅值、相位、频率可调的精密差分正弦信号,并通过 CH1 端子输出给后级模块。DDS 芯片在工作时,除基本外围电路外,还需要外部提供高稳时钟信号和控制信号。其中 3.3 V 等级时钟信号 16M_CRY_S 由外部 16M 高稳有源振荡器产生,经高速与或门 SN74LVC1G25 提高驱动能力并调理为 DDS 芯片可接收的 1.8 V 等级时钟信号 CRY_S_TO_DDS;AD9951 芯片采取的控制信号主要包括片选信号 CS_1、数据传输信号 SCLK 和 SDIO、启动信号 DDS_UPDATE 等,在控制信号作用下,AD9951 可输出高质量差分正弦电压信号,幅值分辨率为 14 位,相位调节细度为 14 位,频率调节细度为 32 位。AD9951 控制信号电平与单片机 C8051F020 信号兼容,可由单片机直接提供。实际测量显示曲线平滑且线性度好,不必采取后续滤波电路,大幅减少滤波电路带来的负面效应。

2. 精密恒流源模块设计

精密恒流源主要是用于产生全电流。在其他类似的设计当中,精密恒流源电路的主要设计思路是:输入合成后的电压波形(所谓合成是指该电压波形已对应了全电流及基波分量和各次谐波分量,该电压波形经过精密恒流源电路并通过功率放大电路后形成包括各次电流分量的全电流)。该常规思路往往带来如下问题:这种传统的全电流混合推出方式是将各次谐波电流分量混合调理并推出,不利于标准装置本身的溯源,其原因在于电流量往往是在单一频率下进行溯源,当标准装置仅仅输出一个混合了各次谐波电流分量的全电流时,校验本身也不容易从上级校准机构得到一个好的溯源结果。

本书所设计的避雷器测试仪标准装置在精密恒流源的设计方面采取了"模块化"的思想。其关键点在于:按照"模块化"的思想设计了多个精密恒流源电路"模块",每个"模块"的输入信号为一个独立纯净的正弦信号,该信号来自直接数字合成电路,在独立的幅频可调的正弦信号激励下,每个恒流源"模块"可分别输出不同幅频的电流,这些电流可作为全电流的各个分量,并且每个精密恒流源模块采取了高精密器件,接近输出阻抗无穷大的理想恒流源要求,并且基于输出阻抗接近无穷大的特点,这些恒流源"模块"可以直接并联,达到电流相加的目的。

基于这种"模块化"思想,本书的精密恒流源电流形成如下特点:在输出全电流的同时能将各个电流分量分别引出,这种方式有利于在本标准装置去上级溯源时可以在给出全电流的背景下同时根据需要引出各次电流分量,大大提高了溯源结果的有效性。

精密压控恒流源电路如图 4-59 所示,电路的功能主要是响应前级电路产生的差分正弦信号,并调理产生全电流。

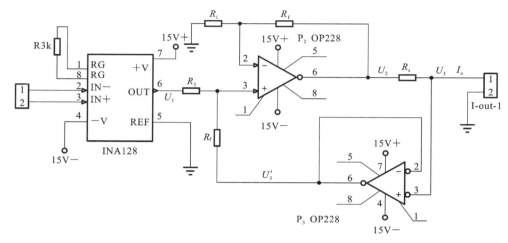

图 4-59　压控恒流源电路示意图

具体工作原理为:首先基于仪表运放 INA128 将来自 DDS 芯片的差分正弦小信号放大成单端电压信号 U_1,信号 U_1 作用于由运放 P_2、P_3 组成的压控恒流源电路,最终形成毫安级正弦电流信号 I_o 并经端子 I-out-1 输出给后级模块。该电路属于"接地型负载"的压控恒流源电路,也可称为"HOWLAND 电流泵"。该电路由 2 片精密运放 OPA228 组成,其中 P_2 是主运放,实际构成一个差分放大器,检测输出信号和反馈信号的差,P_3 是从运放,构成电压跟随器。不难分析,运放和电阻处于理想条件时,电路满足公式:

$$I_0 = \frac{U_2 - U_3}{R_s} = \frac{U_1}{R_s}\frac{R_f}{R_i} \tag{4-9}$$

本书在参数选择上提供的建议为:$R_f = R_i = 4$ kΩ,$R_s = 500$ Ω,考虑到 R_s 并非远小于 R_f 和 R_i,所以在电路中 P_3 运放的存在是必须的,通过该电压跟随电路既能保证 U_3 信号反馈到 U_3' 信号处,又可减少反馈回路对 I_o 的分流影响,维护了反馈信号的完整性和匹配性。R_f 和 R_i 的阻值匹配度要求很高,否则对恒流源线性度会产生较大影响,也会降低恒流源电路的等效并联输出阻抗。电路中 R_f、R_i 和 R_s 均为 0.02% 精度的精密无感金属膜电阻,温度系数优于 25 ppm。当正弦电压信号 U_1 为有效值 5 V 时,I_o 为有效值 10 mA 的正弦电流,即实现了精密压控恒流源的设计要求。

3. 精密升压电路设计

标准装置的升压电路如图 4-60 所示,该电路采用了多级升压方式,用于产生参比电压 U'_o。

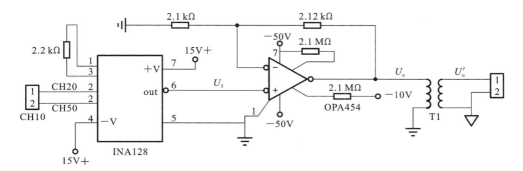

图 4-60　升压电路示意图

其工作原理为:首先基于仪表运放 INA128 将来自 DDS 芯片的差分正弦小信号放大成单端正弦电压信号 U_5,信号 U_5 通过高压运放 OPA454 组成的同向放大电路进一步调理成正弦电压信号 U_o。同向放大倍数为 5 倍,即当正弦电压信号 U_5 为有效值 5 V 时,U_o 输出为有效值 25 V 的同相正弦电压信号。

OPA454 为 TI 公司的高压(±50 V)大电流(50 mA)运放,失调电压典型值为 ±0.2 mV,其正向输入端接 INA128 的输出信号 U_5。这种多级升压的方式有助于降低整个升压电路的输出失调电压。U_o 信号的最高输出电压设计为有效值 25 V,经过精密电压互感器 T1 进行第 3 级放大,输出信号 U'_o 最高输出电压为有效值 100 V。T1 为 25 V/100 V 的升压精密互感器,按额定负荷 1 V·A 设计,线性度优于 $\pm0.02\%$,由坡莫合金作为铁芯绕制而成,具有励磁电流小、线性度好、工作范围宽等优点。

4.6.4　氧化锌避雷器测试仪校准方法

本书参考《测量不确定度评定与表示》(JJF 1059.1—2012)、《氧化锌避雷器泄漏电流测试仪检定规程》(JJG(机械) 198—1997)、《氧化锌避雷器阻性电流测试仪通用技术条件》(DL/T 987—2005)、《测量不确定度要求的实施指南》(CNAS-GL05)和《电器领域不确定度的评估指南》(CNAS-GL08)来设计氧化锌避雷器测试仪标准装置校准要求。

1. 校验环境

该测试仪的环境温度为 $+20\,^{\circ}\mathrm{C}\sim+30\,^{\circ}\mathrm{C}$,相对湿度不超过 80%,供电电源频率为 220 V±5 V/50 Hz±0.5 Hz。

2. 校验内容与注意事项

试验场地应无严重震动和颠簸。外磁场符合规定的产品正常使用条件。校准时一般使用的主要标准器有氧化锌避雷器测试仪校验装置、多功能校准源和数字多用表。校准内容一般按《氧化锌避雷器阻性电流测试仪通用技术条件》(DL/T 987—2017)规定选择。另外,试验员还需记录所用氧化锌避雷器测试仪校验装置的名称、型号、出厂编号、主要性能参数、送上级溯源部门校准/检定时的证书编号及证书有效期,记录温度和相对湿度,如果温度高于 30 ℃ 或者低于 20 ℃,相对湿度大于 80%,在校准前应该向项目负责人或实验室主任咨询。在标准设备和试品设备连接后检查接地端的连接。

3. 校验步骤

将标准装置的电流输出端子 A、N 与试品的电流输入端子(通常情况下是 A 端子及公共端子 O)连接。确认所使用的氧化锌避雷器测试仪校验装置与上位机程序通信正常。如遇到试品采用三相测量,应在上述连接完成后,再从试品提供的 A、B、C 三个参比电压端子处,分别接入标准装置 A、B、C 相对应参比电压端子及公共端 N。

如果试品需要进行三相测量,但是只提供了一相参比电压端口,则应按照单项避雷器测试仪的处理方法进行试验;否则会出现 B、C 相无参考电压,从而导致无法准确测量出 B、C 相的阻性电流、容性电流值。

对于每一个测量点,至少测量 2 次,如有异常值应剔除。测量点应在本机构校准能力的范围基础上尽可能覆盖试品的全量程。全电流测量应从试品最小量程点开始,依照标准装置能给出的步进逐点校准,直至试品的最大全电流量程上限。一般测量点为:0.5 mA、1 mA、2 mA、3 mA、4 mA、5 mA、6 mA、7 mA、8 mA、9 mA、10 mA,直至 20 mA。参比电压测量应从试品最小量程点开始,直至试品的最大参比电压量程上限。一般测量点为:10 V、20 V、30 V、40 V、50 V、60 V、70 V、80 V、90 V、100 V,直至 200 V。

常用的操作流程需在氧化锌避雷器测试仪校验装置的上位机程序里设置全电流、参比电压的测量点,同时给出全电流与参比电压的参考相位角用来计算阻性电流分量及容性电流分量,然后单击程序下载再单击"启动"按钮,最后记录数据。如此重复,直至试品最大测量范围内所有的测量点都已测量完毕。

氧化锌避雷器测试仪应在可控制的区域内进行校准,如环境温度为 20~30 ℃、湿度小于或等于 80%RH 且供电电源频率为 220 V±5 V/50 Hz±0.5 Hz。公共的接地点在氧化锌避雷器测试仪校验装置的主接地点,该点必须和建筑物的地面连接。当测量时存在不同的接地点,或者仪器本身有不同的接地点时,所有的接地点和需测量的氧化锌避雷器测试仪的接地点必须接在氧化锌避雷器测试仪校验装置的主接地点上。将试品氧化锌避雷器测试仪提供的测量线连接到氧化锌避雷器测试仪校验装置的电流端口和参比电压端口。

氧化锌避雷器测试仪校验装置能够提供 0～20 mA、最大允许误差为 ±(0.2% 读数+2 μA) 的全电流和 0～100 V、最大允许误差为 ±0.2% 的参比电压。在原始记录上记录所使用的氧化锌避雷器测试仪校验装置的有关信息。

4. 校验数据处理

氧化锌避雷器测试仪校验原始记录上的每一个测量点的数据必须包括完整的测量参数的规格,通常记录到原始记录本或试验自动化管理系统录入后检定员须进行确认操作。检查所用记录的数据是否连续变化,是否在试品说明书上规定的误差范围以内。检查重复测量数据的一致性,并确认它们处于设备的额定值或者可重复有效值范围内。如果起始的测量值在规定的误差范围以外,则需再次检查氧化锌避雷器测试仪校验设备设置。如果重复测量值还是在规定的误差范围以外,则应立即通知项目负责人或实验室主任以确定是否进行调整或按该试验数据出具氧化锌避雷器测试仪校验校准证书。所用标准装置的名称、型号、出厂编号、主要性能参数、送上级溯源部门校准/检定时的证书编号及证书有效期、试品相关测量参数信息、实验室温度、相对湿度和校准地点必须和每次测量数据记录在一起。完成纸质原始记录后,担任数据记录的检定员须核对试验数据的有效性,核查确认数据无误,在原始记录上签名确认,并在试验自动化管理系统中生成原始记录。电子表格数据必须经过检查,如果氧化锌避雷器测试仪校验数据记录在原始记录本或试验本上,这些数据应该被转换为电子表格数据形式。转换得到的电子表格必须经过 Excel 电子表格的处理校对,最后依据氧化锌避雷器测试仪作业指导书的不确定度评定部分的具体内容和相关公式、参数进行不确定度的计算。

5. 校验证书报告要求

氧化锌避雷器测试仪校准证书中校准结果的形式一般按照实际作业指导书中相关要求给出。校准证书应给出测量结果和相关的不确定度。氧化锌避雷器测试仪校准证书不应包含对校准时间间隔的建议,除非被校准对象有必须进行量值溯源的要求。该要求可能被法规的要求所取代。当氧化锌避雷器测试仪校验证书被要求给出校准时间间隔时,必须在不确定度评定中增加试品量值的漂移分量,该分量值的评估可依据相关标准或其他规范进行,也可依据试品说明书提供的参数进行。

4.7　红外成像仪的标准装置及校准方法

4.7.1　溯源参量分析

红外成像技术是一种辐射信息探测技术,根据各种物体或物体的各个部位具有不同的红外辐射特性,系统可直观地显示其差异而予以区分,同时转换成可见光图像,从而将人类的视觉感知范围由传统的可见光谱扩展到裸眼看不到的红外辐射光谱区。

红外成像技术的主要特点是:红外辐射能够穿透雾尘,红外成像系统能够在夜间和恶劣气象条件下工作,作用距离较远,且以被动方式工作,不易被发现和干扰。电气设备在电网中正常运行时,电流通过设备时便会产生热量;电气设备进行能量传输和能量变换时,由于电阻效应,也会产生电阻损耗,同样伴随着发热;高压设备中存在大量的线圈以及电磁铁,在电磁交换时必然存在涡流效应,造成涡流损耗,产生大量的热量。电气设备在正常工作时,设备会有相应的热场分布和热特征,其热信息相对稳定或者具有一定规律。其他条件正常时,如果设备的温升在规定的范围内,则可以判断设备正常。如果设备出现故障,如连接头松动或者内部故障,则必然带来设备内部损伤和表面热量分布变化,设备的热场分布发生变化,一般会伴随明显的温升变化。红外热成像技术通过红外探测仪获取设备的热信息,通过图像处理技术得到设备热场分布和温升变化数据,再应用相应的算法和诊断技术就可以对设备故障进行诊断[90]。

从 20 世纪 70 年代开始,受到微电子技术和信号处理技术的快速发展的推动,红外成像技术得到日新月异的发展。从原来采用单元红外探测器或阵列红外探测器利用光机扫描系统实现二维成像,到目前以焦平面阵列器件为核心的凝视成像方式,从原来串行的模拟信号处理方式到目前最新的数字信号和数字图像处理技术的引入,红外成像系统无论是在系统结构、硬件组成还是信号处理方式,都有了质的飞跃[91][92]。

红外成像仪即是以普朗克辐射定律为依据,通过非接触方式探测场景内物体的红外线辐射能量,计算出被测物体的温度,再由信号处理系统转变成为目标的视频热图像的一种技术[90]。它将物体的热分布转换为可视图像,并在显示器上以灰度级或伪彩色显示出来,从而得到被测目标的温度分布场。由于测温和成像在红外成像仪工作时相互独立,但两者都对红外成像仪最终的测量结果造成影响,因此红外成像仪的计量可以分为测温计量以及红外成像系统主要参量计量两方面进行。

1. 测温计量

测温作为红外成像仪的最核心功能,其测温准确性及测温范围应满足本项目所涉及的电力行业相关要求。测温准确度:根据国标《工业检测型红外热像仪》(GB/T 19870—2018)和国网近年发布的《电力设备带电设备检测仪器年度定期性能检测方案》中对准确度的要求和定义,如表 4-5 所示。本书所研制的计量标准准确度能满足试验要求。测量范围:根据《工业检测型红外热像仪》(GB/T 19870—2018)中测温范围要求,即"根据用户的实际使用要求定义,同时可在−20~2000 ℃范围内选择";同时参考《热像仪校准规范》(JJF 1187—2008)、《带电设备红外诊断应用规范》(DL/T 664—2016)和《热力设备红外检测导则》(DL/T 907—2004),测量范围为 0~350 ℃,能满足目前电力行业用热像仪的使用要求。

表 4-5　准确度的要求和定义

参考标准及方案	要求内容
《工业检测型红外热像仪》	测温准确度应不超过±2 ℃或测量值乘以±2%（℃）（取绝对值大者）
	进行试验以及测试的设备的允许误差或准确度应不大于被控参数允许误差的 1/3（高温黑体除外）
《电力设备带电设备检测仪器年度定期性能检测方案》	测温准确度应不超过±2 ℃或测量值乘以±2%（℃）（取绝对值大者）

2. 成像系统主要性能参量

在红外成像技术发展的过程中,始终伴随着红外成像系统性能评估技术的应用。实际上,红外成像系统性能评估贯穿于红外成像系统研制与使用的始终。从系统方案设计、研发过程到后期应用,系统性能评估都通过提供各种分析数据的方式,指导着系统研制、使用过程中的问题定位、解决方案制定以及进一步改进的方向。同时,红外成像技术的发展也在推动红外成像系统性能评估技术的发展。任何新工艺、新结构和新技术的引入和采用,都会对红外成像系统的性能产生影响,性能评估技术必须不断地将新的影响系统性能的因素纳入考虑的范围,以便适用于新型系统的性能评估需求。由此可见,红外成像系统的性能评估是红外成像总体技术的重要组成部分,对红外成像技术的发展起着重要的推动作用,同时也随着红外成像技术的发展而发展。目前国内外对成像质量的常用的测试方法主要有噪声等效温差（NETD）、最小可探测温差（MDTD）和最小可分辨温差（MRTD）等。

（1）噪声等效温差:红外成像仪观察一个低空间频率的圆形或方形靶标,当其视频信号的信噪比为 1 时,目标与背景之间的温差称为噪声等效温差。

（2）最小可探测温差:当观察者的观察时间不受限制,在计算机控制和图像采集分析系统显示屏上恰好能分辨出一定尺寸的圆形目标及其所在位置时,对应的目标与背景的温差称为最小可探测温差。

（3）最小可分辨温差:最小可分辨温差是综合评价红外系统温度分辨力和空间分辨力的重要参数。当观察者眼睛感觉到的图像信噪比等于视觉阈值信噪比时,对应的目标与背景的温差就是最小可分辨温差。该性能参数体现了系统的空间分辨率、热灵敏度和系统传递函数之间的关系。

4.7.2　校准方法的研究

1. 示值误差的测试

在开展示值误差测试过程中,根据使用要求,需要先清洁红外热像仪光学外露元件。根据聚焦范围要求、光学分辨力和黑体辐射源目标直径,一般把黑体辐射源置于 1 m 的工作距离。调整红外热像仪位置,使红外热像仪沿黑体辐射源的轴向方向瞄准黑体辐射源目标中心,使被测目标能够清晰成像,准确测温。测量前,将红外热像仪预先开机一定时间(30 min)后设置量程,输入环境温度、环境湿度、测量距离等参数。校准时,红外热像仪发射率参数设置为 1。在示值误差测量之前,盖上镜头盖完成红外热像仪校准清零。将红外热像仪置于点温度测量模式,测量黑体辐射源目标中心温度。将黑体辐射源温度设置为不同温度值,读出红外热像仪测得的数据。

当 $t_2 < 100$ ℃时,按式(4-10)计算:

$$\theta = t_2 - t_1 \tag{4-10}$$

当 $t_2 \geqslant 100$ ℃时,按式(4-11)计算:

$$\theta = \frac{t_1 - t_2}{t_2} \times 100\% \tag{4-11}$$

式中:θ 为测温示值误差;t_1 为已知标准黑体辐射源的温度,℃;t_2 为红外热像仪测量的温度值读数,℃。

2. 连续稳定工作时间的测试

连续稳定工作时间的测试,可满足红外热像仪长时间稳定工作场景下性能评估要求,这不仅要求红外热像仪一次测温准确,也要求它具有重复测量的稳定性。用时间作为指标,可使用户在选择产品时更加方便。一般来说,连续稳定工作时间试验能证明在最短测试时间内,红外热像仪工作的可靠性。

把黑体辐射源温度设置为 50 ℃,安放于规定的工作距离位置,使红外热像仪能够清晰成像,准确测温。在没有人工干预红外热像仪的条件下,每隔 10 min 读出一次红外热像仪测温点的温度数据。测试时间根据离线型红外热像仪的类型规定为 2 h。

3. 测温一致性的测试

测温一致性对于能够给出温度分布的红外热像仪是非常重要的,没有它的限定,温度分布将是不可靠的,由此得出的点、线、面的分析和统计也是不正确的。

红外热像仪提供温度分布的可靠性很大程度上依赖其测温一致性指标。以其最中心部位区域作为基准,将红外热像仪的整个显示器成像画面等分为 9 个区域,如图4-61 所示,在 9 个区域的中心点分别标记,来考察红外热像仪的全视场内测量温度的一致性。把面黑体辐射源置于规定的工作距离上,调整红外热像仪的方位,使红外热像仪光学系统的光轴与经过面黑体辐射源中心的法线方向重合,并且使红外热像仪能清晰成像,面黑体辐射源的图像能充满视场。在进行测温一致性测试时,不允许使用红外热像仪的数字变焦功能。根据红外热像仪实际使用情况,通常设置黑体辐射源温度为 100 ℃。从实际操作上来说,不可能将各个区域的所有点都测试来考核测温一致性,因此分别选取 1~9 个区域的中心点位置代表测温点,用来测量面黑体辐射源的温度。

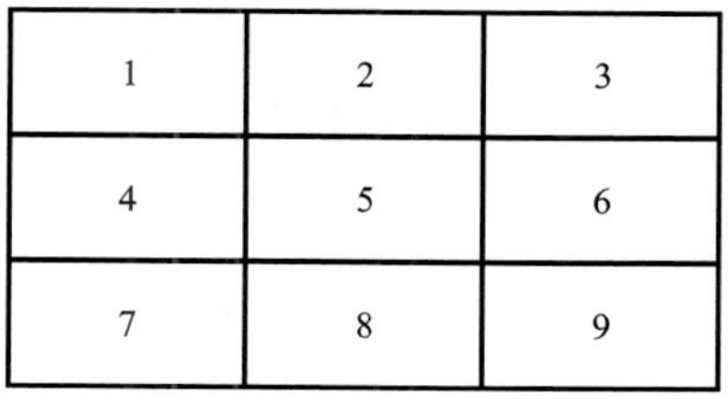

当 $t_5 <$ 100 ℃时,按式(4-12)计算:

$$\phi_n = t_5 - t_n \qquad (4\text{-}12)$$

当 $t_5 \geqslant$ 100 ℃时,按式(4-13)计算:

1	2	3
4	5	6
7	8	9

图 4-61　显示器成像画面

$$\phi_n = \frac{t_n - t_5}{t_5} \times 100\% \qquad (4\text{-}13)$$

式中:n 为区域编号,取 1~9;ϕ_n 为测温一致性;t_n 为红外热像仪各区域的测温读数,℃;t_5 为红外热像仪第 5 区域的测温读数,℃。

噪声等效温差的测试框图如图 4-62 所示。示值误差是红外热像仪最基本,也是最重要的一个参数,这个误差值随着被测物体的温度升高而增大。误差值在 100 ℃以内小于 2 ℃,在 30~40 ℃范围内,甚至可以降到 0.2 ℃以内,这是用于人体测温的基本要求。当测量温度范围大于 100 ℃时,用百分比来表征,在测量 1000 ℃以上的高温物体时,其误差可能有 20~30 ℃。

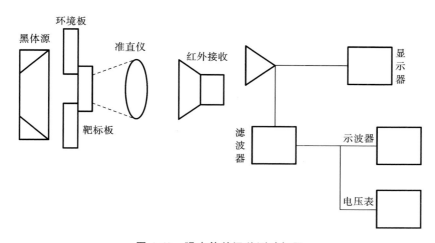

图 4-62　噪声等效温差测试框图

红外热像仪的噪声等效温差是当用红外热像仪观察标准试验图案(采用方形靶),基准电子滤波器输出端产生的峰值信号与噪声电压的均方根信号之比为 1 时,标准实验图案上黑体辐射源目标与背景的温差。按照《红外焦平面阵列参数测试方法》(GB/T 17444—2013)的描述,噪声等效温差的测试使用条形靶标板。首先调节标准温差黑体辐射源的温差设置($\Delta T = 2$ K),红外热像仪置于离黑体 1 m

的距离上,对准准直仪出瞳,调节焦距,使靶标清晰成像,目标图像须占全视场的 1/10 以上。用示波器在热像仪探测器前置放大器输出端测量峰值信号值 S,再盖上红外热像仪的入瞳,用均方值噪声电压表测出同一点的均方根噪声电平 N,按式(4-14)计算:

$$NETD = \frac{\Delta T}{S/N} \tag{4-14}$$

式中:ΔT 为目标与背景靶标之间的设定温差,K;S 为探测器前置放大器输出端峰值信号电平;N 为盖上红外热像仪的入瞳后的均方根噪声电平。

在动态范围内,目标与背景之间的温差与信噪比之比表示为

$$N_{NETD} = \frac{\Delta T}{R_{SN}} = \frac{\Delta T \times V_{RMS}}{V_S} = S_{TF} \times V_{RMS} \tag{4-15}$$

式中:ΔT 为目标与背景靶标之间的设定温差;V_{RMS} 为噪声信号均方根;V_S 为目标与背景靶标之间对应温差的信号值;S_{TF} 为系统的信号传递函数。

4.7.3 计量装置设计

根据红外成像仪的工作原理,可以基于黑体辐射源研制红外成像仪标准装置。红外成像仪标准装置的设计思路:温差黑体辐射源和靶标产生温差可控的红外成像目标,通过反射式红外平行光管投射到被测系统物面位置;被测红外成像系统观察该目标,由计算机和专用软件进行图像采集及数据分析,计算各项参数的测试结果,将结果进行比较来实现校准。

1. 红外成像仪计量标准平台的硬件组成

红外成像仪计量系统的硬件平台如图 4-63 所示。红外成像仪计量系统硬件平台包括光学平台,用于承载所有设备;标准黑体及四杆靶标,用于产生测试所需指定形状的红外辐射目标;标准黑体温度控制器,用于设置黑体的温度,从而控制红外辐射大小;精密转台,用于精确调整热像仪的成像距离和角度;计算机,通过与标准黑体温度控制器和红外热像仪进行数据通信,可设置黑体温度,采集红外热像仪图像数据。

按照《红外测温仪、红外热像仪校准规范》(Q/GDW 468—2010)的要求,温差黑体的温度最大允许误差为 ±0.03 ℃;发射率大于 0.95;温度均匀性为 ±0.01 ℃。

差分黑体面辐射源模块具有差分温度模式和绝对温度模式:在差分温度模式下,作为红外目标源使用时,黑体部分与靶标部分的温差可实现监控和调节功能;在绝对温度模式下,黑体部分可作为标准热源使用,实现校准红外探测仪器的功能。本书购置的差分黑体面辐射源模块为美国 EOILDS100 系列,如图 4-64 所示。

差分黑体面辐射源模块的红外辐射区域为 150 mm×150 mm,性能参数如表 4-6 所示。

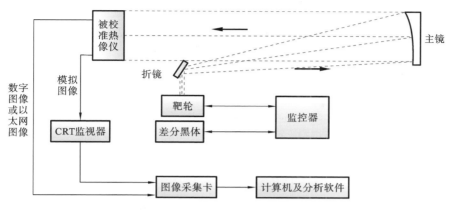

图 4-63　红外成像仪计量平台结构图

图 4-64　差分黑体面辐射源模块

表 4-6　差分黑体面辐射源模块性能指标

性能指标	具体量值
温度范围	0～100 ℃
温度准确度	±0.015 ℃
温度漂移	±0.001 ℃
温度均匀性	环境温度±5 ℃内为±0.01 ℃,其他情况下为±0.3 ℃
温度稳定时间	0.1 ℃为 20 s,1.0 ℃为 40 s,10.0 ℃为 80 s
辐射系数	0.97±0.02(2～20 μm)
温度分辨率	0.0001 ℃
温度显示精度	0.0001 ℃

1）光学平台

可上下左右前后三维调节的平台及支架，能精确调整光轴的水平与垂直。

2）靶标及切换系统

采用方形靶、圆形靶、条形靶及四杆靶观测图像。靶标板由较厚的高热传导率金属铝片刻制而成。其正面涂有一层发射率很高的黑漆涂层，用来模拟黑体，可与环境保持等温。其背面保留光滑的高反射率金属面，以减小黑体辐射的影响。

红外测试靶标可进行切换，主要包括半月靶（用于噪声等效温差（NETD）和调制传递函数（MTF）的测试）、四杆靶（用于最小可分辨温差（MRTD）的测试）和圆形靶（用于最小可探测温差（MDTD）的测试），如图 4-65 所示。

图 4-65　测试用靶标

3）精密黑体辐射源

红外热像仪测温的准确性是通过测定黑体辐射源的能量与红外热像仪输出电信号之间的关系来保证的。本书中差分黑体面辐射源更多运用在 NETD 等成像系统性能的相关检测中，且差分黑体面辐射源的测温范围不能满足电力测温范围全覆盖，而精密黑体辐射源可以作为其补充。根据《红外测温仪、红外热像仪校准规范》（Q/GDW 468—2010）的要求，本书所采用的精密黑体辐射源测温范围满足 $+50\sim+350$ ℃，示值误差为 ±0.2 ℃，发射率为 0.99 ± 0.01，稳定度为 ±0.05 ℃。

2. 红外成像仪计量标准平台的软件组成

研发计量标准装置来评价不同的红外成像仪的性能，以选取满足应用需求的红外成像仪是目前急需解决的问题。本书通过对红外成像仪输出图像的定量评估，以及现有方法的对比，建立红外成像仪性能指标的客观评价方法，并据此开发计量标准装置软件，形成新的红外成像仪计量方法。本书研制的软件可以完成整个装置的设备集中控制和管理、数据采集、红外成像性能参数计算、红外图像质量参数计算。

1）软件架构设计

软件实现对装置中各设备的集中控制和管理。能够执行对各设备的自检并设定各设备工作状态及工作参数，按顺序启动各设备；在实验过程中可以根据需要实时调整各设备的参数；控制接收多路测试数据和设备参数。

红外成像仪计量标准平台的程序采用 VC++语言编程，运行于设备控制、管理和处理计算机上。图 4-66 是软件的框架图，采用分层、模块化和并行处理的软件架构以满足用户要求。系统软件模块主要分为三层：设备驱动层、数据处理层和人机交互层。各模块层中和层间的功能模块进行封装,耦合性低,各层内功能效率改进性修改不会影响到其他层次模块。同时,软件具有很好的扩展性,若需增加功能,则在相应层次模块增加对应的接口,不会对整个软件架构造成冲击。操作者通过界面上的控件可以对数据采集卡和前端红外热成像系统的驱动部分进行控制,并通过发送网络数据包或串口包进行数据通信,实现测试数据在后台实时计算以及在测试系统面板实时显示。中国电力科学研究院设计的软件主界面如图 4-67 所示。

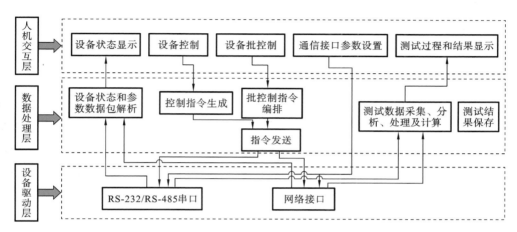

图 4-66　设备控制与管理软件框架图

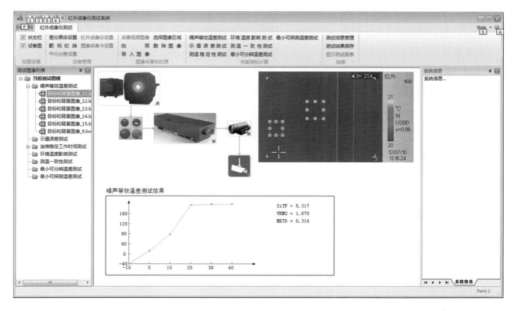

图 4-67　软件主界面

软件部分实现的功能主要有无效像元统计分析、像元响应率统计分析、IRFPA的非均匀性统计分析、MTF测试分析,以及NETD、MRTD等测试分析。通过单击主面板的参数测试按键,调用编写的软件程序,运行各个参数计算模块,在测试结果面板中输出相应的曲线图,并以数据表的形式保存测试结果。

2)设备驱动层

设备驱动层位于操作系统核心层,负责设备的驱动管理,分别为串口和网络接口驱动。RS-232串口负责与具备串口通信接口的设备间的通信,包括控制指令的发送,以及设备的状态和参数信息接收;网络接口负责与具备网络通信接口的设备间的通信,包括控制指令的发送,以及设备的状态和参数信息接收。

3)数据处理层

数据处理层是一个中间层,负责与设备驱动层的通信和人机交互层控制命令的接收、发送和数据传输。其主要功能为:根据各个设备的通信协议,生成设备的控制指令包;通过串口或网络接口向每个设备发送控制指令包;发送根据预先设定的控制流程编排好的控制指令集,按照预定顺序依次启动各个设备并设置其参数;从串口或网络接口接收设备状态和参数的数据包,完成数据包的解析;采集测试数据,完成数据的处理、分析和性能指标计算等。

4)人机交互层

人机交互层位于软件的最顶层,负责设备控制命令的发送和状态、参数信息的显示。主要功能为:显示装置的状态信息;设置各个设备的通信方式及参数,设置和处理计算机的通信方式及参数;发送设备启动、停止和参数调整命令;编排和发送设备控制指令集,实现对所有控制设备的一键控制;显示、编辑和管理测试流程和结果。

5)软件测试流程设计

示值误差测试过程中,调整红外热像仪位置,使红外热像仪沿黑体辐射源的轴向方向瞄准黑体辐射源目标中心,使被测目标能够清晰成像;红外热像仪开机预热后设置量程,输入环境温度、环境湿度、测量距离等参数,然后将红外热像仪置于点温度测量模式;将黑体辐射源温度设置为不同温度值$\{t_1, t_2, \cdots\}$,采集图像序列$\{I_{t_1}, I_{t_2}, \cdots\}$,提取图像序列中目标区域灰度平均值$\{G_{t_1}, G_{t_2}, \cdots\}$,根据$\{t_1, t_2, \cdots\}$和$\{G_{t_1}, G_{t_2}, \cdots\}$计算测温准确度;记录黑体辐射源温度设置为不同温度值时红外热像仪测温结果;对比分析两组测量结果。

连续稳定工作时间测试过程中,将黑体辐射源温度设置为给定值,安放于规定的工作距离位置,使红外热像仪能够清晰成像;在没有人工干预红外热像仪的条件下,每隔10 min自动采集图像,计算目标区域灰度平均值$\{G_1, G_2, \cdots\}$,同时记录红外热像仪测温值$\{t_1, t_2, \cdots\}$。测试时间持续为2 h。分别计算$\{G_1, G_2, \cdots\}$和$\{t_1, t_2, \cdots\}$的统计参数以衡量测温稳定度。

测温一致性测试过程中,把黑体面辐射源置于规定的工作距离上(温度通常设置为 100 ℃），调整红外热像仪的方位，使红外热像仪光学系统的光轴与经过黑体面辐射源中心的法线方向重合，并且使红外热像仪能清晰成像（不允许使用数字变焦功能），黑体面辐射源的图像能充满视场；将红外热像仪成像画面等分为 9 个区域；采集相关的图像后，计算 9 个区域图像的平均灰度值 $\{G_1, G_2, \cdots, G_9\}$，同时记录 9 个区域中心点的测温值 $\{t_1, t_2, \cdots, t_9\}$；分别计算灰度平均值序列 $\{G_1, G_2, \cdots, G_9\}$ 和测温值序列 $\{t_1, t_2, \cdots, t_9\}$ 的统计参数以衡量测温一致性。

6）噪声等效温差（NETD）测试

调节标准温差黑体辐射源的温差设置（$\Delta T = 2$ K），红外热像仪置于离黑体 1 m 的距离，对准准直仪出瞳，调节焦距，使靶标清晰成像，且目标图像占全视场的 1/10 以上，采集图像 I_1；盖上红外热像仪的入瞳，采集图像 I_n。根据采集的图像 I_1 和 I_n 计算成像信噪比，并计算等效温差；记录并计算采用常规仪器法的等效温差测试结果；最后对比分析两组测量结果。

7）最小可分辨温差（MRTD）测试

将较低空间频率的靶标图案放置在黑体辐射源前，靶标中条带与背景黑体之间的温差设置为零，同时将红外热像仪的增益调到最大。逐渐增加黑体辐射源温度使条带与靶标背景之间的温差逐渐增加，依次采集图像并做图像分割（阈值由人眼的灰度区分能力确定，也可根据算法自动判断），直到能提取出条带为止，此时的温差值记为 $\Delta T_1'$。继续增加温差，直到可清楚地提取条带，然后逐渐减小黑体辐射源温度使条带与背景之间的温差降低，直到不能提取出条带为止，此时的温差值记为 $\Delta T_2'$。

将较低空间频率的靶标图案放置在黑体辐射源前，靶标中条带与背景黑体之间的温差设置为零，同时将红外热像仪的增益调到最大。逐渐增加黑体辐射源温度使条带与靶标背景之间的温差逐渐增加，直到观察者能用视觉分离出条带为止，此时的温差值记为 $\Delta T_1''$。继续增加温差，直到可清楚地分离条带，然后逐渐减小黑体辐射源温度使条带与背景之间的温差降低，直到周期条带结构在图像上消失，此时的温差值记为 $\Delta T_2''$；分别根据 $\Delta T_1'$ 和 $\Delta T_2'$、$\Delta T_1''$ 和 $\Delta T_2''$ 计算最小可分辨温差，对结果进行评估。

4.7.4　计量标准器溯源

本书制作的装备所使用的计量标准器主要有差分黑体面辐射源、精密黑体辐射源两种设备。为保证相关量值的有效性，两种设备均送到中国计量科学研究院进行权威第三方校准，送检现场如图 4-68 所示。

依照《辐射测温用 −10 ℃ ~ 200 ℃ 黑体辐射源校准规范》（JJF 1552—2015）以及《工作用辐射温度计检定规程》（JJG 856—2015）对差分黑体面辐射源、精密黑体辐射源进行校准，其相关量值均能溯源到我国最高辐射测温基准。

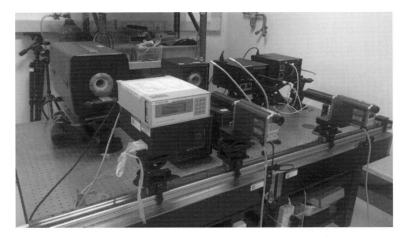

图 4-68　面辐射源校准现场(中国计量科学研究院)

4.8　小　　结

本章选取了具有代表性的典型输变电高压试验仪器设备,提出相应的校准装置及校准方法,配套一系列的校准规范,有效满足电力行业对高压试验设备的量值溯源需求。在传统的工频线路参数测试仪、变压器油介质损耗测试仪器的校准思路基础上,本书提出基于虚拟复阻抗法的工频线路参数测试仪校准技术;基于主动击穿方法、矢量合成原理的变压器油介电强度测试装置校准技术,基于数字标准源法的变压器空载损耗参数测试装置校准技术,以及基于动态虚拟阻抗技术的变压器有载分接开关过渡电阻、过渡时间同步校验方法,满足各类设备的特殊需求,保证了量值溯源的有效性。

第5章　典型高压试验仪器远程校准技术

5.1　典型高压试验仪器远程校准基础技术

高压试验仪器测试装置的远程校准实现方法涉及知识面广、学科专业跨度大,实现过程中校准项目多、被校准装置的规格繁杂,为解决上述问题,本章选取了局部放电测试仪、介质损耗测试仪等多样化的典型高压试验仪器,设计了一套具有多参数、模块化以及可视化特征的开放式远程校准平台,为实现现代电力计量校准工作的规范化、通用化和智能化提供技术与平台参考范式。

5.1.1　远程校准方法及传递标准发送方式

1. 远程校准方法

基于"互联网＋"的远程校准支撑服务模式[93-95]:构成远程校准的溯源体系架构是二级溯源链,由中心实验室、传递标准/技术人员、被校实验室(试品所在地)和互联网组成,远程校准实施如图 5-1 所示。

传递标准在相关技术人员的看管下由物流从中心实验室发送到被校试品所在地;在试验现场,技术人员首先借助互联网搭建好远程校准的网络架构并实现与中心实验室的网络通信,之后才开始进行校准试验;在远程校准过程中,试验除由技术人员完成传递标准和试品的接线外,其他操作均由中心实验室的人员通过互联网远程控制执行,如测试方法等;远程校准客户端在网络上提出申请,然后由中心实验室的服务器通过互联网对远程校准客户端建立通信,从而取得对远程校准试验的控制权。远程校准客户端生成校准试验的校准结果数据,同时现场的摄像头对试验过程进行监控,相关的视频数据和校准结果数据通过互联网实时发送给中心实验室的数据处理中心,最后由中心实验室的技术专家对校准过程和校准结果进行确认后出具校准证书,流程图如图 5-2 所示。

由于远程校准的场地主要是参比环境相关要求,并没有硬性规定试品所在地提供试验人员参与校准试验,因此,为完善对远程校准过程的可控性,建议由中心实验室派出试验员。在开展远程校准前,相应的试验员应接受相关校准试验的培训工作,能掌握基本的校准方法和接线,并能在专家的远程指挥下处理现场校准时出现的问题。这样可以有效地避免专家在传统现场校准中出现大部分时间都消耗在出差路上

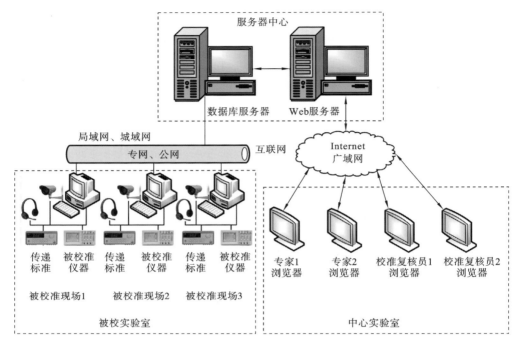

图 5-1　远程校准实施框图示例

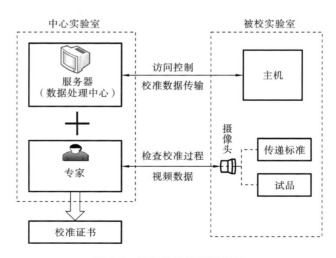

图 5-2　远程校准流程图设计

的情况,保证工作时间都属于有效工作时间,提高专家的使用效率和工作效率。同时,采用远程校准的模式,专家可以在网络上多线程地开展相关指导工作。

2. 传递标准发送方式

远程校准涉及量值溯源和互联网两类技术,两者是相互支撑的。考虑到以现今技术,电学量无法像时间和频率参量信号可在空间传播,而当前约瑟夫森电压、霍尔效应产生的电阻值等基于量子效应的量值计量技术仍处于研究阶段,尚未大面积实现工程应用,因此,实现电力设备的远程校准应采用实物传递标准来进行[96][97]。

目前我国电力设备校准主要采用开环的溯源/量传体系[98],图 5-3 为氧化锌避雷器的传统量值溯源图。以氧化锌避雷器的计量体系为例,在国家电网系统内一个计量受控的避雷器至少要经过 3 级的量值溯源,在量值由上至下的传递过程中溯源层级越多,导致测量的不确定度/MPE 扩散性越大,而远程校准可直接由用户单位到相关最高计量技术机构进行计量,因此能有效控制校准过程中的结果不准确性。

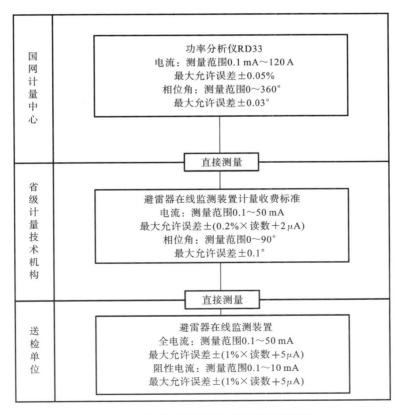

图 5-3　以氧化锌避雷器为例的量值溯源图

实施期间,由主导实验室提供传递标准、样品及其附件;主导实验室可根据具体条件针对以下情况采取相应措施:

(1)传递标准应稳定可靠,必要时,可以采用一台主传递标准和两台或多台副传递标准同时投入比对。

(2)根据比对所选择的传递标准的特性确定比对路线,可以选择圆环式、星形式、花瓣式三种经典的路线形式中的一种,如图 5-4 所示。

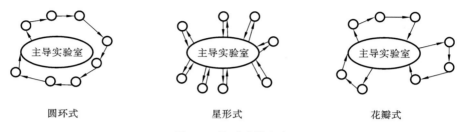

圆环式　　　　　　　　　　星形式　　　　　　　　　　花瓣式

图 5-4　比对路线方案

(3)当传递标准器稳定性水平高时可采用圆环式,当传递标准器稳定性容易受环境、运输等影响时,为了比对结果的有效性,应选择花瓣式。

当传递标准中途发生问题时,中心实验室应能提供辅助措施,保证比对按计划进行。应按比对实施方案所规定的时间开展比对工作,当远程校准时间延误时,中心实验室应通知相关的参比实验室,必要时修改远程校准日程表或采取其他应对措施。

中心实验室确定传递标准的运输方式,并保证传递标准在运输交接过程中的安全。被校实验室在接到传递标准后应立即检查传递标准是否有损坏,填好交接单并通知中心实验室。被校实验室完成比对实验后应按远程校准实施方案的要求将传递标准传递到下一站,并通知中心实验室。

为保证远程校准的及时性及可靠性,可根据实物传递参考标准的运输路径及时效性将传递标准分为两类:

(1)中心实验室分别与单个参与实验室之间实行传递参考标准的发送和回收,如图 5-5 所示,其优势在于每次回收后可及时对传递参考标准进行校准/核查,确保远程校准的可靠性和有效性。

(2)与多个参与实验室沟通后建立校准计划,在优化发送路径后,形成环状送检图,如图 5-6 所示,可连续对相关参与实验室开展远程校准工作,能有效避免传递标准每次从单个参与实验室返回后都需重新校准/核查,减少中心实验室的工作量。考虑到发送和回收间隔较长,拟在传递标准送到每个参与实验室后,在校准工作前对参考标准进行核查。

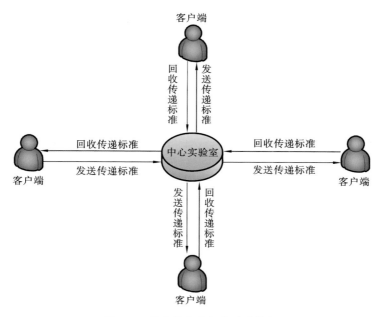

图 5-5　单次单个参与实验送检图

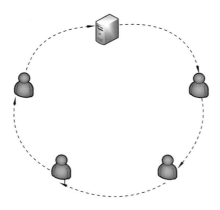

图 5-6　单次多个参与实验送检图

5.1.2　远程校准整体系统架构

1. 远程校准的整体系统构架设计

如图 5-7 所示,校准实验室和中心实验室服务器需要进行校准数据传输,应保证校准数据的准确性和有效性,同时考虑到两者之间网络的复杂性和混合性,选用 C/S

模式[99]，中心实验室专家端和服务器主要是通过浏览器进行人机交互，可支持多用户多地域的数据访问，本系统架构设计选用 B/S 模式。

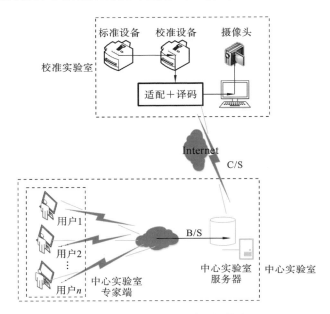

图 5-7　远程校准系统架构模式

　　本书在模式架构的基础上，重点阐述如何实现网络化远程计量校准，完成网络化校准条件、接入方式、网络结构及实现技术等方面设计，才能构建合理有效的远程校准方案。如图 5-8 所示，系统由校准监控室的主机、互联网和传递单元组成。

　　其中传递单元包括标准仪器、互联网模块及电源、耳麦、摄像头和各种连接线，是在校准机构和客户现场之间传递的实体。互联网模块为整个平台的核心，一方面通过接口与标准仪器相连；另一方面连接互联网，与实验室主机通信。模块连接的摄像头用以获取被校仪器的状态和读数，或监控现场人员的操作。耳麦用于校准监控室与现场人员间的通话。在校准监控室，专业人员通过连接互联网的主机对现场实施监控和指导，并获取数据。被校仪器与传递单元之间为校准连接，不设控制和数据连接。原因在于被校仪器品牌型号繁多，接口和指令各不相同，因此传递单元无法分别为其提供控制和数据接口。

　　远程校准系统包括多种信息数据管理及校准流程，由此，本书提出一种"远程校准信息处理服务体系"的四层模型架构，如图 5-9 所示。第一层是传感层，主要提供采集设备资源数据、标准源数据，具体包括待校准设备的数据、视频语音数据等。第二层是数据访问层，旨在提供基础访问功能服务，用于访问远程校准数据资源、服务资源和处理模型资源等。第三层是业务逻辑层，实现系统对数据的处理分析，如校准

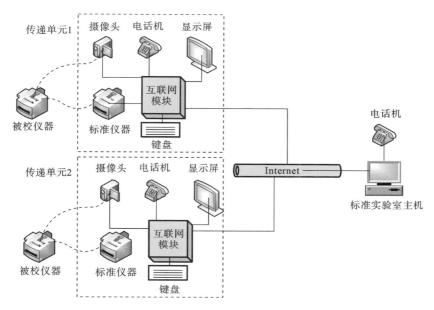

图 5-8　系统整体框架图

数据、视频语音数据处理、校准证书生成等。第四层是用户表现层,它提供一个用户界面,主要负责用户与远程网络控制管理信息的交互,实现网络化通信,并建立信息处理模块和应用等。

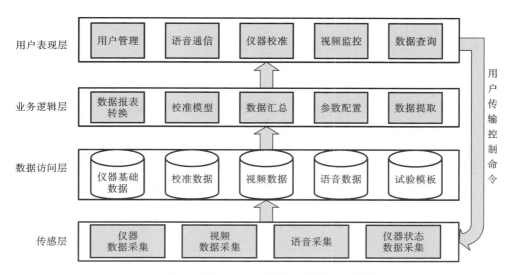

图 5-9　"远程校准信息处理服务体系"的四层模型架构

以上四层结构模式结合校准系统的实际应用,将中心实验室专家端、服务器和校准实验室三者结合起来又相互独立,便于后期根据不同的设备类型进行校准模型的修改,为后续系统的实现打下基础。

基于以上关键技术和系统架构搭建的通用远程校准综合平台具有以下优势:一是对电力系统的仪器设备,根据其仪器种类、校准书、校准约束和校准指令有序地分解任务并分类设计其校准模型;二是根据校准仪器的业务特点制定校准全流程,达到远程校准的目的;三是对多样化、复杂的远程校准操作分解为三步,即任务申请创建、校准任务执行和校准结果判定,实现了远程校准系统通用性,提高了远程校准自动化程度。

2. 网络架构

远程校准系统中仪器系统一直起着非常重要的作用,但长期以来,人们大多使用人工方式对仪器设备和运输设备进行校准,其工作效率低下,不仅浪费人力物力,而且自动化程度低、测试耗时和易出错。

基于"互联网+"的远程校准平台所要完成的测量控制任务包括:采集并处理现场仪器数据,远程监控并校准监测数据;监测、控制仪器组设备运行状态;实现数据的远程通信;系统功能完善,即可以满足用户不断变换的需求,实现系统自动化和智能化等。而目前大多数远程测控系统所设计实现的功能也类似于上述远程校准平台中的功能。

区别于传统校准模式,本书研究的远程校准系统访问控制采用网络化的通信方式,其远程通信的实时性和可靠性需要得到保证,目前国内外对远程校准系统的网络传输尚缺乏深入研究。因此,本书在实现远程校准系统的基本功能的基础上,重点研究远程校准系统通信方式的实时性与可靠性。

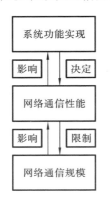

图 5-10 系统功能实现、网络通信性能、网络通信规模的关系

本书设计的远程校准系统控制采用网络化的通信方式,远程校准平台功能的实现需要远程通信技术的支撑,其网络通信性能的好坏直接影响其校准功能的实时性和可靠性;另外,网络通信功能也受通信规模大小的影响,接收端与发送端节点流量的大小分布也决定着网络通信量和网络通信的效率,进一步会影响通信的实时性。系统功能实现、网络通信性能、网络通信规模的关系如图 5-10 所示。

远程校准系统由网络进行远程传输的数据信息有仪器校准数据、视频语音数据和设备状态信息等,其中对仪器校准数据的实时性和可靠性要求最高。网络性能指标及其相关要求如表 5-1 所示,远程校准系统的实现须以满足表 5-1 所确定的网络性能约束为前提:① 以太网延迟;② 节点流量接收;③ 网络吞吐量和链路利用率。

表 5-1　远程校准系统网络性能指标与约束要求

网络性能指标	指标验证说明	网络性能约束
以太网延迟	报文开始进入网络到开始离开网络之间的时间	最大报文延时在 10 ms 以内
节点流量接收	从沿线流量得出的且假设是在节点流出的流量	中心实验室和校准实验室接收流量误差在 1%
网络吞吐量和链路利用率	实际利用带宽与网络链路容量的比值	要求链路利用率在 70% 以下

综合考虑系统设计需求和遵循的设计原则,本书提出的远程校准系统物理上通常由现场(主要负责校准数据的采集及校准过程的实施)、网络(数据传输)及远程方(借助远程数据访问对校准过程进行监视、指导和控制)三个部分组成,整体框架如图 5-11 所示。

客户端说明:① 用户可以通过访问虚拟实验室网站来与电子证书进行交互;② 实现用户认证注册,只有被认证的用户才能进行实验操作;③ 实现对远程端的控制。

从前面的分析可知,仪表远程校准系统分为四个部分:被校准现场、校准中心、服务器中心和互联网,在业务传输中主要有仪器远程校准数据、语音、视频、远程校准网页数据、仪器校准电子证书、远程控制命令六种多媒体业务。

被校准现场主要是对现场校准计量人员、标准仪器、被校准仪器的实时视频监控,计量人员可通过语音业务与校准中心的仪器校准专家进行沟通。在校准中心,仪器校准专家负责远程视频监控被校准现场的工作,并指导现场计量人员校准操作规范,另外也可以登录服务器端查询相关的历史校准数据和仪器校准文件。服务器中心实现对仪器远程校准数据、语音、视频、远程校准网页数据、仪器校准电子证书、远程控制命令这六种多媒体业务数据流的保存与备案。远程校准通信网业务结构如图 5-12 所示。

3. 基于 LabVIEW 的远程校准示范用例

1) 基于 LabVIEW 的信号发生器的实现

远程用户通过调节虚拟面板的按钮,发送命令到服务器,控制信号发生器产生不同频率和信噪比的波形,得到返回的仪器运行参数值。信号发生器能够产生正弦波、锯齿波、三角波、方波和直流信号这几种基本的信号。

在这里,Windows 系统运行的 LabVIEW 在局域网工作,可以手动选择正弦波,信号发生器远程控制框架图如图 5-13 所示。

上位机编写的信号发生器用户面板控制仪器通过互联网远程控制产生信号波

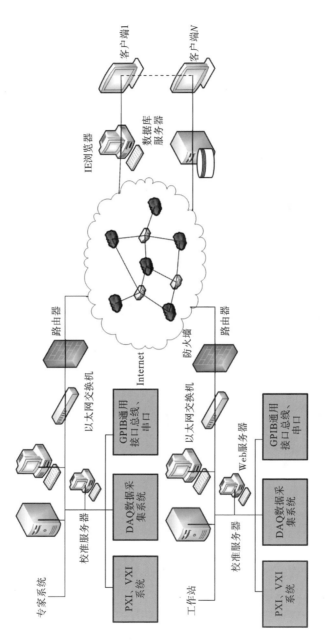

图 5-11 系统整体框架图

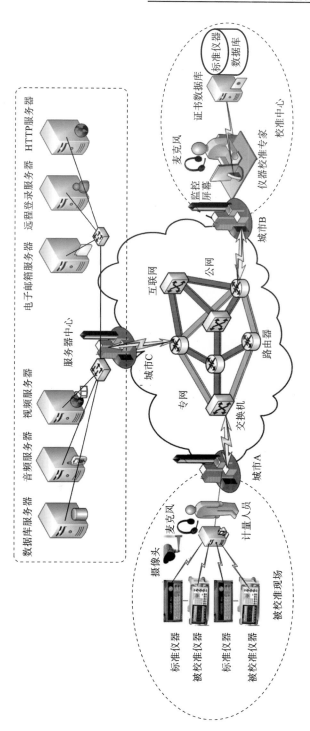

图 5-12　远程校准通信网业务结构模型

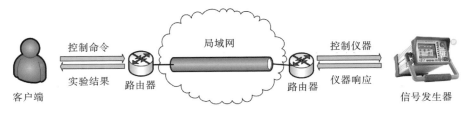

图 5-13　信号发生器远程控制框架图

形,通过 Web 发布工具将前面板发布到自定义的网页上,然后管理员在客户端可输入网址,在浏览器上进行查看并监控。手动选择 2 通道,实现正弦波参数的设置。现场检测到的 LabVIEW 前面板显示如图 5-14 所示,中心实验室在浏览器上接收到的效果图如图 5-15 所示。

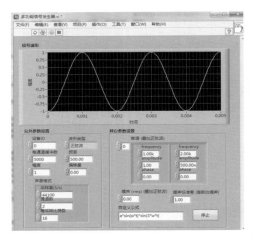

图 5-14　现场 LabVIEW 前面板示意图 1

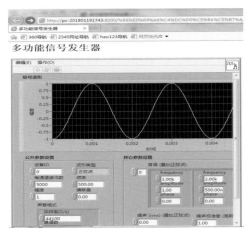

图 5-15　中心实验室在浏览器上接收到的效果图 1

4. 基于 LabVIEW 的万用表的实现

远程用户通过调节虚拟面板的按钮,发送命令到服务器,测量万用表实时显示参数,并通过数据分析进行误差的检测。在这里,Windows 系统运行的 LabVIEW 在局域网工作,万用表远程控制框架图如图 5-16 所示。

由 LabVIEW 上位机编写的万用表用户面板控制仪器通过互联网远程获取万用表测量数据并进行监控,通过 Web 发布工具将前面板发布到自定义的网页上,然后管理员在客户端可输入网址,在浏览器上进行查看,同时将实时测量数据与历史数据对比判定误差范围。现场实现的 LabVIEW 前面板显示如图 5-17 所示,中心实验室在浏览器上接收到的效果图如图 5-18 所示。

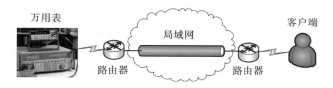

图 5-16　万用表远程控制框架图

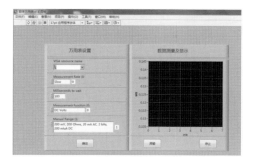

图 5-17　现场 LabVIEW 前面板示意图 2

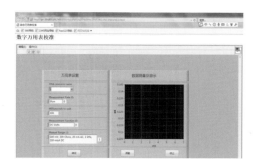

图 5-18　中心实验室在浏览器上接收到的
效果图 2

5.1.3　远程校准典型任务模型设计

1. 任务驱动下的"互联网＋"远程校准多任务通用处理模型

1）基于"互联网＋"的远程校准通用模型

不同于传统校准方式,基于"互联网＋"远程校准系统旨在设计一种虚拟计量校准系统,实现校准数据的远程通信,并对校准活动和校准数据实施全栈管理。根据前面表述的远程校准系统实现原理,整体上远程校准系统由校准实验室、网络及中心实验室三个部分组成。其中,校准实验室完成校准环境的搭建、采集校准数据并通过和中心实验室建立通信从而实现校准数据的实时传输;中心实验室主要负责监控整个校准过程、实时获取校准数据,保证校准活动有效可靠地进行;网络是远程校准数据传输的关键,关乎每次远程校准活动是否能正常实施。在实际电力系统中包含的仪器种类繁多,每类仪器的校准书也不尽相同,若针对每一类仪器的每一种校准书设计对应的校准程序,则大大增加了校准成本和资源消耗。本书提出的基于"互联网＋"的远程校准通用模型,制定远程校准通用流程,减少校准成本,提高校准效率,其整体框架图如图 5-19 所示。校准流程如下:

步骤 1:校准实验室就校准仪器向中心实验室提出校准申请并提供校准仪器的相关参数指标,中心实验室同意校准申请并根据校准实验室提供的仪器参数指标选

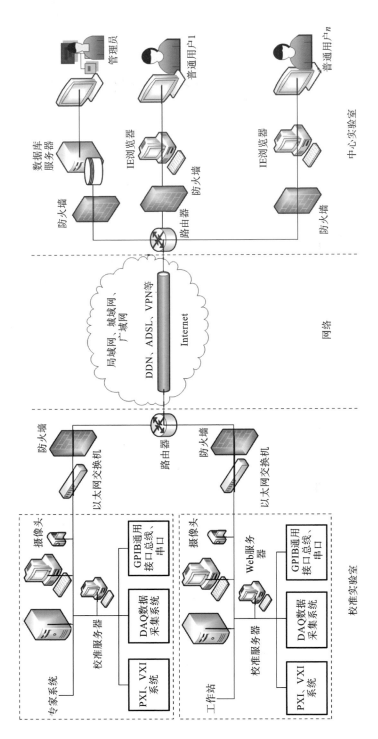

图 5-19 通用的远程校准系统整体框架图

择与之匹配的标准仪器,然后由专业人员将标准仪器运送到校准实验室。

步骤 2:校准实验室技术人员根据仪器设备类型将校准仪器、标准仪器和相关总线进行连接,完成后准备开始远程校准活动,中心实验室确认开启远程校准试验并与校准实验室取得远程连接后,专家端可实时获取校准实验室采集到的仪器校准数据,同时能远程实时监控、指导校准实验室完成校准,校准过程中获得的校准数据通过互联网实时远程传送至服务器,以供后期进行历史查询,中心实验室专家端可通过 IE 浏览器对整个校准过程进行实时访问和监控。

步骤 3:校准结束后,中心实验室专家核对校准过程,并对校准结果进行确认分析,判定校准仪器性能并出具校准证书。

2）多任务通用处理机制

针对电力系统通用设备进行远程校准,在完成仪器远程校准最终功能的基础上,还应考虑远程校准的通用工作模式和工作流程,有必要提高仪器远程校准的有效性和智能化程度。在进行远程校准试验过程中,考虑到远程校准的实际特点,上级计量机构只能借助网络来实时监控仪器的校准过程,这就提高了校准实验室实验人员操作的不可控性,无法估计远程校准结果的准确性。一个完备的远程校准过程,包括计量标准的传递、校准实验室仪器的连接(包括标准仪器和校准仪器)、仪器与校准实验室客户端的通信协议适配、校准数据的通信、中心实验室仪器的信息登记、校准试验的申请、校准结果的查询和校准证书的打印等一系列的操作,在这种多任务模式下,任何一个环节的差错都将导致校准结果的不可靠性。同时,针对电力系统多种不同的仪器设备以及不同的校准书,会产生不同的任务操作,但相同的任务会重复操作,这样增加了校准的成本,降低了远程校准的效率。

因此,针对电力系统仪器校准的实际业务特点,本书提出一种基于任务驱动的多任务通用处理机制,将几个相同操作的任务集成为一个通用任务操作,将复杂的远程校准流程简单化、通用化,提高了校准过程的准确性、有效性和自动化程度。图 5-20 为远程校准系统通用任务处理结构图,从中心实验室到校准实验室,该任务处理模型始终包含执行校准任务的顺序和整个校准模型的多任务。

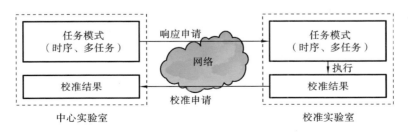

图 5-20　远程校准系统通用任务处理结构图

从校准实验室提出校准申请并提供校准仪器参数信息、中心实验室同意申请且根据校准实验室提供的校准仪器信息筛选标准仪器并运送到校准实验室、校准环境搭建、中心实验室和校准实验室建立远程通信、校准数据采集和发送、中心实验室专家端根据校准结果进行判定,到最后校准证书打印,这一系列操作应按照预先设定好的校准模板和校准顺序来执行。

根据校准操作描述的时序性,整个校准进程均由一系列有严格顺序的行为操作组成,不同种类的校准仪器在校准流程中也存在不同的行为操作和子任务。

多任务处理流程包括:校准实验室提出校准申请,中心实验室同意申请后创建以校准仪器任务单号为标识的校准任务,针对不同的仪器设备类型将需完成的校准操作过程的多任务按校准执行顺序编制成一个适用于该设备种类的通用任务操作模型,然后通过网络将通用任务操作模型传递给校准实验室,校准实验室按照该类设备的通用任务操作模型进行校准操作,获取仪器校准数据后,将实时校准数据通过网络传输给中心实验室以供数据分析。

2. 远程校准典型任务分析

远程校准本质上是一个实践性技术,借助公共网络,控制端通过"任务"发布的形式,对处于远程的智能仪器实施校准。本书剖析电力系统的智能仪器设备自身各功能任务构成及相互关系,提出了语义支持的典型任务描述方法,建立一个能够适用于远程校准服务的任务描述模型,提取出远程校准的通用属性,建立了远程校准通用任务模型,如图 5-21 所示。

任务本体描述了在远程校准典型任务的基本信息,但并未涉及任务的具体执行信息。在面向服务的环境中,任务的执行依赖于服务的执行。研究任务和服务之间的关系,方便任务和服务之间的映射和绑定,形成任务和服务的映射关系。

为了进一步完善典型任务的描述方法,本书提出了一种面向任务的处理架构,如图 5-22 所示,描述了远程校准系统从任务创建、任务执行到任务结果处理间的关系。首先,在任务分析和创建方面,描述了典型任务创建模式;其次,在满足用户需求方面,支持优先级和服务质量(QoS);最后,在任务执行方面,支持设定校准模板调用。

3. 基于 UML 的面向任务层次化建模方法

面向任务层次化建模在分解校准任务的基础上,描述任务传递过程及任务过程活动特征,着眼于校准信息在交互过程中的特性及变化规律,将任务实际实现功能抽象为信息流功能性节点,使系统有更大的适应性和可扩展性。

给出通用远程校准模型的任务描述,但基本系统除实现远程校准操作功能外,还需要实现众多辅助功能(如仪器管理、校准申请信息管理、校准结果数据管理、用户信息管理等),这些功能如何描述、相应数据如何处理与存储,都需进行全面规划设计。

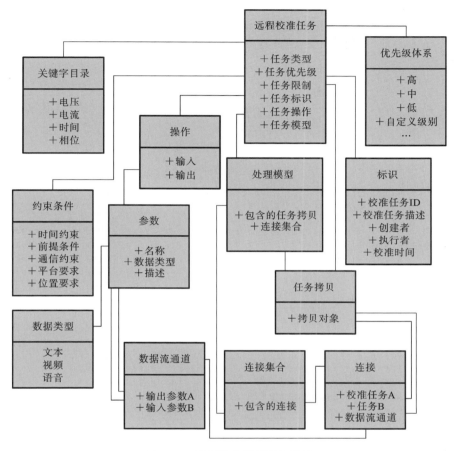

图 5-21　远程校准通用任务模型

　　本书利用 UML(unified modeling language)建模方法[100]，并采用面向任务的信息流层次化(information flow hierarchical，IFH)建模方法，结合远程校准系统模型，进行结构可操作性分析、通信机制仿真与优化，验证建模方法的有效性。本书利用 UML 建模从用例、系统部署、模块协作角度，使用便于理解的图形方式表达系统逻辑功能、数据在系统内部的逻辑流向和逻辑变换过程。

　　图 5-23 为远程校准系统结合其信息流特点的基于 UML 的建模方法框图。利用 UML 用例图、部署图描述整个系统的静态属性，按照校准任务的特点将系统分解为多个子任务，并用协作图对其进行描述。经过模型简化与优化后，分析系统通信机制性能指标，若有不满足条件的结果，则返回修正系统静态结构，反复调整后得到正确、可靠和实时的系统模型，最后实现系统的远程校准。

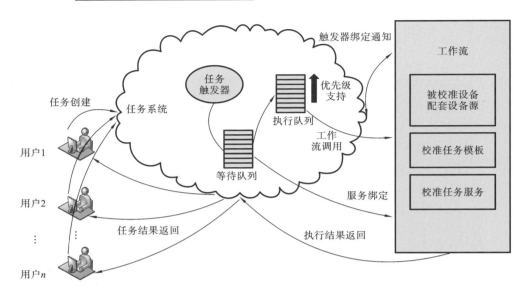

图 5-22　面向任务的处理架构图

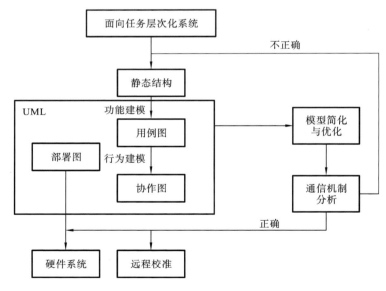

图 5-23　基于 UML 的面向任务层次化建模方法构图

5.1.4　远程校准访问控制技术

1. 远程校准系统数据流分析

在互联网、物联网迅猛发展的当下,电力系统的信息资源更加复杂化、多样化,从上级到下级、省计量单位到市县计量单位,涉及计量单位实验室信息、校准实施过程、校准人员、校准方法和校准结果等,因此,有必要建设远程校准综合平台数据库,计量单位、计量单位下面的各计量实验室和计量人员是校准过程的主要操作者和决策者,并涵盖不同种类的标准计量设备、标准设备的校准条件、标准设备的计量指标和校准规范等;下级计量单位是校准操作的主要申请者,在了解校准仪器设备校准书的前提下,向上级计量单位提出校准申请并声明待校准设备的相关校准书、校准指标等信息,以便上级计量单位根据所提供的信息在相应的计量实验室筛选最符合校准实施条件的标准计量设备,顺利进行对应的校准操作;在校准过程中,涉及校准数据的采集、校准操作执行信息、校准命令的发送、校准结果的传输和校准结果的处理与分析,期间会产生大量数据信息来回交错。

根据远程校准综合平台多数据的来源和入库方式以及数据分类,本书归纳出远程校准综合平台数据库的数据流模型,如图 5-24 所示,便于后续设计的数据访问控制与关联,这些多来源数据的管理与控制是远程校准综合平台长期稳定可靠工作的前提和基础。因此,本书提出基于数据关联一致性的数据管理控制方法,将错综复杂的多来源数据按照一定的信息规律有效地关联起来,实现校准平台的网络化管理与服务,使校准过程流程化、系统化。该方法的具体目标为:

(1) 实现上级计量单位的有效管理。上级计量单位是进行远程校准操作的主导者和监控者,是校准过程的最高决策者。从校准开始,将标准仪器和校准仪器的登记信息、该校准仪器的校准档案、校准过程中产生的校准结果数据等,进行统一的关联管理,便于上级计量单位形成统一的管理方式。

(2) 校准操作的有效开展。将标准仪器和校准仪器的相关信息,包括校准开展前、校准进行中和校准完成后产生的信息,统一地关联在一起,这样对仪器在任何时

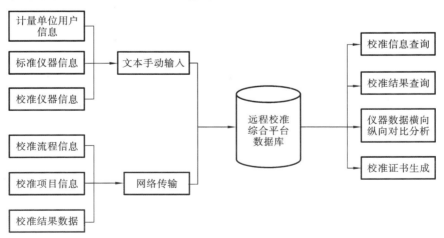

图 5-24　远程校准综合平台数据库的数据流模型

刻的信息都能快速查询到,便于下次校准活动开展前,能将仪器相关信息关联起来,保证仪器的检测指标在校准试验有效范围内。

(3)校准数据的查询和关联分析。在面向远程校准的关系型数据库基础上,完成校准信息的模型设计与实现,并提供数据的存储、模糊查询功能,实现校准信息基于仪器分类、校准书、校准时间和校准结果等的横向纵向对比分析,对仪器设备进行有效评估。

2. 系统数据访问控制的设计

远程校准综合平台的数据来源众多,设计过程中,需将系统数据库进行有效分类,数据表类从上至下分解,构建远程校准综合平台数据库的关联机制,减少服务器数据库的冗余,提高数据访问速率,完善数据库的扩展功能。由前文数据访问的管理关联技术可知,远程校准综合平台数据流中包含了系统用户信息、标准仪器和校准仪器信息、校准过程的数据信息以及校准结果信息等。

基于对数据库整体的信息分类,本书将服务器端软件系统涉及的数据信息分为用户信息、试品信息及校准结果三大类。用户信息包括用户名、用户密码和用户权限;试品信息包括标准仪器和校准仪器的信息;校准结果包括所得到的校准时间和校准结果。根据数据库设计原则和安全性,系统数据库可分为用户信息子数据库、试品信息子数据库及校准结果子数据库三个部分,其结构设计如图 5-25 所示。

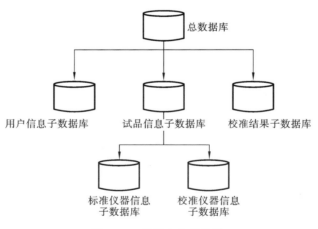

图 5-25　数据库分类设计

系统采用开源的关系型数据库管理系统——MySQL 数据库,实现远程校准综合平台的大数据管理,MySQL 数据库支持多种数据类型,提供 ODBC 数据库连接方法,支持多种软件平台使用;并且 MySQL 数据库是一种关系型数据,基于 MySQL 数据库的数据管理,可以清楚地给出各数据表实体间的逻辑关系。

3. 系统软件功能划分

软件系统作为整个测控系统的控制核心,主要是保障系统正常运行。远程校准通过互联网实现客户端与服务端的远程访问控制机制,实现校准/视频数据安全可靠的远程交互。为使开发设计的系统具有良好的通用性,软件系统也应遵循"模块化"设计原则。本书建立的远程校准系统,主要运用 LabVIEW 所提供的技术搭建了一个 B/S 架构的软件系统平台,系统通信图如图 5-26 所示。

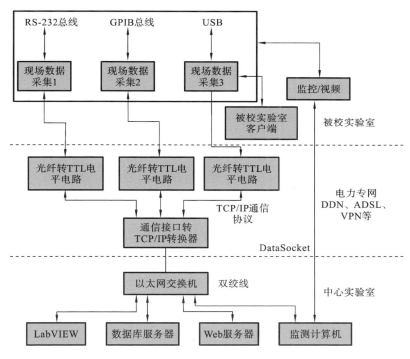

图 5-26　系统整体通信图

用户通过网络登录远程服务器,在客户端界面上进行远程操作。用户在客户端界面上操作发出远程校准请求,信息通过网络传输,远方服务器接收到请求后将其解析提示远方校准人员,经与远方校准人员完成信息交互、现场校准准备后,启动校准流程,并将校准结果在客户端界面上呈现给用户,供用户查看校准结果和相关校准信息。

为了使系统更加灵活,符合高级编程语言设计思想,采用模块化设计方法。设计模块如表 5-2 所示。

计量器具模块相关设计如下。

(1)计量器具模块对象功能:计量器具模块对象包括标准器具和待校准器具,标

表 5-2　系统功能模块划分

系统模块	实现功能
计量器具模块	保存计量器具的信息
计量器具通信模块	远程校准控制
远程校准通信模块	实现远程数据传输
摄像头控制模块、语音模块	待校准仪器的远程监控
校准结果处理模块	数据处理
用户信息库模块	用户登录及管理
校准方法文件模块	校准过程自动化
数据库文件模块	数据库操作

准器具模块实例化一个标准器具对象（calibrator），而待校准实例化一个待校准器具对象（UUT）。这两个类主要是作为计量器具信息载体，负责保存计量器具的信息，如器具名称、型号规格、接口类型等，方便在需要时被调用。后台数据库中存在与这两个类相对应的数据表。当校准过程中系统调用到计量器具的信息时，计量器具类就从数据库中读取相应的值赋予相应的字段，从而返回一个描述计量器具的信息的实例。

（2）计量器具模块设计性能：标准器具对象和待校准器具对象的属性大致相同，都包含计量器具主要信息的描述。计量器具对象模块响应迅速，从数据库或 XML 数据文件获取相关参数后构建计量器具对象，相关属性数据都有默认设置，另外，在程序中可以自由设置。

计量器具通信模块相关设计如下。

（1）计量器具通信模块功能：计量器具通信模块负责对计算机所连接的计量器具发送指令并接收返回值。计量器具通信接口对象包括各种总线，如 RS-232、GPIB、USB、VXI 等。计量器具通信接口模块就是把这些对象模块化，方便调用。

（2）计量器具通信模块设计：实际情况中计量器具与计算机的通信接口不止一种，如 CPIB、RS-232、USB、VXI 等，对于不同的接口，对实现计量器具远程控制所要发送的指令都是相同的。计量器具通信模块首先设计统一的接口，然后在实际实现系统时对每一种通信类都由此继承，从而实现要对计量器具改变接口进行通信时只需调用不同的类。

远程校准通信模块相关设计如下。

（1）远程校准通信模块功能：远程校准通信模块指的是本系统服务器端和客户端的通信模块，自用户登录后，客户端便与服务器端建立一个长连接，通过该模块，校准中心可以和各个客户端进行交互，监视各个客户端的校准过程，并获得各个客户端的校准数据。

（2）本系统服务器端和客户端通信将使用 LabVIEW 中的 DataSocket 技术来实现。整个系统通信流程如下：① 客户端用户登录；② 服务器端接收到消息，并进行验证，如果验证通过，则取出该用户的校准书列表并通过消息返回给用户，如果验证不通过，则发出未通过验证的消息给客户端；③ 校准开始前，客户端发消息请求校准某一校准书，服务器收到消息后获取校准文件，加密后返回给客户端；④ 计量中心检测客户端仪器连接是否正确，仪器连接确认后，客户端完成校准前准备工作；⑤ 客户端开始实施校准过程；⑥ 校准结束后，客户端把校准结果发送给服务器端；⑦ 如果用户需要原始记录的话，提交标准器具和待校准器具的信息，自动生成原始记录和校准证书；⑧ 客户端发消息通知校准中心完成一个校准过程。至此，一个完整的校准过程结束。

（3）远程校准通信服务质量（QoS），在互联网传输信息时，数据包从起点到终点的传输过程中会发生许多事情，并产生如下问题：丢失数据包，延时，传输顺序出错。

校准结果处理模块相关设计如下。

（1）由于错综复杂的条件、恶劣的环境和硬件电路等诸多干扰源的存在，采集到的信号中必然混有噪声，影响到信号的准确性。因此，有必要对信号进行滤波，提高系统性能，做到较高准确性的测量和控制。数据处理的主要任务包括：一是消除数据中的干扰信号，系统内部和外部的各种干扰、噪声会影响数据的采集、传送和转换，使得采集的数据中混入了干扰信号，因此必须采用各种方法最大限度地消除采集数据中混入的干扰；二是分析计算数据的内在特征，为得到能够表达数据特征的有效数据，需要对采集的数据进行变换运算和关联性运算。

（2）该模块的时间特性主要取决于 UUT 检测的功能项以及每个功能的检测书。校准过程中的环境干扰、操作失误、数据传输错误等问题，可能导致所测数据结果中出现个别数字严重失实的现象。如果不对这些异常数据进行处理，则使得校准结果与真实情况严重不符，从而掩盖了被观测事物的客观性。测量误差 δ 是指被测量的量值 X 与其真值 X_e 之差，即

$$\delta = X - X_e \tag{5-1}$$

被测量真值未知，使得测量误差的量化遇到困难。为此测量误差按性质可分为随机误差、系统误差和粗大误差。

随机误差是指在一定测量条件下，当连续测量同一被测量值时，误差的大小和符号以不可预知方式变化的测量误差。就某一次具体测量而言，随机误差的大小和符号无法预见，但是连续多次测量，随机误差总体存在统计规律，常见的是正态分布，另外如等概率分布、三角形分布、偏心分布等，可用概率论和数理统计的方法估算出随机误差的分布范围。

系统误差是指在一定条件下，对同一被测量值进行连续多次测量时误差的大小

和符号均不变,或按一定规律变化的测量误差。前者称为定值系统误差,后者称为变值系统误差。从理论上讲,根据系统误差的性质和变化规律,系统误差可用计算法和实验对比法确定,用修正值从测量结果中予以消除。但由于种种因素的影响,实际上系统误差不能完全消除,只能减小到一定程度。一般来说,只要能将系统误差减小到使其影响相当于随机误差的程度,则无需单独处理,只作随机误差看待。

粗大误差是指在超出规定条件下预计的测量误差,它对测量结果产生明显的歪曲,即异常数据。常用的粗大误差统计判别准则有莱依特准则(3σ 准则)、罗曼诺夫斯基准则(t 准则)、Grubbs 准则和 Dixon 准则等。当测量次数多,样本容量庞大时,异常数据剔除环节宜选用莱依特准则;当测量次数为 20~100 次时,Grubbs 准则的可靠性最高;当测量次数为 3~25 次时,适合采用罗曼诺夫斯基准则和 Dixon 准则,罗曼诺夫斯基准则的剔除速度更快,而 Dixon 准则可靠性更好。

校准结果处理模块相关设计为:用户可以借助 LabVIEW 处理数据,LabVIEW 自身具有功能强大的信号处理函数库,这些库函数包括数据运算、字符串运算、频率分析、概率与统计、曲线拟合、回归分析、插值、数字信号处理等,数据的处理就是在原始数据的基础上,根据一定的公式,进行转换与换算等操作后得到想要的数据。

4. 基于 LabVIEW 的控制访问软件

本书设计的远程校准基于"B/S+C/S"模式,借助"互联网+"技术手段构建一个异地校准、多用户远程操控、操作方便的电力系统通用远程校准系统,最终实现电力系统典型仪器设备的异地校准,有效改善校准的效率、准确度、成本和管理等。

系统服务器端利用 LabVIEW 图形化编程语言进行编程设计,考虑到保证该系统设计的模块化和层次化,基于系统多任务间的独立性和关联性,结合远程校准系统的实际业务特点,将远程校准系统分为用户管理、试品管理、试验管理、数据管理、远程通信和证书管理等模块。图 5-27 为校准平台功能结构图。

图 5-27 中用户管理模块,实现校准平台用户的管理。系统用户角色主要分为管理员和普通用户,系统对两类角色有不同的权限设置,用户管理功能主要包括注册新用户、修改用户信息和删除用户等操作。试品管理,对校准活动所需的标准试品和校准试品进行相关信息管理,包括试品添加、试品信息查询、试品信息修改和删除试品等功能。试验管理模块,服务器与校准实验室成功建立通信后,实时获取校准试品的校准结果数据,显示在中心实验室用户界面上,同时将校准结果存储到数据库。数据管理完成对试品校准结果的自定义查询、模糊查询和一致性关联比对分析。远程通信模块实现中心实验室和校准实验室的远程通信和软件程序的 Web 发布,实现多用户远程操作,同时中心实验室专家端可使用浏览器进行访问监控。证书管理模块,当试品试验完成后,根据校准数据得出对应的误差值,结合有关规范,给试品出具相应模板的证书报表。

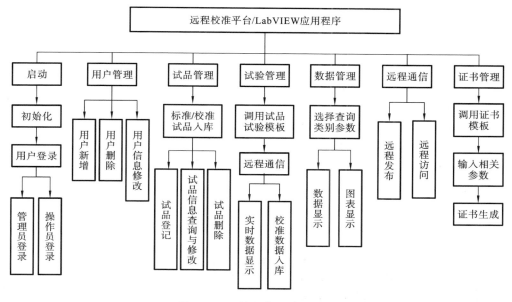

图 5-27　系统总体设计结构图

5.1.5　远程校准系统可信性评价

1. 远程校准系统整体评价需求分析

远程校准系统可以有效解决电力设备专用测试装置传统量值传递方式存在的诸多问题,如送检成本高、校准和工作环境不一致、送检时间不灵活等,目前远程校准技术在电力系统领域受到广泛关注。然而远程校准系统是由各种相关硬、软件通过互联网形成一个整体,与传统校准(溯源)体系相比,基于互联网的远程校准体系处于一个动态开放的环境,整套系统的硬、软件的任何故障都将对最终的校准结果产生严重的影响;同时以往受到应用场合及技术条件的限制,对系统的评价往往局限于安全性、可靠性等一个方面或两个方面,而引入可信性评价通过可靠性、可测性、维护性、防护性和保密性等多个方面对被测系统进行综合性评价,能有效提高系统安全性及工作效率。

目前行业内缺少对远程校准系统的整体质量评价方法,整体评价的主要方法有:可靠性评价和可信性评价。

可靠性评价:产品在规定的条件下和规定的时间内完成规定功能的能力。

可信性:一个集合性术语,用来表示可用性及其影响因素,包含可靠性、维修性、保障性(《电子测量　设备可信性　第 11 部分:一般概念》(GB/T 17215.911—2011))。

可信性涉及多个质量属性的集合以及这些属性的综合与平衡，相对于可靠性评估，可信性评价通过对子系统特性分析，能更加全面、综合地对系统整体进行评估。电力设备专用测试装置包含数字高压表、避雷器测试仪等多种装置，现有的方法难以对所有装置可信性以一概全地评价。

综上所述，本书通过制定准则性评价对相关装置远程校准系统共性特点进行概括归纳及分析，从而为电力设备专用测试装置远程校准业务的开展提供有力保障，并对可信性远程校准可信性构成、权重通用化和标准化以及远程校准系统的关键性参数进行量化分析及评估，制定适用于电力设备专用测试装置远程校准系统的可信性专用评价方法。

2. 远程校准系统可信性构成

远程校准系统作为一个综合性系统涵盖硬、软件及网络，其涉及相关特性类型非常多，全面地对各项特性进行评价并不必要，因此，列入可信性评价的相关特性应考虑以下要求：① 适用的标准规范和评价技术；② 可信性评价的难易程度及代价；③ 相关机构对可信性的接受程度；④ 电力设备专用测试装置远程校准系统从硬件系统、软件系统及网络通信系统 3 个子系统分别进行可信性特性评价。

本书远程校准系统主要由硬件系统、软件系统及网络通信系统 3 大部分组成。其中硬件系统主要由传递标准、服务器、摄像机和通信设备等组成；软件系统由客户端、服务器端两部分组成；网络通信由互联网、通信协议和网络接口等组成。

本书所设计的远程校准硬件是支撑远程校准操作的物理基础，主要由计量标准器、环境监控模块、中心控制单元、客户控制单元、网关设备等组成。由中心实验室负责保管、流转、保养及计量溯源，远程校准硬件体系包括四大类别实物：第一类为计量标准器，负责实现校准工作的计量功能及特性的实现；第二类为控制器，负责软件系统运行的物理资源保障；第三类为监控器，负责硬件系统流转及远程校准过程中各项环境指标的监控，或操作过程的正确性确认及专家诊断（如适用）；第四类为网关设备，负责通信系统的物理资源保障。

本书所设计的远程校准软件是面向被校实验室远程校准操作和指导软件，主要由中心实验室服务器管控、被校实验室客户端操作、数据传输、视频通信、全系统管理等功能模块组成。远程校准软件体系采用三层模型架构：第一层是处理资源层，它提供设备资源、标准源资源；第二层是平台管理层，旨在提供基础管理功能服务，用于管理数据资源、服务资源和处理模型资源等；第三层是应用层，提供一个工作平台或者门户界面，方便用户使用信息资源，并建立空间信息处理模块等。此外，安全服务将确保对于不同类型的用户根据相对应的资源共享规则和条款提供不同类型的服务。

本书研究的电力设备专用测试装置远程校准平台，其网络通信可信性影响因素是综合的，从系统服务来讲，它的服务故障、服务失效、服务受到恶意侵入和干扰都会降低系统本身提供有效服务的能力，也就是降低其可信性。其可信性评价包含静态可信条件属性集和行为度量可信条件属性集。其中静态可信条件属性集主要为身份验证和完整性度量,行为度量可信条件属性集主要为终端在网络中的行为属性,体现的是终端在网络中的动态数据。

依据 IEC 61069 系统标准,电力设备专用测试装置远程校准系统作为一个可信赖的系统,它必须随时执行其功能。其主要取决于系统的故障发生频率(可靠性)和系统恢复正常所需的时间(维修性)。

但事实上,当系统准备执行其功能时,并不表示系统功能一定会被正确执行,这就涉及信任性方面的问题,它取决于系统处于量值溯源时参数校准测量误差的能力(准确性)、系统处于不能正确执行某些或全部功能的状态时系统发出警告的能力(忠实性)、系统拒绝任何不正确输入或未经许可进入系统的能力(防护性)。要评价一个系统的可信性,就必须确定和评价对系统的可信性起决定作用的一些子特性,如图5-28 所示。

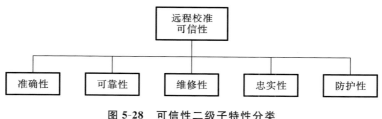

图 5-28　可信性二级子特性分类

3. 具体评估流程

为全面、准确地评估远程校准系统的运行风险,从硬件、软件、网络通信三个子系统进行综合考量,各子系统又从多方面进行可信性评估,其中分析要素包括:准确性、可靠性、维修性、忠实性、防护性。可信性评估方案流程如图5-29 所示。

4. 可信性评价方法

为了完成对以上子系统的风险评估,本书主要采用可靠性建模和风险检查表等方法开展分析评估工作。

1)基于可靠性框图法[101]的计算模型

适用要素:可靠性、维修性(如硬件系统可信性中的可靠性、维修性)。

该方法是一种定量的方法,可用于处于失效稳定期的系统及其构成单元的可靠性、维修性定量计算。所谓的失效稳定期,即各构成元件的失效率 λ 可视为常量的时期。那么在建立数学模型的时候就不需要考虑 λ 随时间的变化。另外,为了更精准地量化系统运行风险,对失效率 λ 进行基于失效影响的校正;同时,由于系统不同构成单元对系统运行稳定性的影响程度和范围不同,对各单元的可用度计算值进行基于单元影响的校正。

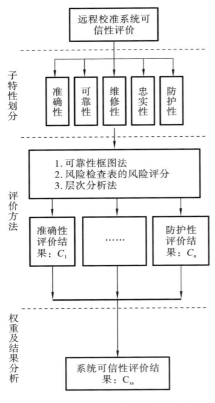

图 5-29　可信性评估方案流程图

2）基于风险检查表[102]的风险评分

适用要素：使用性能、功能性、外部影响条件、与任务无关的性能（包括硬件可信任性、软件系统可信性、网络通信系统）。

该方法是一种半定量的方法。由于上述性能不容易被量化，因此，采用对风险关键项进行离散性评分的方法，实现对这些要素的风险评估。这里的可靠性评分，是对定量评估过程中未考虑部分的一个补充。系统的容量与余量足够时，在其他条件不变的情况下，系统的可用性和可靠性主要由稳定状态下的随机硬件失效率 λ 决定。但当容量或余量低于某一值时，系统性能将会快速降低，失效率 λ 快速升高，系统运行稳定性下降。

3）可信性权重及结果分析

目前尚无相关国际标准对电力设备专用测试装置远程校准系统可行性开展量化评价，因此可结合业内专家的多年经验来判定各项因子的权重。为了保证实际使用的评估子项系统权重真实地反映其对系统的影响，在评估方法和体系的拟定过程中，由业内大于 10 家相关单位的资深专家给定系统的各项因子权重，并对调研结果进行分类的综合统计与分析，最终确定各项因子的实际权重。

5. 评估方法分析

正确性评估与使用年限评估，此部分重点考虑的是以电子元器件为基础部件的自控系统，避免因设备老化引起的控制系统失效等客观原因所导致的生产损失。失效率评估部分，主要针对当前设备在运行多年后出现的故障、失效情况，针对不同的设备类型，设立相应的失效率，在可接受范围内对系统各模块的失效率进行评定。诊断与容错的评估部分，针对系统诊断与容错的评估大项中主要考察系统的两大方面：第一个方面是当前系统配置下的冗余情况，冗余是自控系统容错的主要实现手段，其判定依据主要是系统基本信息表中的设备配置情况；第二个方面是系统各项设备的自诊断功能情况，自诊断功能是系统发现、排查、警示用户自身运行中所出现的问题的主要手段，是保障系统可用性不可或缺的功能。技术支持与售后服务的评估部分，主要从备品备件、技术服务、维修维护三个方面进行考虑。功能性评估部分，主要从易扩展性、易维护性、易操作性、系统先进性和功能完善性进行考虑。外部影响条件评估部分主要涉及：环境温度与制冷设备、尘埃与防尘设施、接地电阻、电磁干扰、安全警示措施、浪涌防护措施。安全防护评估部分主要包括管理措施、技术措施和物理防护措施等。

可信性测试方法包括但不限于如下方法：

专家评审法是通过主观评测方式来实现评价的，应根据被评审对象和评审目的设计评审书，列出打分栏、分值、权重和打分规则。首先可由多名专家组成一个评审组，专家根据自身经验与认知进行判断打分。然后根据专家权重和统计规则进行分值汇总计算，其计算结果作为评审结果。

技术测试法是通过客观评测方式来实现评价的。技术检测时可以根据被测对象和测试目的选择适用的自动测试工具进行测试，也可由人工进行测试。测试结果通常是一种量化结果。

数学计算法是利用数学模型进行计算的测评方式。测评时，应根据被测对象和测试目的选择适用的数学模型进行计算，最终得出作为测评结果的数值。

5.1.6　远程校准系统的完整性验证方法

1. 远程校准系统完整性验证方法分析

在远程校准通信过程中，由于数据通过互联网进行传输，数据在机器之间通过传输介质高速传递，用来连接机器设备的线缆总是处在干扰和物理损伤在内的多种威胁之中，使计算机之间难以通信或根本无法通信，最终导致数据的损毁或丢失。

完整性验证技术用以验证远程校准关键要素和校准过程的正确性、规范性，需解决校准命令数据、校准结果数据、校准仪器和校准过程的完整性验证问题。基于远程校准系统中应用完整性验证技术的目的，与远程校准系统相关的常用完整性验证方法主要为数据摘要方法。该方法通过对数据信息提取数字指纹来实现完整性验证，常见的数据摘要算法有 CRC32 算法、MD5 算法、SHA-1 算法[103]。

CRC32 是一种 CRC 算法，原始数据通过 CRC32 算法可计算得出一个 32 位 CRC 校验码，由于 CRC32 算法在计算 CRC 校验码时原始数据所有位都参与运算，故即使数据中只有一位数据发生变化，计算出的 CRC 校验码都不相同，通过 CRC 校验码是否发生变化来判断数据的完整性。CRC 算法具有开销小、易实现等特点，但由于 CRC 多项式为线性结构，容易发生碰撞，出现数据改变而 CRC 码不变的情况。

MD5 算法是一种消息摘要算法，任意长度原始数据通过 MD5 算法可计算得出一个固定 128 位的 MD5 码，任意信息之间具有相同 MD5 码可能性非常小，通常被认为是不可能的，一般认为 MD5 码可唯一代表原始数据的特征，故可通过 MD5 码是否相同来验证数据完整性。MD5 算法具有生成 MD5 码速度快、容易实现等特点，具有比 CRC 算法更好的安全性，但是 MD5 算法也没有完全避免碰撞。

SHA-1 算法是一种密码散列函数，任意长度小于 264 位原始数据通过 SHA-1

算法可计算得出一个固定长度为 160 位的消息摘要。SHA-1 算法具有如下特性：不可从消息摘要中复原信息；两个不同的消息不会产生同样的消息摘要，故使用 SHA-1 算法计算的消息摘要可作为原始数据独特特征，并用以验证数据完整性。

SHA-1 算法的消息摘要长度为 160 位，比 MD5 算法具有更好的安全性，用于 MD5 算法的碰撞攻击方法无法用于 SHA-1 算法。SHA-1 算法是目前应用最广的 Hash 算法。

综合分析，可以得到：CRC32、MD5、SHA-1 三种数据摘要算法产生数据摘要的离散程度都很高，都可应用于数据完整性验证场合，并具有较好效果；SHA-1 算法的安全性最高，是目前应用最广的 Hash 算法。本书系统涉及数据完整性验证要求，故采用 SHA-1 算法进行完整性验证[104][105]。

图 5-30 为根据远程校准系统完整性验证要求设计的完整性验证流程示意图。在远程校准系统中，为保证远程校准的有效性，进行两个流程的完整性验证：

（1）校准进行时，对计量机构传递的校准命令数据进行完整性验证；

（2）校准结束后，计量机构对校准命令数据、校准结果数据、校准仪器和校准过程进行完整性验证。

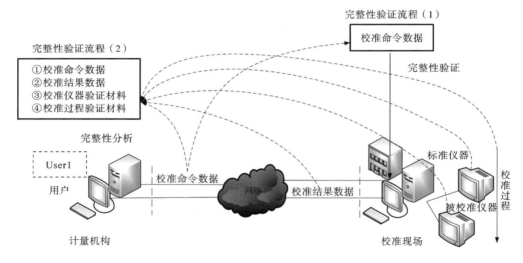

图 5-30　远程校准系统完整性验证数据流图

在进行远程校准时，计量机构需通过网络将校准命令传递给校准现场的标准仪器和被校准仪器进行校准操作，校准命令数据通过网络传递到校准现场，再被送入仪器执行，由于经过众多环节，容易出现丢失和被改变等问题，必须在仪器执行命令前对命令数据进行完整性验证，保证校准命令在执行时的完整性；远程校准结束后，由于远程校准操作的原因，计量机构无法直接完成校准过程，在校准操作完成后，计量机构需对整个远程校准操作进行审核，并判断远程校准有效性。

2. 基于视频-时间戳[106]-SHA-1 的远程校准数据完整性验证方法

考虑以上远程校准系统完整性验证流程和需要重点解决的关键问题，本设计提出一种基于视频-时间戳-SHA-1 的完整性验证方法。图 5-31 为方法原理示意图，其中 Video（视频）、Timestamp（时间戳）和 SHA-1 为三个基本组成部分。

（1）SHA-1 检测校准命令数据、校准结果数据、校准仪器和校准过程完整性验证材料是否被篡改，保证远程校准的有效性和远程校准完整性验证的有效性。SHA-1 技术可有效检测数据的完整性，通过应用 SHA-1 技术，可检测并发现校准命令数据、校准结果数据、校准仪器和校准过程的完整性验证材料的改变，验证这些数据的完整性。

（2）Video 将校准仪器和校准过程转化为视频图像数据，为计量机构提供校准仪器、校准过程完整性验证材料。

（3）Timestamp 将时间特征与校准命令数据、校准结果数据、校准仪器和校准过程的完整性验证材料进行绑定，使这些完整性验证材料易于验证和不易被篡改，保证远程校准完整性验证的有效性。远程校准操作具备时间特征，通过对完整性验证材料添加时间戳，可表明完整性验证材料是何时生成的，方便还原校准操作的真实过程，使完整性验证材料易于验证，结合数据完整性验证技术 SHA-1，可表明完整性验证材料在时间戳之后没有被非法或意外篡改，保证远程校准完整性验证的有效性。

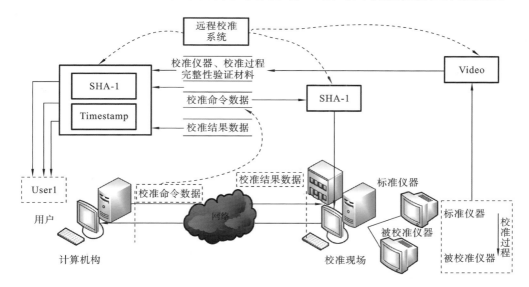

图 5-31 基于视频-时间戳-SHA-1 的数据完整性验证方法示意图

根据 SHA-1、Video 和 Timestamp 分别承担的作用，本书的研究是基于 SHA-1

的数据完整性验证方法、视频技术和时间戳技术等关键技术展开的。

1）基于 SHA-1 的远程校准数据完整性验证方法

SHA-1 是目前应用最广的 Hash 算法，任意长度小于 264 位的原始数据通过 SHA-1 算法可计算得出一个固定长度为 160 位的消息摘要。SHA 将输入流按照每块 512 位（64 个字节）进行分块，并产生 20 个字节的信息认证代码或信息摘要的输出。SHA-1 具有不可从消息摘要中复原信息和两个不同的消息不会产生同样的消息摘要的特性，因此 SHA-1 计算出的消息摘要可作为原始数据的独特特征，并用以验证数据的完整性。为了便于描述，系统将 SHA-1 对数据计算得出的消息摘要称为完整性验证码。

在本书设计的系统中，SHA-1 的作用是检测校准命令数据、校准结果数据、校准仪器和校准过程完整性验证材料是否被篡改，保证远程校准的有效性和远程校准完整性验证的有效性。图 5-32 为校准系统使用 SHA-1 算法对数据进行完整性验证示意图。

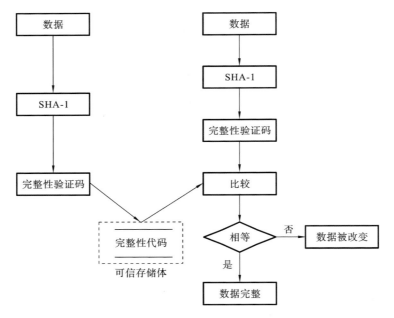

图 5-32 SHA-1 完整性验证示意图

其基本过程如下：① 当数据生成时，使用 SHA-1 算法生成该数据的完整性验证码，并将该完整性验证码存储在某一可信存储体；② 当以上数据被使用时，再次使用 SHA-1 算法计算数据的完整性验证码，并将该完整性验证码与之前生成并存储在可信存储体中的完整性验证码进行比较，若相等则表明数据完整，否则表明数据被改变。

2）基于校准命令索引的校准过程图像获取方法

在验证方法中，视频技术的作用是将校准仪器、校准过程转化为视频图像数据，为计量机构提供校准仪器、校准过程的完整性验证材料,图 5-33 为视频技术示意图。

图 5-33　视频技术示意图

为校准仪器、校准过程获取视频图像数据主要有对校准过程录像获取完整影像、对校准过程拍摄获取具有代表性的一系列图像等两种方式。其中,录像获取完整影像方式可完整展示校准仪器、校准过程且易实现,但影像数据量大,难以检索、保存;代表性序列图像方式具有保存数据量小、便于检索和易对校准过程进行完整性验证的特点,可根据校准命令选择合适时间点拍摄获取校准过程代表性图像。

3) 基于网络授时的远程校准完整性验证时间戳构造方法

在验证方法中,时间戳的作用是将时间特征与校准命令数据、校准结果数据、校准仪器和校准过程的完整性验证材料进行绑定,使这些完整性验证材料易于验证、不易被篡改,图 5-34 为时间戳技术示意图。

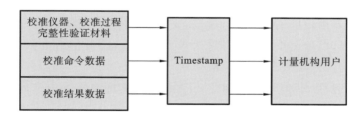

图 5-34　时间戳技术示意图

根据远程校准系统环境为 Internet 开放网络环境的特点,基于网络授时方式获取标准时间,具有直接利用 Internet 开放网络环境而无须外加时间接收硬件设备,可连接多个标准时间服务器获取时间等特点。

图 5-35 为基于网络授时方式获取标准时间示意图。

其工作方式为:① 当需要给完整性验证材料添加时间戳时,远程校准系统启动多个线程,通过 Internet、标准时间服务器的 IP 地址或域名分别连接分布于世界各地的标准时间服务器获取标准时间;② 当某个线程成功获取到标准时间时,终止其他线程的运行。

这样,采取多线程同时连接多个标准时间服务器的方式有利于提高获取标准时间的效率和可靠性,避免影响远程校准系统校准工作流程运转。

在远程校准系统中,需要验证的数据对象包括校准命令数据、校准结果数据、校

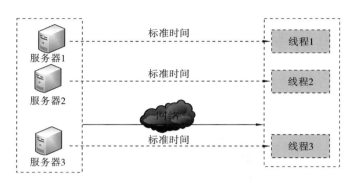

图 5-35　基于网络授时方式获取标准时间示意图

准仪器和校准过程完整性验证材料,每一类对象又由若干个数据单元组成,如校准命令数据由若干条校准命令组成,校准结果数据由若干个数据项组成,校准仪器和校准过程完整性验证材料由若干幅校准过程图像组成。对这些对象进行完整性验证时,应在满足错误指示的同时,尽可能减少计算完整性验证码的运算量。因此,对校准命令数据,以计量机构单次发送的校准命令为单元进行验证,可指示出哪次发送的校准命令出错,减少错误时的重发次数;对校准结果数据,以全部校准结果数据为单元进行验证,既可检测出校准结果数据的改变,又使运算量最小;对校准仪器和校准过程完整性验证材料,以每幅校准过程图像为单元进行验证,可指示出哪幅图像被改变,也易将完整性验证码与图像关联存储。

　　可以看出,基于视频-时间戳-SHA-1,可方便检测校准命令数据、校准结果数据、校准仪器和校准过程完整性验证材料是否被改变,从而保证远程校准的有效性和远程校准完整性验证的有效性。在云数据完整性存储方面,采取 MD5 Hash 函数和盲因子相结合的方法,即采用源数据生成 MD5 值后,将原 MD5 值加入盲因子后二次生成的 MD5 值作为校验原数据完整性的依据。云数据存储完整性校验流程如图 5-36 所示。

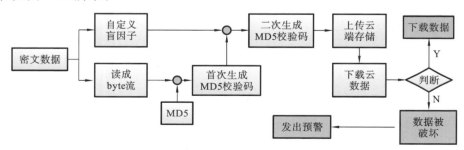

图 5-36　云数据存储完整性校验流程图

5.2　典型高压试验仪器远程校准综合系统设计

5.2.1　远程校准综合系统总体框架

电力设备专用测试装置的多参数模块化计量标准综合系统的总体框架由传感层、网络层和应用层构成。传感层主要包括 10 kV 及以下介质损耗测试仪、脉冲电流法局部放电测试仪、绝缘油耐压测试仪、氧化锌避雷器测试仪、变压器绕组变形测试仪等电力设备专用测试装置校准功能的通用组件模块和专用组件模块。网络层包括各个模块的网络节点通信模块和校准接口分配网络。应用层主要由测控软件构成，与校准平台软件融合。电力设备专用测试装置的多参数模块化计量标准综合系统的总体框架如图 5-37 所示。

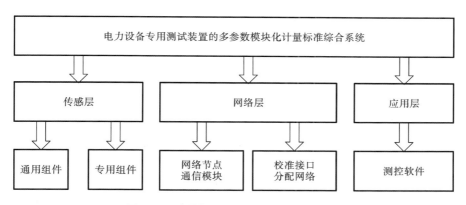

图 5-37　计量标准综合系统总体框架模型

本书对各个计量标准中可以通用和复用的功能进行单独设计和实现，构成计量标准综合系统的通用功能组件模块。除去通用组件模块的功能后，根据各个计量标准的其他功能设计了专用组件模块。

计量标准综合系统的专用组件模块和通用组件模块分类如图 5-38 所示。

5.2.2　远程校准系统通用组件模块研制

1. 精密信号源类复用组件模块设计及复用方法

为获得幅值和频率稳定可调且曲线平滑的正弦信号单元，本书提出的远程校准系统选用 DDS（直接数字合成技术）芯片来产生各次原始激励信号即差分正弦信号。直接数字合成技术目前在高频信号领域应用较多，在电气测试领域应用还较少。其主要特点是基于直接数字合成理论，提出了一种频率可高速变化的正弦信号（或任意

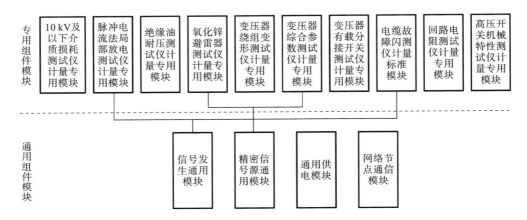

图 5-38　计量标准综合系统的专用组件模块和通用组件模块分类

周期波形)产生办法,这种技术应用可方便地产生频率稳定可调、幅值稳定可调、相位稳定可调且曲线高度平滑稳定的正弦信号。

　　精密信号源模块原理框图如图 5-39 所示。其中,同步时钟用于各路 DDS 信号源的信号同步,以保障各路输出信号间的相位稳定。DDS 信号源采用 DDS 芯片 AD9959 进行设计,基于该芯片可实现 50 Hz 的基波信号及 3、5、7 次谐波信号输出。

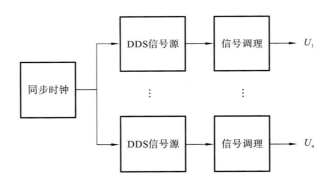

图 5-39　精密信号源模块原理框图

　　信号调理模块由仪表运放 INA128、程控衰减器 AD5543 及运放 OPA228 组成程控衰减电路,对基准信号源的信号进行调理。AD5543 的分辨率为 16 位,通过设置其衰减系数,可近乎平滑地调节输出信号的幅值。

　　精密信号源复用组件模块的复用方法如图 5-40 所示。精密信号源复用组件模块用于生成 0～5 V 基准电压信号,输入氧化锌避雷器测试仪专用组件及变压器综合参数测试仪专用组件模块中,经调理放大后得到校准氧化锌避雷器测试仪、变压器综合参数测试仪所需的电压、电流信号。

　　本书中设计的精密信号源复用组件模块,实际测试数据如表 5-3 所示,数据结果

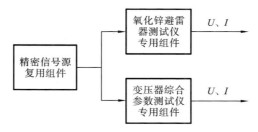

图 5-40　精密信号源复用组件模块的复用方法

表明,模块性能参数满足设计要求。

表 5-3　精密信号源复用组件模块测试数据

电压		相位	
示值/V	标准值/V	示值/(°)	标准值/(°)
0.1000	0.1000	0.000	0.011
0.2000	0.2001	20.000	20.011
0.5000	0.5002	40.000	40.023
1.0000	1.0006	60.000	60.013
2.0000	2.0009	80.000	80.027
5.0000	5.0016	90.000	90.031

2. 信号发生通用模块

信号发生器可以分为通用和专用两大类。专用信号发生器主要为了特定测试仪的计量标准而研制。这种发生器的特性是受测量对象的要求所制约的。信号发生器按输出波形可分为正弦波信号发生器、脉冲波信号发生器、函数发生器和任意波发生器等;按其产生频率的方法可分为谐振信号发生器和合成信号发生器两种。传统的信号发生器一般采用谐振法,通过具有频率选择性的回路产生正弦振荡以获取所需频率。但也可以通过频率合成技术来获得所需频率。利用频率合成技术制成的信号发生器,通常称为合成信号发生器。

本书主要采用由集成运算放大器与晶体差分放大器组成的方法,设计了方波、三角波、正弦波信号发生通用模块。具体技术要求:① 输出信号频率从 1 Hz 到 1 kHz 可调;② 输出信号的峰-峰值为 10 V。

5.2.3　远程校准系统专用组件模块研制

1. 10 kV 及以下介质损耗测试仪计量标准专用模块

如第 3 章所述,高压介质损耗因数是表征电气设备早期绝缘劣化征兆的重要参数之一。依据介质损耗测试仪对绝缘设备的测量结果,可对绝缘设备的状态进行诊断,从而对故障进行预警,为电网安全运行提供重要保障。本书研制的 10 kV 及以下介质损耗测试仪计量标准专用模块可对介质损耗测试仪进行校准。基于第 3 章的相关成果,此处完成了传统介质损耗标准器的建模,在此基础上进行阻抗等效和计算分析,确定关键影响因素——对地分布电容,引入并联电容,降低对地分布电容影响,同时降低电阻功耗需求,提高标准器的稳定性。本书设计的 10 kV 及以下介质损耗测试仪计量标准专用模块实现多个电容量介质损耗标准器的集成,同时可便携接入或移除外接标准电容器;采用无线通信控制介质损耗值切换,有效降低试验人员安全风险,提高试验人员工作效率。

10 kV 及以下介质损耗测试仪计量专用模块的总体结构如图 5-41 所示,该专用模块包括主控单元、通信单元、显示单元、电源单元、切换单元和电容/介质损耗组。由校准工位下发指令,主控单元接收指令并控制继电器进行介质损耗值的切换。

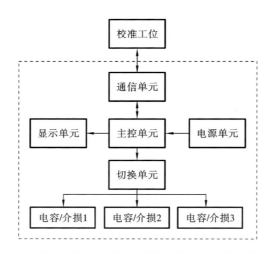

图 5-41 10 kV 及以下介质损耗测试仪计量专用模块的总体结构

2. 局部放电测试仪计量专用模块

参照国家计量检定规程《局部放电校准器》(JJG 1115—2015)、国家计量技术规范《脉冲电流法局部放电测试仪校准规范》(JJF 1616—2017),本书使用了电荷测量仪、数字示波器、阻抗测量仪对脉冲电流法局部放电测试仪计量专用模块进行了校准,专用模块如图 5-42 所示。

其中,电荷测量仪最大允许误差为 ±(2%×读数+0.3 pC),带宽为 DC～300 MHz,采样率不小于 2.5 GS/s,输入阻抗为 50 Ω;数字示波器幅值最大允许误差为 ±2%,时间最大允许误差为 ±0.5%,带宽不低于 100 MHz;阻抗测量仪电容量测量

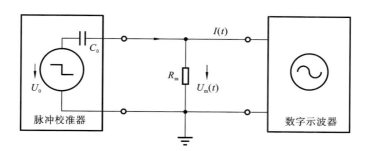

图 5-42　脉冲电流法局部放电测试仪计量专用模块校准示意图

范围为 1 pF～1 μF,频率测量范围为 10 Hz～1 MHz,准确度为 0.05%。

利用电荷测量仪(示波器)逐点进行直接测量。按图 5-42 所示的连接方式连接被校专用模块与电荷测量仪(示波器),输入阻抗设置为 50 Ω,通过电流积分法测量被校专用模块输出的电荷量。

3. 绝缘油耐压测试仪计量专用模块

根据《高电压测试设备通用技术条件 第 7 部分:绝缘油介电强度测试仪》(DL/T 846.7—2016)和《高压测试仪器及设备校准规范 第 4 部分:绝缘油耐压测试仪》(DL/T 1694.4—2017)等标准的要求以及其他特殊需求,绝缘油耐压测试仪典型测量范围为 20～100 kV,最大允许误差为±1%。为实现对测试仪的校准,本书绝缘油耐压测试仪计量专用模块的设计参数应满足:电压测量范围为 20～100 kV,最大允许误差为±(0.2%读数＋2 个字)。

根据测试仪的工作原理,绝缘油耐压测试仪计量专用模块设计原理为将绝缘油耐压测试仪输出的高电压转化为可测量的低电压并进行显示,通过比较绝缘油耐压测试仪的输出电压和专用模块的显示电压实现对测试仪的校准。专用模块设计结构由高压采集单元、低压采集单元和控制及显示单元组成。设计结构如图 5-43 所示。

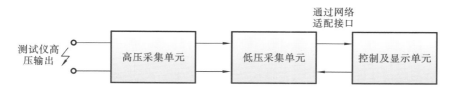

图 5-43　绝缘油耐压测试仪计量专用模块设计结构

4. 氧化锌避雷器测试仪计量专用模块

针对氧化锌避雷器测试仪的测量原理,计量标准模块选用标准源法设计,提供标准的参比电压源和测量电流源。基于模块化、网络化、开放式设计思路,氧化锌避雷器测试仪计量标准模块主要由客户端、通信接口适配器、精密信号源通用组件、信号接口、电压放大专用组件、电流放大专用组件构成,原理框图如图 5-44 所示。

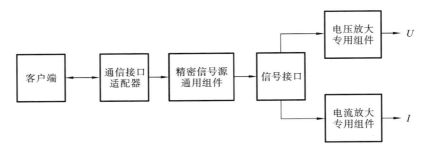

图 5-44 氧化锌避雷器测试仪计量专用模块设计结构

5.2.4 远程校准系统组件模块接口适配技术

1. 校准接口分配网络

随着计算机技术和电子技术的发展,平台化的校准系统在军事、航空航天以及工业部门应用得越来越广泛。对于电力设备专用测试装置的校准平台而言,由于被测电力设备专用测试装置种类很多,电力设备的校准平台往往要校准十几甚至几十种待测试品。由于被测的电力设备专用测试装置的接口形式千差万别,出现了校准平台模拟信号接口复杂的问题,而且要保证其可靠性,都需要进行大量校准,校准流程内容也日趋复杂,对电力设备专用测试装置的校准速度、精度和灵活性要求也日益增加。

接口分配网络是整个校准平台的中心,在校准平台中出现的概率仅次于系统控制器,大于其他任何类型模块的出现概率,它将信号激励仪器、信号分析仪器与被测组件全部相连,通过控制开关系统,实现校准通道的快速切换。与手动操作相比,实现了不同程度的自动化,大大提高了校准速度,具有很高的可靠性和灵活性,减少了在校准过程中,因重复性引起的人为失误。因此,研制高性能的校准项目接口分配网络是实现校准平台的重要前提。本书设计的校准平台信号流向如图 5-45 所示。

接口分配网络即矩阵开关,指结构为行(row)列(column)交叉排布的开关产品,其特点为每个节点(cross point)连接一个行/列,每个节点可以单独操作,通过设置节点的不同组合可以实现信号的路由。接口分配网络的使用非常灵活方便,是目前程控开关产品中品种最多的产品,在汽车电子、半导体校准、航空航天等领域得到了广泛应用。

在校准平台中,接口分配网络主要实现计量标准模块与被测单元的信息交换,它的功能主要将电源系统、信号源输出的信号切换到被测单元上,同时为被测单元提供

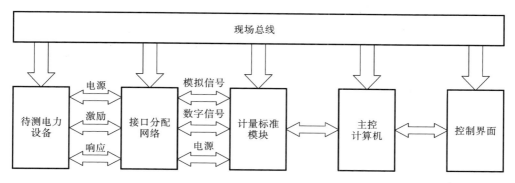

图 5-45　校准平台信号流向图

必要的外接元件,如负载、调整旋钮、大体积器件等,同时,能将被测单元输出的信号转接至计量标准模块适当的测量通道上。

因此,对接口分配网络模块的性能要求包括以下几方面:一是接口分配网络应能够提供足够的切换通道,以满足系统的通用性要求,并为将来的功能扩展预留空间;二是接口分配网络行和列的数目应能够灵活配置,以满足不同被测单元的特殊需求;三是接口分配网络应反应迅捷、准确,工作可靠,同时应尽量减小对被测信号的干扰。

2. 校准接口分配网络的切换方式

接口分配网络根据使用节点的开关不同而具有不同的形式,常见的有:继电器连接方式、普通电子开关连接方式、插针式连接方式、连接板连接方式。继电器接口分配网络是目前最常用的方式,它具有动态范围大、通道阻抗低、通用性好等优点,但这种接口分配网络由于使用继电器,一方面体积较大,另一方面可靠性随着节点数的增加而迅速降低,能够形成的独立节点数少,这种方式比较适合用于电源通道和模拟信号通道。

普通电子开关可靠性高,体积小(比继电器连接方式小一个数量级),但电子开关的动态范围很小,耐压低,容易被击穿,且通道电阻大,只能用于小信号和弱电流场合,不可以作为信号输出和电源控制开关。

插针式连接方式采用一个通道对应一个激励/采集通道的方式,所以可靠性高,除了要求电源通道和信号通道分开以外,通用性也很好,但由于一个通道对应一个激励/采集电路,所以设备量特别大,电压动态范围不可能做得很宽。该形式适用于数字电路单元的校准。

连线板连接方式是最古老的方式,它要求一种类型的被测单元对应一个连线板,所以通用性最差,其可靠性主要由连线板所使用的接插件决定,其优点是动态范围大、通道阻抗小。四类不同形式的接口分配网络的比较如表 5-4 所示。

表 5-4 不同形式的接口分配网络的优缺点

类型	继电器连接方式	普通电子开关连接方式	插针式连接方式	连接板连接方式
最高电压	常用 AC 250 V/DC 110 V	± 15 V	± 15 V 以下	最高
最大电流	5 A	10 mA	500 mA	最大
通道阻抗	10 m$\Omega \sim$1 Ω	几十欧至几百欧	0	0
可靠性	机械，$10^4 \sim 10^8$ 次；电气，$10^3 \sim 10^6$ 次	10^{15} 次	最高	一般
体积	大	小	大	一般
成本	中等	低	最高	中等
通用性	较好	好	好	最差
主要缺点	很难实现多路同时采集，可靠性随继电器数目增加而降低	耐压低、低电流、通道阻抗大，有压降	要求实测单元的电源与信号通道分开	无通用性

结合以上数据，比较分析得到：继电器连接方式具有较低的成本、测量动态范围宽、通用性较好等优点，在中小型的校准平台接口分配网络设计中是最佳选择。根据本书的应用场合，接口分配网络需要为模拟信号提供通道，考虑到导通阻抗、信号动态范围等指标因素，系统最终选择用继电器实现接口分配网络。

3. 校准接口分配网络的拓扑结构

接口分配网络的拓扑结构是指开关矩阵上通路和继电器的一种组织规划形式。拓扑结构可以反映接口分配网络的默认通路，即为继电器的默认连接通道，最后通过一定的方式来实现这种拓扑结构。常用的拓扑结构有通用拓扑结构、多路复用拓扑结构和矩阵拓扑结构，如图 5-46 所示。

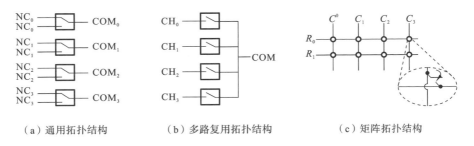

（a）通用拓扑结构　　（b）多路复用拓扑结构　　（c）矩阵拓扑结构

图 5-46 接口分配网络的拓扑结构

接口分配网络具有单线、两线和四线三种模式，如图 5-47 所示。在单线模式中，HI 端口连接到继电器的一侧接口，LO 端口连接到公共端，且进出 HI 端口的信号的参考端均为 LO 端。两线模式中,通道的正负端被分开,公共端也具有两根线,连接着正负通道。相应地,四线模式具有四进四出四条通道。

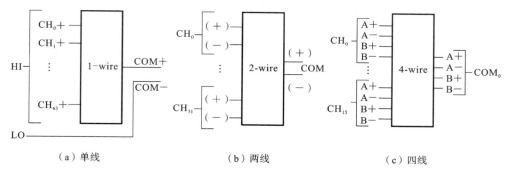

（a）单线　　　　　　　　　（b）两线　　　　　　　　　（c）四线

图 5-47　接口分配网络的接线模式

接口分配网络都有 M 路输入($M>1$)和 N 路输出($N>1$),称为 $M×N$ 路接口分配网络(当 $M=N$ 时,为 $M×M$ 路接口分配网络)。接口分配网络就是由 M 路输入与 N 路输出之间组成的一种具有多个交叉节点的开关。如图 5-48 所示,接口分配网络的输入和输出之间均有交叉点,M 路输入与 N 路输出即构成 $M×N$ 个开关点。

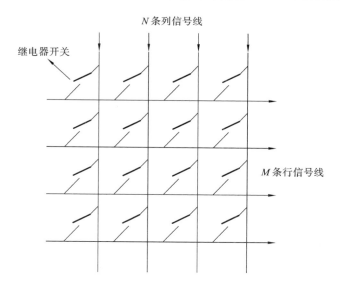

图 5-48　接口分配网络的原理模型

接口分配网络采用的开关点可以由软件控制工作,实现多路输入和输出、通道间的自动切换。图 5-48 所示的为加电状态下所有开关都处于打开的状态。此时其作为多路复用器使用,可以有 N 个输入通道,M 个输出通道,通过选通连接对应输入/

输出通道节点上的开关打开相应的信号通道。这样的接口分配网络模块可以实现多路复用的功能，也可以建立多路输入与多路输出之间的连接。

4. 校准接口分配网络的总体设计

接口分配网络在实际应用中以"开关箱"的形式体现。传统的接口分配网络通常采用 C51 系列单片机进行控制，负责实现开关控制逻辑。用户通过串口按照特定协议发送指令来实现对开关通路状态切换。

传统接口分配网络性能可靠、使用灵活，但存在以下缺点：用户需要了解开关结构，理解记忆烦琐的开关指令，应用不便，开发效率偏低；通常仅提供 RS-232 串口，接口单一应用受限；运算能力偏弱，后续功能扩展困难；通常无法脱机配置接口分配网络的通路。这些缺点限制了传统接口分配网络的进一步应用，本书设计的接口分配网络在以下几方面做出了改进：软件提供可视化的界面，不必记忆烦琐的开关指令，直接使用可视化的界面；提供网络接口；提高其运算能力，为功能扩展提供可能；提供本地脱机配置功能。

图 5-49 为接口分配网络模块的硬件系统框图。

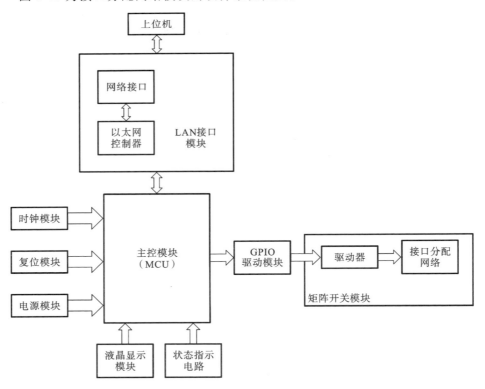

图 5-49　接口分配网络模块的硬件系统框图

接口分配网络模块主要由主控模块、LAN 接口模块、矩阵开关模块以及其他辅助模块构成,各个部分的主要功能说明如下。

主控模块:主控模块的选择直接关系到校准平台的整体性能和日后的工作进度情况,这里通过综合考虑,选择了技术成熟、功能接口丰富的基于 ARM920T 内核的 S3C2410 微处理器开发平台。ARM920T 核由 ARM920TDMI、存储管理单元和高速缓存三部分组成,同时还采用了 AMBA 的新型总线结构,实现了 1VFVIU、AMB-ABUS、Harvard 的高速缓冲体系结构。通过提供一系列完整的系统外围设备,S3C2410 可大大降低整个模块的成本,不需要配置额外器件。工作频率最高达到 203 MHz,同时具有内存管理单元,可以进行较为复杂的信息处理。

LAN 接口模块:LAN 接口模块建议采用 DACVICOM 公司的 10/100 MS/s 自适应以太网芯片。该款芯片具有网络连接速度自动协商功能、自动交叉连接和以太网连接监视功能。

矩阵开关模块:由于接口分配网络的开关矩阵节点直接通过主控模块的通用 I/O 控制该节点的闭合,S3C2410 微处理器有 117 个通用 I/O,完全满足系统设计要求,同时为以后接口分配网络的扩展提供了方便。

接口分配网络的前置面板人机交互界面包括:开关状态指示灯、开关通路切换开关、网络/本地模式切换开关,接口分配网络模块可以通过以下两种方式进行配置。

网络模式:微处理器向接口分配网络发送特定指令,实现对接口分配网络的控制与检测。常用指令包括开关状态检测、经典通路定义、经典通路使能、经典通路检测等。校准平台控制计算机与接口分配网络的通信,通过网络接口,利用 socket 实现网络通信。

本地模式:试验员通过接口分配网络提供的前置面板进行经典通路的使能切换与开关状态检测,不仅方便了操作人员的日常使用,而且为设备现场安装维护提供了简单可靠的校准工具。为了保证接口分配网络的安全,接口分配网络状态必须明确,不允许歧义操作。因此,网络模式与本地模式是互锁的,通过控制面板的拨码开关来实现。

5. 校准接口分配网络硬件

设计的矩阵开关阵列如图 5-50 所示,16 个继电器排成 4×4 矩阵形式,分别连接到 4 个行、列信号线上。每一行与列的交叉处是一个继电器,继电器的导通可以通过软件控制,从而实现通道的切换。TQ2-3 型继电器是双刀双掷继电器,设计开关时只需要有通、断两种状态的切换,因此特别将继电器的两个常开触点并联使用,使得导通阻抗减小了一半,合理利用器件,改变任一开关的通断即可改变对应行、列信号通路的通断。

由于主控模块的通用 I/O 口的输出不足以驱动一个继电器,因此需要驱动电

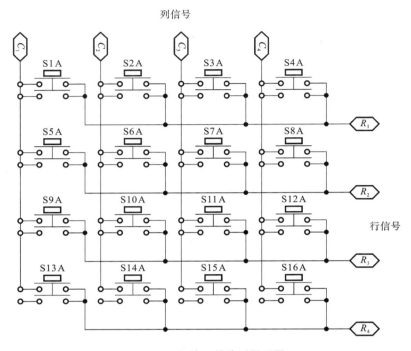

图 5-50 矩阵开关阵列原理图

路增强控制电路对接口分配网络的驱动能力。驱动电路的硬件设计框图及实物如图 5-51 所示。

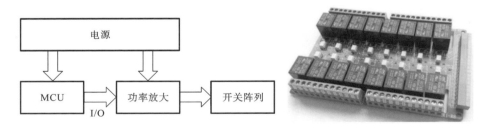

图 5-51 驱动电路的硬件设计框图及实物图

主控模块(MCU)在接收到以太网接口发送过来的指令之后,对相应的 I/O 口执行操作,经过功率放大后,驱动开关阵列的导通和断开。因此,驱动电路和开关阵列的设计是接口分配网络设计的关键。接口分配网络功能主要是由 MCU 根据接收到的控制命令控制 I/O 口输出不同的电平,控制电平在经过功率放大之后驱动继电器的导通来实现接口分配网络功能。

常用的控制驱动电路有：专门集成芯片（如 Motorola 公司的 MC33143）控制电路、达林顿管阵列（如 ULN2003A）、三极管驱动控制电路、光电耦合器件控制电路、可控硅开关控制电路。其中，前两者可以同时控制多个继电器的动作，而后三者主要是进行独立元件的分开控制。需要注意的是，继电器的控制部分是一个多匝线圈，当控制电流断开时由于线圈的电感会在线圈上产生感应电势，因此需要在继电器的控制端反向并联一个二极管，用来消除线圈两端产生的反电动势，保护器件不受干扰。系统设计过程中，选用的 TQ2-3 继电器在器件内部自动带有二极管保护。

本书所研究模块需要实现一个 4×4 路接口分配网络，因此就需要 16 个继电器，从设计成本和应用需求等方面综合考虑，本书采用 ULN2003 达林顿管阵列的方式来驱动继电器。ULN2003 的每个达林顿管的最大吸入电流达 500 mA，耐压达 50 V，完全能够驱动小型继电器。由于 ULN2003 内每个晶体管的集电极都有一个二极管，因此无须外接续流二极管，简化了电路设计。此外还要注意，普通的 ULN2003A 的内部结构中，晶体管输出电路的输出端饱和压降较大，典型值为 1 V，在 5 V 驱动时能达到 1.2 V，又因为这里使用的是 3 V 继电器，因此选择 V_{cc} 较低的型号 UNL2003LV。

6. 校准接口分配网络软件

接口分配网络模块的应用软件分为上位机程序和下位机程序两部分，如图 5-52 所示。下位机程序运行于接口分配网络模块的核心控制板，主要实现对接口分配网络的通道参数配置与状态检测，与上位机的网络通信及控制系统自身工作状态监测等功能。

上位机程序加载于控制 PC，通过网络接口对接口分配网络进行远程配置与状态检测。下面将对下位机、上位机程序的开发进行详细介绍。

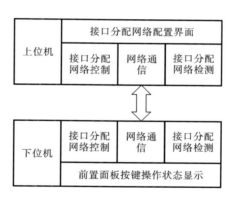

图 5-52　接口分配网络软件结构图

网络节点通信模块软件：本书提出一种基于 FPGA 的多协议转换网络节点通信模块，既能依靠硬件的高速转换效率，又能保持系统的可塑造性，使其可应用的场景更加广泛。网络节点通信模块设计的总体思路为：具体的协议转换任务在 FPGA 中的数据转换模块进行，数据转换模块可以通过微处理器对其进行配置，使其适用于相应的环境。配置的内容包括转换协议的类型，以及每种协议所对应的优先级。

网络节点通信模块软件总体架构如图 5-53 所示，由系统配置、协议类优先级 FIFO、数据转换和数据输出 4 部分组成。因为 FPGA 之中逻辑是固化成硬件的，所以在网络节点通信模块运行之前，可通过 PC 或者嵌入微处理器对适配器进行必要的配置,根据每个协议数据的特点按使用要求进行优先级的设定。数据转换模块得到最终需要输出的协议类型,在优先级轮询的设定下,有序地处理各个端口的数据。

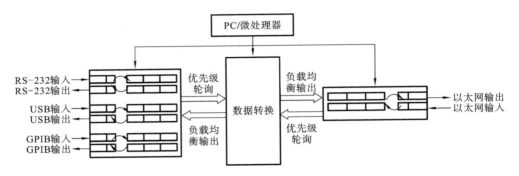

图 5-53 网络节点通信模块软件总体架构

7. 各功能模块间的模拟信号连接技术

本书采用可编程逻辑控制器(PLC)结合继电器开关矩阵的方法,在校准过程中控制计量标准综合系统各功能模块间的模拟信号连接。如图 5-54 所示,每个开关都由校准终端通过 PLC 控制开断。

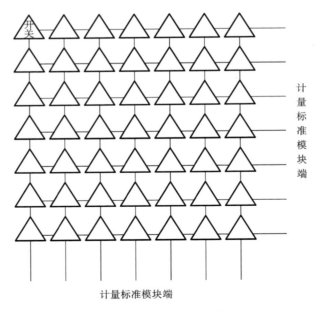

计量标准模块端

图 5-54 模拟信号连接结构图

其中,PLC 设备由中央处理器、存储器、输入/输出模块、通信接口、扩展接口和电源模块等部分组成,如图 5-55 所示。

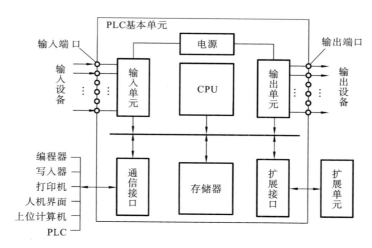

图 5-55　PLC 原理图

PLC 可以按照控制需求,由用户自由编写运行程序,实现不同功能。CPU 模块是 PLC 系统的核心,用于控制协调整套系统工作,并将由 I/O 口采集到的数据进行运算,再通过 I/O 口传递给输出设备,同时还可以通过通信接口与外部相连,如连接上位机、打印机或其他 PLC 等。当 PLC 自带的功能无法满足系统需求时,还可以通过扩展接口接入扩展单元。

5.3　小　　结

本章提出了电力设备专用测试装置计量标准的设计方法,并研发出具备多参数、模块化以及可视化特性的计量标准综合系统,以模块复用为基础,实现了对 10 种电力设备专用测试装置(如 10 kV 及以下介质损耗测试仪、脉冲电流法局部放电测试仪、绝缘油耐压测试仪、氧化锌避雷器测试仪、变压器绕组变形测试仪、变压器综合参数测试仪、变压器有载分接开关测试仪、电缆故障闪测仪、回路电阻测试仪、高压开关机械特性测试仪)的组态化校准。本章构建了计量标准综合系统的模块化、标准化组件架构,达成了电力设备专用测试装置计量综合系统的虚拟化、组件化、通用化、组态化能力;给出电力设备专用测试装置通用及专用组件模块的设计方案,实现了计量标准资源的集约化应用,节省了计量标准的配置成本,提高了电力设备专用测试装置计量综合系统的可靠性和可维护性;设计了网络节点通信模块、校准接口分配组件以及模拟信号连接组件,增强了计量综合系统的测控能力和校准的自动化水平。

　　本章的研究成果已接入国家高电压计量站设计的电力设备专用测试装置的智能化、开放式校准平台,切实提高了电力设备专用测试装置的校准工作效率,并为电力设备专用测试装置远程校准技术研究提供了软硬件基础及测试验证能力,为达成现代电力计量工作的规范化、通用化、智能化和远程化提供了技术支撑。

参 考 文 献

[1] 贺青,邵海明,梁成斌. 电磁计量学研究进展评述[J]. 计量学报,2021,42(11):1543-1552.

[2] 李振华,赵爽,胡蔚中,等. 高电压测量技术研究综述[J]. 高电压技术,2018,44(12):3910-3919.

[3] 周惠英. 高压计量装置在计量自动化系统中的应用[J]. 中国科技博览,2013(31):555-556.

[4] 李宝树. 电磁测量技术[M]. 北京:中国电力出版社,2007.

[5] 瞿清昌. 高压电能计量关键技术和量值溯源的研究[J]. 中国计量,2006(11):49-51.

[6] 吴怀波. 新型高压电能计量装置的研制[D]. 保定:华北电力大学,2012.

[7] 高少军. 高压电能计量技术在配电网的发展展望[J]. 电测与仪表,2015,52(z1):214-216,225.

[8] 赵东芳,赵伟,荣潇,等. 高压电能计量设备及其检验技术[J]. 电测与仪表,2019,56(23):1-10.

[9] 陈霞君,刘少凡,张济韬,等. 现代电能计量系统综述[J]. 电工电气,2015(2):1-4.

[10] 李静,杨以涵,于文斌,等. 电能计量系统发展综述[J]. 电力系统保护与控制,2009(11):130-134.

[11] 赵申波. 构建仪器仪表自动测试系统的研究[D]. 成都:电子科技大学,2006.

[12] 于大瑞. 自动化系统和仪表调试、维护和校准的解决方案[J]. 仪表技术与传感器,2000(10):17.

[13] 李胜男. 电力系统智能装置自动化测试系统的设计[J]. 电子测试,2019(23):113-114.

[14] 项琼,张军,朱凯,等. 高压试验测试设备数字式校验系统的研制[J]. 仪表技术,2009(12):31-33,36.

[15] 夏梦芝,何银菊,李波. 基于虚拟仪器的控制器自动测试系统[J]. 仪表技术与传感器,2011(012):58-63.

[16] 解启瞻,严洪燕,张文锋. 通用自动化校准与信息管理系统设计方法[J]. 直升机技术,2015(2):16-19.

[17] 王东颖. 虚拟仪器自动化校准系统的设计与实现[D]. 北京:中国科学院大

学,2017.

[18] 孙荣平,杨春英,成本茂,等. 一种采用 VXI 和 GPIB 总线的通用仪器综合校准系统[J]. 国外电子测量技术,2000,(2):24-26.

[19] 刘飞,汪民,邬鹏程. 基于 GPIB 接口的数字多用表自动化校准系统设计[J]. 计量技术,2015(2):58-61,62.

[20] 卢燕涛,郁月华,朱江淼,等. 基于 GPIB 的数字存储示波器自动校准系统设计与实现[J]. 仪器仪表学报,2007(S1):93-95.

[22] 解启瞻,严洪燕,曹璇. 动态信号分析系统自动化校准方法研究[J]. 自动化与仪器仪表,2014(12):48-50.

[23] 刘红煜,魏亚利,陈耀明. 脉冲信号发生器自动检定/校准系统[J]. 上海计量测试,2009,36(1):18-20.

[24] 高占宝,吕俊芳,吕箭星. VXI 总线仪器自动计量校准系统的研究[J]. 航空计测技术,2002,22(4):20-24.

[25] 彭海兰,卜正良,黄传国,熊建军.总线式虚拟电力测试仪[J].电力系统自动化,2003(20):95-96

[26] 罗亚军.通用测试仪器硬件共享平台的研究与实现[D].杭州:浙江大学,2015.

[27] 王凯让,王永杰,苏东林,等. 开放式多参数校准平台架构及实践[J]. 宇航计测技术,2014(3):34-39,44.

[28] 杨建新,王锡仁. 基于 VXI 总线的通用仪器自动校准系统的设计与实现[J]. 计算机自动测量与控制,2000,8(4):43-45,48.

[29] 陈挺,周闻青,茅振华. 基于虚拟仪器的光纤多参数自动校准测试平台[J]. 中国测试,2015,41(12):74-78.

[30] 刘杰. 基于 MET/CAL 和 9500 B 的数字示波器自动校准系统设计与实现[J]. 计测技术,2017,37(z1):265-268.

[31] 计量发展规划（2021—2035 年）纲要[J]. 计量与测试技术,2022,49(4):120-122.

[32] 方瑜,沈其工,王羽,等.高电压技术[M].北京:中国电力出版社,2021.

[33] 唐炬.局部放电检测与绝缘状态评价[M].北京:科学出版社,2022.

[34] 王科,彭晶,陈宇民,等.电力设备局部放电检测技术及应用[M].北京:机械工业出版社,2017.

[35] 王永强,张涛,王慧君. 基于超高频和超声波的干式变压器局部放电检测与定位的研究[J]. 电测与仪表,2013(10):1-5.

[36] 张国治,鲁昌悦,周红,等. 电力设备局部放电超声、特高频一体化传感技术[J]. 高电压技术,2022,48(12):5090-5101.

[37] 卓然. 气体绝缘电器局部放电联合检测的特征优化与故障诊断技术[D]. 重

庆:重庆大学,2014.

[38] 韩旭涛,刘泽辉,李军浩,等. 基于光电复合传感器的 GIS 局放检测方法研究[J]. 中国电机工程学报,2018,38(22):6760-6768.

[39] 任双赞,曾肖明,吴经锋,等. 基于 TEV 和超声波的开关柜局部放电便携式检测仪的研制[J]. 电测与仪表,2020,57(8):135-139.

[40] 律方成,李海德,王子建,等. 基于 TEV 与超声波的开关柜局部放电检测及定位研究[J]. 电测与仪表,2013(11):73-78.

[41] 黎宏飞,高宗宝,江建明,等. 开关柜典型缺陷模型的 TEV 和超声波法局部放电特征研究[J]. 绝缘材料,2018,51(5):81-86.

[42] 梁虎成,王雨帆,杜伯学,等. 表层非线性电导盆式绝缘子表面电荷分布与沿面放电特性[J]. 中国电机工程学报,2022,42(2):835-843.

[43] 张国治,韩景琦,刘健犇,等. GIS 局部放电检测天线本体和巴伦共面柔性小型化特高频天线传感器研究[J]. 电工技术学报,2023,38(4):1064-1075.

[44] 张国治,陈康,田晗绿,等. 超小型内置柔性宽频带 UHF 单极子天线传感技术[J]. 高电压技术,2023,49(4):1475-1485.

[45] 王万岗,吴广宁,雷栋,等. 局部放电校准仪的研究与设计[J]. 高压电器,2009,45(4):59-62.

[46] 吴建蓉. 组合电器局部放电模式识别与放电量的高频信号校准研究[D]. 重庆:重庆大学,2011.

[47] 包玉树,朱琦,王乐仁. 电力行业标准《局部放电测量仪校准规范》解读(上)[J]. 电测与仪表,2009,46(3):77-80.

[48] 包玉树,朱琦,王乐仁. 电力行业标准《局部放电测量仪校准规范》解读(下)[J]. 电测与仪表,2009,46(4):75-77,80.

[49] 彭黎迎,徐艳秋,丁太春,等. 局部放电测量仪校准装置的研制与应用[J]. 现代电子技术,2011,34(7):175-177.

[50] 刘顺成. 特高频局部放电校准方法及信号模拟源研究[D]. 重庆:重庆大学,2015.

[51] 潘洋,施豪,耿骥,等. 局部放电校准器标准测量系统的研制及校验[J]. 计量学报,2021,42(12):1644-1649.

[52] 刘顺成. 特高频局部放电校准方法及信号模拟源研究[D]. 重庆:重庆大学,2015.

[53] 周玮,张传计,张军,等. 局部放电 UHF 检测仪校准方法研究[J]. 电测与仪表,2016,53(13):100-106.

[54] Judd M D, Farish O. A pulsed GTEM system for UHF sensor calibration[J]. IEEE Transactions on Instrumentation and Measurement, 1998, 47 (4):

875-880.

[55] Judd M D. Transient calibration of electric field sensors[J]. IEEE Proceedings-Science，Measurement and Technology，1999,146(3):113-116.

[56] Judd M D，Farish O，Hampton B F. The excitation of UHF signals by partial discharges in GIS[J]. IEEE Transactions on Dielectrics and Electrical Insulation，1996,3(2):213-228.

[57] Hong T，Chou C，Kuo A. Improving calibration of broadband antenna factors in a GTEM cell[J]. International Symposium on Electromagnetic Compatibility,1999(5):592-595.

[58] 王煜,赵立新. 局部放电测量仪校准方法研究[J]. 计量与测试技术,2017,44(8):23-24.

[59] 史晓东. 局部放电超声波传感器检测技术研究[D]. 保定:河北大学,2015.

[60] 汪泉,龚君彦,孟展,等. 超声波局放检测仪校验方法优化[J]. 电测与仪表，2016,53(24):100-105.

[61] 付家才,郭松林,郭明良. 高压设备介质损耗参数在线测量方法的研究与应用[M]. 北京:科学出版社,2010.

[62] 金之俭,肖登明,王耀德. 绝缘介质损耗角的数字化测量研究[J]. 高电压技术，1999(1):49-50.

[63] 吕延锋,钟连宏,王建华. 电气设备绝缘介质损耗测量方法的研究[J]. 高电压技术,2000,26(5):38-40,42.

[64] 林国庆. 介质损耗数字化测量方法研究[J]. 高电压技术,2002,28(2):3-4,7.

[65] 王韬,吴广宁,周利军,等. 数字化介质损耗测量系统的研制[J]. 仪表技术,2010(4):28-30,38.

[66] 段大鹏,江秀臣,孙才新,等. 基于正交分解的介质损耗因数数字测量算法[J]. 中国电机工程学报,2008,28(7):127-133.

[67] 马磊,周琪,刘玮蔚,等. 一种全自动介质损耗标准器的研发[J]. 电测与仪表,2011(12):79-82.

[68] 杨新华,侯玏,王关平. 基于 dsPIC 的高精度介质损耗测量仪[J]. 自动化仪表,2007,28(10):1-3.

[69] 朱宝森,司昌健,陈庆国,等. 基于 DSP 的高压电容型电力设备介质损耗因数测量系统[J]. 哈尔滨理工大学学报, 2010, 15(006):21-24.

[70] 宁樑,沈宏,张熙弘,等. 高压标准电容器计量特性的校准[J]. 中国计量,2011(12):2.

[71] 龚金龙,孙爱强,童跃升,等. 介质损耗测量仪校准数据分析[J]. 电测与仪表，2013，50(10):84-84.

[72] 沈明炎,肖娜丽,董小龙. 高压介质损耗测量仪量值溯源校准[J]. 上海计量测试,2018,45(2):23-25.

[73] 宁樑,沈宏,张熙弘,等. 高压标准电容器计量特性的校准[J]. 中国计量,2011(12):84-85.

[74] 宋楠,谢丽芳,王劲松. 高压标准电容器电容量和损耗因数测量不确定度的评定[J]. 计量技术,2016(12):68-71.

[75] 詹英华. 输电线路工频参数测量研究[D]. 广州:华南理工大学,2005.

[76] 张军,雷民,王斯琪,等. 输电线路工频参数测试仪标准装置的研制[J]. 电测与仪表,2011,48(10):25-29.

[77] 张乐,绝缘油介电强度测试仪校准关键技术研究[M].天津:天津大学出版社,2012.

[78] 江钧,王兰芳,程旭东. 基于主动击穿的绝缘油介电强度测试仪校验系统[J]. 水电能源科学,2012,030(011):194-197.

[79] 刘静,翟少磊,魏龄,等. 绝缘油介电强度测试仪校准系统的分析及研究[J]. 自动化仪表,2020,41(9):19-22.

[80] 刘丽萍. 变压器参数测试仪的研制[D]. 西安:西安交通大学,2001.

[81] 杨新华,许胜军,来帅. 变压器有载分接开关测试仪的设计[J]. 自动化仪表,2010,31(11):71-74.

[82] 朱琦,包玉树,田宇,等. 智能化变压器有载分接开关测试仪校验装置的研究[J]. 计量技术,2012(7):27-30.

[83] 马青亮,任明珠,李振娜. 变压器有载分接开关测试仪校准方法研究[J]. 计量与测试技术,2016,43(7):17-19,21.

[84] 郝丹,侯琼,肖鹏. 变压器有载分接开关测试仪校准装置的研制[J]. 电子测量技术,2023,46(7):165-171.

[85] 贾若. 基于小波分析的高压开关机械特性测试仪的研究[D]. 西安:西安电子科技大学,2010.

[86] 王昊,雷民,张军,等. 高压开关动作特性溯源计量标准装置的研制[J]. 高压电器,2012,48(8):65-70.

[87] 徐子立,王昊,齐聪,等. 高压开关动作特性测试仪计量标准装置测量不确定度分析[J]. 计量技术,2013(7):70-73.

[88] 李豹,舒乃秋,李自品,等. 高精度金属氧化物避雷器测试仪标准装置的研制[J]. 高压电器,2009,45(1):95-97,100.

[89] 陈昕,周哲玲,邓建清. 金属氧化物避雷器测试仪校准装置设计[J]. 自动化仪表,2016,37(9):68-70,74.

[90] 杨立,杨桢. 红外热成像测温原理与技术[M].北京:科学出版社,2012.

[91] 王学新,杨鸿儒,吴李鹏,等. MRTD 高精度测试和校准技术研究[J]. 应用光学,2020,41(5):1026-1031.

[92] 焦富. 基于自校准和变谱法的热红外精准测温的方法研究与系统研制[D]. 南宁:广西大学,2022.

[93] 吴彦. 新一代远程校准系统的设计与开发[D]. 广州:华南理工大学,2008.

[94] 罗志坤. 电能计量在线监测与远程校准系统的研制[D].长沙:湖南大学,2011.

[95] 和涛. 时间频率远程校准系统测量终端设计与实现[D]. 北京:中国科学院大学,2013.

[96] 王威. 数字万用表远程校准系统的研究[D]. 杭州:中国计量大学,2017.

[97] 杨光,郭景涛,李野,等. 一种电能表远程校准和大规模验证方法[J]. 电测与仪表,2019,56(16):142-146.

[98] 徐子立,袁恒,陈缨,等.输变电状态检修试验设备移动校准平台的研制[J].电测与仪表,2013,50(12):115-118,123.

[99] 贾波,刘福,雷正伟,等. 基于网络化仪器的计量校准方法研究[J]. 仪表技术,2010(6):47-48,51.

[100] 李智,邓杰,杨溢龙,等. 从信息物理融合系统问题模型到 UML 用例图的变换方法[J]. 计算机科学,2020,47(12):65-72.

[101] 方来华,吴宗之,刘骥,等. 基于可靠性框图法的安全功能失效概率定量分析[J]. 化工自动化及仪表,2008,35(2):32-35.

[102] 杨书强. 基于安全检查表的老旧电梯风险评价及其应用研究[D]. 南宁:广西大学,2016.

[103] 刘芳,王滢淇,吴海涛. 电子文件完整性检测系统的设计与实现[J]. 计算机时代,2021(3):44-45,48.

[104] 汪泉,周玮,王昊,等.面向电力测试装置远程校准的网络服务质量可靠性建模与分析[J].高压电器, 2019, 55(6):6.

[105] 张军,汪泉,陈习文,等.“互联网＋”远程校准方法建模与网络仿真[J].计算机应用, 2019, 39(S02):5.

[106] 彭祥云,陈黎. 安防视频时间戳同步检测方法研究[J]. 计算机技术与发展,2021,31(11):195-201.